U0287010

2019

中国环境统计年鉴

CHINA STATISTICAL YEARBOOK ON ENVIRONMENT

Compiled by | 国家统计局
National Bureau of Statistics | 生态环境部 编
Ministry of Ecology and Environment

中国统计出版社
China Statistics Press

中国环境统计年鉴 . 2019 = CHINA STATISTICAL YEARBOOK ON ENVIRONMENT 2019 : 汉英对照 / 国家统计局能源统计司编 . -- 北京 : 中国统计出版社 , 2021.2

ISBN 978-7-5037-9469-8

Ⅰ . ①中 ... Ⅱ . ①国 ... Ⅲ . ①环境统计学—统计资料—中国— 2019 —年鉴—汉、英 Ⅳ . ① X508.2-54

中国版本图书馆 CIP 数据核字 (2021) 第 037740 号

中国环境统计年鉴—2019

作　　者 / 国家统计局　生态环境部
责任编辑 / 许立舫
封面设计 / 黄　晨
出版发行 / 中国统计出版社
通信地址 / 北京市丰台区西三环南路甲 6 号　邮政编码 /100073
电　　话 / 邮购（010）63376909　书店（010）68783171
网　　址 / http://www.zgtjcbs.com/
印　　刷 / 河北鑫兆源印刷有限公司
经　　销 / 新华书店
开　　本 / 880×1230 毫米　1/16
字　　数 / 616 千字
印　　张 / 20.25
版　　别 / 2021 年 2 月第 1 版
版　　次 / 2021 年 2 月第 1 次印刷
定　　价 / 260.00 元

如有印装差错，由本社发行部调换。

《中国环境统计年鉴—2019》

编委会和编辑人员

CHINA STATISTICAL YEARBOOK ON ENVIRONMENT—2019

EDITORIAL BOARD AND STAFF

编 者 说 明

一、《中国环境统计年鉴—2019》是国家统计局和生态环境部及其他有关部委共同编辑完成的一本反映我国环境各领域基本情况的年度综合统计资料。本书收录了 2018 年全国各省、自治区、直辖市环境各领域的基本数据和主要年份的全国主要环境统计数据。

二、本书内容共分为十二个部分，即：1. 自然状况；2. 水环境；3. 海洋环境；4. 大气环境；5. 固体废物；6. 自然生态；7. 土地利用；8. 林业；9. 自然灾害及突发事件；10. 环境投资；11. 城市环境；12. 农村环境。同时附录五个部分：资源环境主要统计指标、"十三五"规划资源环境指标、东中西部地区主要环境指标、世界主要国家和地区环境统计指标、主要统计指标解释。

三、以第二次全国污染源普查成果为基准，生态环境部依法组织对 2016-2019 年污染源统计初步数据进行了更新，包括废水污染物排放量、废气污染物排放量、工业固体废物产生及利用分地区及分行业数据，本书收录了 2016-2018 年相关数据。

四、本书中所涉及的全国性统计指标，除国土面积和森林资源数据外，均未包括香港特别行政区、澳门特别行政区和台湾省数据；取自国家林业和草原局的数据中，大兴安岭由国家林业和草原局直属管理，与各省、自治区、直辖市并列，数据与其他省没有重复。

五、有关符号说明：

"空格"表示该项统计指标数据不详或无该项数据；

"#"表示是其中的主要项。

六、参与本书编辑的单位还有水利部、住房和城乡建设部、自然资源部、农业农村部、国家卫生健康委员会、应急管理部、交通运输部、国家林业和草原局、中国气象局、中国地震局。对上述单位有关人员在本书编辑过程中给予的大力支持与合作，表示衷心的感谢。

EDITOR'S NOTES

I. China Statistical Yearbook on Environment—2019 is prepared jointly by the National Bureau of Statistics, Ministry of Ecology and Environment and other ministries. It is an annual statistics publication, with comprehensive data in 2018 and selected data series in major years at national level and at provincial level (province, autonomous region, and municipality directly under the central government) and therefore reflecting various aspects of China's environmental development.

II. China Statistical Yearbook on Environment—2019 contains 12 chapters: 1. Natural Conditions; 2. Freshwater Environment; 3. Marine Environment; 4. Atmospheric Environment; 5. Solid Wastes; 6. Natural Ecology; 7. Land Use; 8. Forestry; 9. Natural Disasters & Environmental Accidents; 10. Environmental Investment; 11. Urban Environment; 12. Rural Environment. Five appendixes listed as Main Indicators of Resource and Environment; Indicators on Resources & Environment in the 13th Five-year Plan; Main Environmental Indicators by Eastern, Central and Western; Main Environmental Indicators of the World's Major Countries and Regions; Explanatory Notes on Main Statistical Indicators.

III.The Ministry of Ecology and Environment has adjusted and updated relevant data of pollution sources in 2016-2019 reference to the benchmarks of the Second National Census of Pollution Sources(2017), which includes the discharge of waste water, the emission of waste gas and the generation and utilization of solid wastes by region and industry sector. This book contains the relevant data in 2016-2018.

IV. The national data in this book do not include that of Hong Kong Special Administrative Region, Macao Special Administrative Region and Taiwan Province except for territory and forest resources. The information gathered from National Forestry and Grassland Administration, Daxinganling is affiliated to the National Forestry and Grassland Administration, tied with the provinces, autonomous regions, municipalities under the central government, without duplication of data.

V. Notations used in this book:

"(blank) " indicates that the data are not available;

" # " indicates the major items of the total.

VI. The institutions participating in the compilation of this publication include: Ministry of Water Resource, Ministry of Housing and Urban-Rural Development, Ministry of Natural Resources, Ministry of Agriculture and Rural Affairs, National Health Commission, Ministry of Emergency Management, Ministry of Transport, National Forestry and Grassland Administration, China Meteorological Administration, China Earthquake Administration. We would like to express our gratitude to these institutions for their cooperation and support in preparing this publication.

目　　录
CONTENTS

三、海洋环境
Marine Environment

四、大气环境
Atmospheric Environment

五、固体废物
Solid Wastes

六、自然生态
Natural Ecology

十、环境投资
Environmental Investment

十一、城市环境
Urban Environment

十二、农村环境
Rural Environment

附录一、资源环境主要统计指标
APPENDIX Ⅰ. Main Indicators of Resources & Environment Statistics

附录二、"十三五"规划资源环境指标
APPENDIX Ⅱ. Indicators on Resources & Environment in the 13th Five-year Plan

附录三、东中西部地区主要环境指标
APPENDIX Ⅲ. Main Environmental Indicators by Eastern, Central & Western

附录四、世界主要国家和地区环境统计指标
APPENDIX Ⅳ. Main Environmental Indicators of the World's Major Countries and Regions

附录五、主要统计指标解释 ··293
APPENDIX Ⅴ. Explanatory Notes on Main Statistical Indicators

一、自然状况

Natural Conditions

1-1 自然状况
Natural Conditions

项　　　目			Item		2018
国土			**Territory**		
国土面积	（万平方公里）		Area of Territory	(10 000 sq.km)	960
海域面积	（万平方公里）		Area of Sea	(10 000 sq.km)	473
海洋平均深度	（米）		Average Depth of Sea	(m)	961
海洋最大深度	（米）		Maximum Depth of Sea	(m)	5377
岸线总长度	（公里）		Length of Coastline	(km)	32000
大陆岸线长度			Mainland Shore		18000
岛屿岸线长度			Island Shore		14000
岛屿个数	（个）		Number of Islands		5400
岛屿面积	（万平方公里）		Area of Islands	(10 000 sq.km)	3.87
气候			**Climate**		
热量分布	（积温≥0℃）		Distribution of Heat (Accumulated Temperature ≥ 0℃)		
黑龙江北部及青藏高原			Northern Heilongjiang and Tibet Plateau		2000-2500
东北平原			Northeast Plain		3000-4000
华北平原			North China Plain		4000-5000
长江流域及以南地区			Changjiang (Yangtze) River Drainage Area and the Area to the south of it		5800-6000
南岭以南地区			Area to the South of Nanling Mountain		7000-8000
降水量	（毫米）		Precipitation	(mm)	
台湾中部山区			Mid-Taiwan Mountain Area		≥4000
华南沿海			Southern China Coastal Area		1600-2000
长江流域			Changjiang River Valley		1000-1500
华北、东北			Northern and Northeastern Area		400-800
西北内陆			Northwestern Inland		100-200
塔里木盆地、吐鲁番盆地和柴达木盆地			Tarim Basin, Turpan Basin and Qaidam Basin		≤25
气候带面积比例	（国土面积=100）		Percentage of Climatic Zones to Total Area of Territory (Territory Area=100)		
湿润地区	（干燥度<1.0）		Humid Zone	(aridity<1.0)	32
半湿润地区	（干燥度=1.0-1.5）		Semi-Humid Zone	(aridity 1.0-1.5)	15
半干旱地区	（干燥度=1.5-2.0）		Semi-Arid Zone	(aridity 1.5-2.0)	22
干旱地区	（干燥度>2.0）		Arid Zone	(aridity>2.0)	31

注：1.气候资料为多年平均值。
　　2.岛屿面积未包括香港、澳门特别行政区和台湾省。

Notes: a) The climate data refer to the average figures in many years.

b) Island area does not include that of Hong Kong Special Administrative Region, Macao Special Administrative Region and Taiwan Province.

1-2 土地状况(2017年)
Land Characteristics(2017)

项 目	Item	面 积 (万平方公里) Area (10 000 sq.km)
总面积	**Total Land Area**	**960**
#农用地	Land for Agriculture Use	644.86
耕地	Cultivated Land	134.88
园地	Garden Land	14.21
林地	Forests Land	252.80
牧草地	Area of Grassland	219.32
其他农用地	Other Land for Agriculture Use	23.65
#建设用地	Land for Construction	39.57
居民点及独立工矿用地	Land for Inhabitation, Mining and Manufacturing	32.13
交通运输用地	Land for Transport Facilities	3.83
水利设施用地	Land for Water Conservancy Facilities	3.61

资料来源：自然资源部。
Source: Ministry of Natural Resources.

1-3 主要山脉基本情况
Main Mountain Ranges

名 称	Mountain Range	山峰高程(米) Height of Mountain Peak (m)	雪线高程(米) Height of Snow Line (m)	冰川面积 (平方公里) Glacier Area (sq.km)
阿尔泰山	Altay Mountains	4374	3000--3200	287
天山	Tianshan Mountains	7435	3600--4400	9548
祁连山	Qilian Mountains	5826	4300--5240	2063
帕米尔	Pamirs	7579		2258
昆仑山	Kunlun Mountains			11639
喀喇昆仑山	Karakorum Mountain	8611	5100--5400	3265
唐古拉山	Tanggula Mountains	6137		2082
羌塘高原	Qiangtang Plateau	6596		3566
念青塘古拉山	Nyainqentanglha Mountains	7111	4500--5700	7536
横断山	Hengduan Mountains	7556	4600--5500	1456
喜玛拉雅山	The Himalayas	8844	4300--6200	11055
冈底斯山	Gangdisi Mountains	7095	5800--6000	2188

1-4 主要河流基本情况
Major Rivers

名 称	River	流域面积 (平方公里) Drainage Area (sq.km)	河 长 (公里) Length (km)	年径流量 (亿立方米) Annual Flow (100 million cu.m)
长江	Changjiang River (Yangtze River)	1782715	6300	9857
黄河	Huanghe River (Yellow River)	752773	5464	592
松花江	Songhuajiang River	561222	2308	818
辽河	Liaohe River	221097	1390	137
珠江	Zhujiang River (Pearl River)	442527	2214	3381
海河	Haihe River	265511	1090	163
淮河	Huaihe River	268957	1000	595

1-5 主要城市气候情况(2018年)
Climate of Major Cities (2018)

城 市　City	年平均气温(摄氏度) Annual Average Temperature (℃)	年极端最高气温(摄氏度) Annual Maximum Temperature (℃)	年极端最低气温(摄氏度) Annual Minimum Temperature (℃)	年平均相对湿度(%) Annual Average Humidity (%)	全年日照时数(小时) Annual Average Sunshine Hours (hour)	全年降水量(毫米) Annual Average Precipitation (millimeter)
北　京　Beijing	13.6	39.9	-13.9	49	2475.4	546.6
天　津　Tianjin	13.8	40.1	-15.7	56	2435.0	626.5
石 家 庄　Shijiazhuang	14.6	41.7	-12.3	53	2044.8	351.7
太　原　Taiyuan	11.4	36.5	-18.4	54	2562.9	364.6
呼和浩特　Hohhot	7.3	34.9	-25.8	45	2588.2	580.8
沈　阳　Shenyang	8.8	38.4	-27.7	58	2495.4	482.2
大　连　Dalian	11.7	36.9	-16.4	61	2565.3	566.0
长　春　Changchun	6.8	35.7	-30.3	59	2455.6	607.3
哈 尔 滨　Harbin	5.1	37.7	-34.6	64	2205.2	651.3
上　海　Shanghai	17.7	37.4	-7.0	74	1835.8	1408.8
南　京　Nanjing	17.0	37.2	-7.4	73	2027.4	1267.0
杭　州　Hangzhou	18.1	38.3	-4.4	73	1744.2	1810.2
合　肥　Hefei	17.0	38.1	-10.3	76	1800.7	1495.6
福　州　Fuzhou	20.9	38.1	-0.2	73	1487.9	1399.6
南　昌　Nanchang	19.1	37.5	-2.7	73	1861.7	1550.5
济　南　Jinan	15.4	37.2	-11.6	54	2352.3	880.0
青　岛　Qingdao	13.5	35.3	-10.9	69	2075.2	686.2
郑　州　Zhengzhou	16.5	39.4	-9.2	58	2006.0	609.5
武　汉　Wuhan	17.3	38.6	-8.8	78	1797.2	1110.6
长　沙　Changsha	17.7	38.3	-4.1	77	1716.2	1241.5
广　州　Guangzhou	22.1	37.0	1.4	82	1537.6	1759.0
南　宁　Nanning	21.8	35.9	2.9	79	1653.4	1274.2
桂　林　Guilin	20.3	38.3	-0.6	72	1355.0	1802.7
海　口　Haikou	24.4	36.7	7.0	82	2040.9	2135.3
重　庆　Chongqing	19.3	41.6	2.0	75	1178.7	1185.7
成　都　Chengdu	16.5	36.0	-5.1	82	1202.7	1250.4
贵　阳　Guiyang	14.8	32.9	-4.7	80	1059.7	1257.1
昆　明　Kunming	15.7	29.4	-1.8	71	2266.8	1085.2
拉　萨　Lhasa	9.3	28.7	-12.6	38	3054.5	534.4
西　安　Xi'an	15.5	40.1	-9.8	59	2055.8	459.2
兰　州　Lanzhou	7.9	34.8	-21.9	60	2433.8	426.8
西　宁　Xining	6.3	31.0	-21.2	59	2380.2	518.9
银　川　Yinchuan	10.6	37.0	-18.9	46	2795.8	280.2
乌鲁木齐　Urumqi	7.4	36.5	-28.0	55	2749.8	325.4

资料来源: 中国气象局。

注: 2004年起, 成都站被温江站替代、兰州站被泉兰站替代; 2006年起, 重庆站被沙坪坝站替代、西安站被泾河站替代。

Source: China Meteorological Administration.

Note:Since 2004, Chengdu station was substituted by Wenjiang station, Lanzhou by Gaolan; Since 2006, Chongqing station was substituted by Shapingba station, Xi'an by Jinghe.

二、水环境

Freshwater Environment

2-1 全国水环境情况(2000-2018年)
Freshwater Environment(2000-2018)

年 份 Year	水资源总量 (亿立方米) Total Amount of Water Resources (100 million cu.m)	地表水资源量 Surface Water Resources	地下水资源量 Ground Water Resources	地表水与地下水资源重复量 Duplicated Measurement of Surface Water and Groundwater	降水量 (亿立方米) Precipitation (100 million cu.m)	人均水资源量 (立方米/人) Per Capita Water Resources (cu.m/person)
2000	27701	26562	8502	7363	60092	2193.9
2001	26868	25933	8390	7456	58122	2112.5
2002	28261	27243	8697	7679	62610	2207.2
2003	27460	26251	8299	7090	60416	2131.3
2004	24130	23126	7436	6433	56876	1856.3
2005	28053	26982	8091	7020	61010	2151.8
2006	25330	24358	7643	6671	57840	1932.1
2007	25255	24242	7617	6604	57763	1916.3
2008	27434	26377	8122	7065	62000	2071.1
2009	24180	23125	7267	6212	55959	1816.2
2010	30906	29798	8417	7308	65850	2310.4
2011	23257	22214	7214	6171	55133	1730.2
2012	29529	28373	8296	7141	65150	2186.2
2013	27958	26839	8081	6963	62674	2059.7
2014	27267	26264	7745	6742		1998.6
2015	27963	26901	7797	6735	62569	2039.2
2016	32466	31274	8855	7662	68672	2354.9
2017	28761	27746	8310	7295		2074.5
2018	27463	26323	8247	7107	64618	1971.8

注: 1.2011年原环境保护部对统计制度中的指标体系、调查方法及相关技术规定等进行了修订, 统计范围扩展为工业源、农业源、城镇生活源、机动车、集中式污染治理设施5个部分。

2.以第二次全国污染源普查成果为基准, 生态环境部依法组织对2016-2019年污染源统计初步数据进行了更新, 2016年之后数据与以前年份不可比。统计调查对象为全国排放污染物的工业源、农业源、生活源、集中式污染治理设施、机动车。其中, 农业源包括大型畜禽养殖场, 生活源包括第三产业以及城镇居民生活源。

3.生态环境补水仅包括人为措施供给的城镇环境用水和部分河湖、湿地补水。

Note: a)In 2011, indicators of statistical system, method of survey, and related technologies were revised by the former Ministry of Environmental Protection, statistical scope expands to 5 parts: industry source, agriculture source, urban domestic source, vehicle and centralized pollution control facilities.

b)Reference to the benchmarks of the Second National Pollution Sources Census, the Ministry of Ecology and Environment has adjusted and updated relevant data of pollution sources in 2016-2019, which are not comparable to the data of previous years. The statistical scope inclues industry source, agriculture source, domestic source, vehicle and centralized pollution control facilities. The agriculture source includes livestock and poultry farm in large scale. The domestic source includes tertiary industry and urban domestic source.

c)Water use of Eco-environment only includes supply of water to some rivers, lakes, wetland and water used for urban environment.

2-1 续表 1 continued 1

年 份 Year	供水总量 (亿立方米) Total Amount of Water Supply (100 million cu.m)	地表水 Surface Water	地下水 Ground-water	其他 Other	用水总量 (亿立方米) Total Amount of Water Use (100 million cu.m)	农业用水 Agriculture	工业用水 Industry
2000	5530.7	4440.4	1069.2	21.1	5497.6	3783.5	1139.1
2001	5567.4	4450.7	1094.9	21.9	5567.4	3825.7	1141.8
2002	5497.3	4404.4	1072.4	20.5	5497.3	3736.2	1142.4
2003	5320.4	4286.0	1018.1	16.3	5320.4	3432.8	1177.2
2004	5547.8	4504.2	1026.4	17.2	5547.8	3585.7	1228.9
2005	5633.0	4572.2	1038.8	22.0	5633.0	3580.0	1285.2
2006	5795.0	4706.7	1065.5	22.7	5795.0	3664.4	1343.8
2007	5818.7	4723.9	1069.1	25.7	5818.7	3599.5	1403.0
2008	5910.0	4796.4	1084.8	28.7	5910.0	3663.5	1397.1
2009	5965.2	4839.5	1094.5	31.2	5965.2	3723.1	1390.9
2010	6022.0	4881.6	1107.3	33.1	6022.0	3689.1	1447.3
2011	6107.2	4953.3	1109.1	44.8	6107.2	3743.6	1461.8
2012	6131.2	4952.8	1133.8	44.6	6131.2	3902.5	1380.7
2013	6183.4	5007.3	1126.2	49.9	6183.4	3921.5	1406.4
2014	6094.9	4920.5	1116.9	57.5	6094.9	3869.0	1356.1
2015	6103.2	4969.5	1069.2	64.5	6103.2	3852.2	1334.8
2016	6040.2	4912.4	1057.0	70.8	6040.2	3768.0	1308.0
2017	6043.4	4945.5	1016.7	81.2	6043.4	3766.4	1277.0
2018	6015.5	4952.7	976.4	86.4	6015.5	3693.1	1261.6

2-1 续表 2 continued 2

年 份 Year	生活用水 Household and Service	人工生态环境 补水 Eco- environment	人均用水量 （立方米） Water Use per Capita (cu.m)	废水排 放总量 （亿吨） Waste Water Discharge (100 million tons)	#工业 Industrial Discharge	#生活 Household Discharge
2000	574.9		435.4	415.2	194.2	220.9
2001	599.9		437.7	432.9	202.6	230.2
2002	618.7		429.3	439.5	207.2	232.3
2003	630.9	79.5	412.9	459.3	212.3	247.0
2004	651.2	82.0	428.0	482.4	221.1	261.3
2005	675.1	92.7	432.1	524.5	243.1	281.4
2006	693.8	93.0	442.0	536.8	240.2	296.6
2007	710.4	105.7	441.5	556.8	246.6	310.2
2008	729.3	120.2	446.2	571.7	241.7	330.0
2009	748.2	103.0	448.0	589.1	234.4	354.7
2010	765.8	119.8	450.2	617.3	237.5	379.8
2011	789.9	111.9	454.4	659.2	230.9	427.9
2012	739.7	108.3	453.9	684.8	221.6	462.7
2013	750.1	105.4	455.5	695.4	209.8	485.1
2014	766.6	103.2	446.7	716.2	205.3	510.3
2015	793.5	122.7	445.1	735.3	199.5	535.2
2016	821.6	142.6	438.1			
2017	838.1	161.9	435.9			
2018	859.9	200.9	431.9			

2-1 续表 3 continued 3

年 份 Year	化学需氧量 排放总量 （万吨） COD Discharge (10 000 tons)	#工业 Industrial Discharge	#生活 Household Discharge	氨 氮 排放量 （万吨） Ammonia Nitrogen Discharge (10 000 tons)	#工业 Industrial Discharge	#生活 Household Discharge
2000	1445.0	704.5	740.5			
2001	1404.8	607.5	797.3	125.2	41.3	83.9
2002	1366.9	584.0	782.9	128.8	42.1	86.7
2003	1333.9	511.8	821.1	129.6	40.4	89.2
2004	1339.2	509.7	829.5	133.0	42.2	90.8
2005	1414.2	554.7	859.4	149.8	52.5	97.3
2006	1428.2	541.5	886.7	141.4	42.5	98.9
2007	1381.8	511.1	870.8	132.3	34.1	98.3
2008	1320.7	457.6	863.1	127.0	29.7	97.3
2009	1277.5	439.7	837.9	122.6	27.4	95.3
2010	1238.1	434.8	803.3	120.3	27.3	93.0
2011	2499.9	354.8	938.8	260.4	28.1	147.7
2012	2423.7	338.5	912.8	253.6	26.4	144.6
2013	2352.7	319.5	889.8	245.7	24.6	141.4
2014	2294.6	311.4	864.4	238.5	23.2	138.2
2015	2223.5	293.5	846.9	229.9	21.7	134.1
2016	658.1	122.8	473.5	56.8	6.5	48.4
2017	608.9	91.0	483.8	50.9	4.4	45.4
2018	584.2	81.4	476.8	49.4	4.0	44.7

2-2 各流域水资源情况(2018年)
Water Resources by River Valley (2018)

单位: 亿立方米 (100 million cu.m)

流域片	River Valley	水资源总量 Total Amount of Water Resources	地表水资源量 Surface Water Resources	地下水资源量 Ground Water Resources	地表水与地下水资源重复量 Duplicated Measurement of Surface Water and Groundwater	降水量(毫米) Precipitation (millimeter)
全 国	National Total	27462.5	26323.2	8246.5	7107.2	682.5
松花江区	Songhuajiang River	1688.6	1441.7	553.0	306.1	569.9
辽河区	Liaohe River	387.1	307.8	161.6	82.3	511.3
海河区	Haihe River	338.4	173.9	257.1	92.6	540.7
黄河区	Huanghe River	869.1	755.3	449.8	336.0	551.6
淮河区	Huaihe River	1028.7	769.9	431.8	173.0	925.2
长江区	Changjiang River	9373.7	9238.1	2383.6	2248.0	1086.3
#太湖	Taihu Lake	231.3	204.1	52.3	25.1	1381.8
东南诸河区	Southeastern Rivers	1517.7	1505.5	420.1	407.9	1607.2
珠江区	Zhujiang River	4777.5	4762.9	1163.0	1148.4	1599.7
西南诸河区	Southwestern Rivers	5986.5	5986.5	1537.1	1537.1	1147.9
西北诸河区	Northwestern Rivers	1495.3	1381.5	889.4	775.6	203.9

资料来源:水利部(以下各表同)。
Source:Ministry of Water Resource (the same as in the following tables).

2-3 各流域节水灌溉面积(2018年)
Water Conservation Irrigated Area by River Valley (2018)

单位: 千公顷 (1 000 hectares)

流域片	River Valley	节水灌溉面积合计 Water Conservation Irrigated Area	#喷 灌 Jetting Irrigation	#微 灌 Tiny Irrigation	#低压管灌 Low Pressure Pipe Irrigation
全 国	National Total	36134.7	4410.5	6927.0	10565.8
松花江区	Songhuajiang River	3392.4	2273.2	359.4	228.3
辽河区	Liaohe River	1968.6	266.8	1049.1	445.8
海河区	Haihe River	5703.5	379.2	255.9	4119.8
黄河区	Huanghe River	4344.9	317.4	587.0	1531.9
淮河区	huaihe River	5858.6	411.7	128.3	2358.6
长江区	Changjiang River	6078.8	337.7	314.6	1007.8
#太湖	Taihu Lake	639.6	16.6	17.3	154.8
东南诸河区	Southeastern Rivers	1499.0	204.8	111.0	145.3
珠江区	zhujiang River	1942.7	103.5	170.8	329.6
西南诸河区	Southwestern Rivers	438.6	23.8	37.3	100.2
西北诸河区	Northwestern Rivers	4907.5	92.6	3913.8	298.5

2-4 各流域供水和用水情况(2018年)
Water Supply and Use by River Valley (2018)

单位: 亿立方米 (100 million cu.m)

流域片	River Valley	供水总量 Total Amount of Water Supply	地表水 Surface Water	地下水 Groundwater	其 他 Other
全 国	**National Total**	**6015.5**	**4952.7**	**976.4**	**86.4**
松花江区	Songhuajiang River	479.2	279.1	198.4	1.7
辽河区	Liaohe River	193.7	86.8	102.0	4.9
海河区	Haihe River	371.3	171.9	175.3	24.1
黄河区	Huanghe River	391.7	260.5	117.2	14.0
淮河区	Huaihe River	615.7	451.2	150.1	14.4
长江区	Changjiang River	2071.6	1994.9	62.0	14.8
#太湖	Taihu Lake	343.0	335.9	0.2	6.9
东南诸河区	Southeastern Rivers	304.6	297.2	4.9	2.6
珠江区	Zhujiang River	826.3	792.9	28.1	5.3
西南诸河区	Southwestern Rivers	106.5	101.3	4.1	1.0
西北诸河区	Northwestern Rivers	654.9	516.9	134.3	3.6

2-4 续表 continued

单位: 亿立方米 (100 million cu.m)

流域片	River Valley	用水总量 Total Amount of Water Use	农业用水 Agriculture	工业用水 Industry	生活用水 Household	人工生态环境补水 Eco-environment
全 国	**National Total**	**6015.5**	**3693.1**	**1261.6**	**859.9**	**200.9**
松花江区	Songhuajiang River	479.2	399.0	36.2	29.0	15.1
辽河区	Liaohe River	193.7	130.5	24.6	31.4	7.2
海河区	Haihe River	371.3	217.0	46.4	68.0	39.8
黄河区	Huanghe River	391.7	264.4	56.3	49.6	21.4
淮河区	Huaihe River	615.7	406.9	90.5	92.7	25.6
长江区	Changjiang River	2071.6	995.1	722.0	328.3	26.3
#太湖	Taihu Lake	343.0	71.5	212.6	56.6	2.2
东南诸河区	Southeastern Rivers	304.6	136.2	93.0	67.3	8.1
珠江区	Zhujiang River	826.3	487.0	166.0	163.0	10.4
西南诸河区	Southwestern Rivers	106.5	84.9	8.4	11.8	1.4
西北诸河区	Northwestern Rivers	654.9	572.1	18.2	18.9	45.6

2-5 各地区水资源情况(2018年)
Water Resources by Region(2018)

单位: 亿立方米 (100 million cu.m)

地 区 Region	水资源总量 Total Amount of Water Resources	地表水资源量 Surface Water Resources	地下水资源量 Ground Water Resources	地表水与地下水资源重复量 Duplicated Measurement of Surface Water and Groundwater	降水量(毫米) Precipitation (millimeter)	人均水资源量(立方米／人) per Capita local Water Resources (cu.m/person)
全 国 National Total	**27462.5**	**26323.2**	**8246.5**	**7107.2**	**682.5**	**1971.8**
北 京 Beijing	35.5	14.3	28.9	7.7	590.4	164.2
天 津 Tianjin	17.6	11.8	7.3	1.5	581.8	112.9
河 北 Hebei	164.1	85.3	124.4	45.6	507.6	217.7
山 西 Shanxi	121.9	81.3	100.3	59.7	522.9	328.6
内蒙古 Inner Mongolia	461.5	302.4	253.6	94.5	328.2	1823.0
辽 宁 Liaoning	235.4	209.3	79.8	53.7	586.1	539.4
吉 林 Jilin	481.2	422.2	137.9	78.9	672.9	1775.3
黑龙江 Heilongjiang	1011.4	842.2	347.5	178.3	633.3	2675.1
上 海 Shanghai	38.7	32.0	9.6	2.9	1266.6	159.9
江 苏 Jiangsu	378.4	274.9	119.7	16.2	1088.1	470.6
浙 江 Zhejiang	866.2	848.3	213.9	196.0	1640.2	1520.4
安 徽 Anhui	835.8	766.7	203.7	134.6	1314.7	1328.9
福 建 Fujian	778.5	777.0	245.7	244.2	1566.6	1982.9
江 西 Jiangxi	1149.1	1129.9	298.5	279.3	1487.6	2479.2
山 东 Shandong	343.3	230.6	196.7	84.0	789.5	342.4
河 南 Henan	339.8	241.7	188.0	89.9	755.0	354.6
湖 北 Hubei	857.0	825.9	257.7	226.6	1072.2	1450.2
湖 南 Hunan	1342.9	1336.5	333.5	327.1	1363.7	1952.0
广 东 Guangdong	1895.1	1885.2	460.6	450.7	1843.1	1683.4
广 西 Guangxi	1831.0	1829.7	440.9	439.6	1560.0	3732.5
海 南 Hainan	418.1	414.6	98.0	94.5	2095.9	4495.7
重 庆 Chongqing	524.2	524.2	104.0	104.0	1134.8	1697.2
四 川 Sichuan	2952.6	2951.5	635.1	634.0	1050.3	3548.2
贵 州 Guizhou	978.7	978.7	252.7	252.7	1162.9	2726.2
云 南 Yunnan	2206.5	2206.5	772.8	772.8	1337.5	4582.3
西 藏 Tibet	4658.2	4658.2	1105.7	1105.7	619.0	136804.7
陕 西 Shaanxi	371.4	347.6	125.0	101.2	703.0	964.8
甘 肃 Gansu	333.3	325.7	165.6	158.0	371.9	1266.6
青 海 Qinghai	961.9	939.5	424.2	401.8	403.9	16018.3
宁 夏 Ningxia	14.7	12.0	18.1	15.4	389.2	214.6
新 疆 Xinjiang	858.8	817.8	497.0	456.0	186.0	3482.6

2-6 各地区节水灌溉面积(2018年)
Water Conservation Irrigated Area by Region (2018)

单位: 千公顷 (1 000 hectares)

地 区	Region	合 计 Total	#喷 灌 Jetting Irrigation	#微 灌 Tiny Irrigation	#低压管灌 Low Pressure Pipe Irrigation
全 国	National Total	36134.7	4410.5	6927.0	10565.8
北 京	Beijing	211.2	31.8	22.3	148.5
天 津	Tianjin	245.7	4.5	3.0	178.2
河 北	Hebei	3591.4	252.0	145.0	2775.2
山 西	Shanxi	985.2	78.4	53.3	599.4
内蒙古	Inner Mongolia	2926.0	637.6	1103.4	413.7
辽 宁	Liaoning	968.0	163.5	367.0	266.5
吉 林	Jilin	800.6	373.4	230.4	145.4
黑龙江	Heilongjiang	2151.0	1598.6	84.7	11.8
上 海	Shanghai	146.8	3.4	1.2	76.9
江 苏	Jiangsu	2767.2	48.9	50.7	185.3
浙 江	Zhejiang	1117.7	72.7	55.3	98.5
安 徽	Anhui	1025.3	138.6	23.5	84.6
福 建	Fujian	700.5	138.5	66.7	103.7
江 西	Jiangxi	595.6	28.2	42.5	56.1
山 东	Shandong	3372.3	145.8	121.3	2371.8
河 南	Henan	1997.9	179.9	43.6	1242.9
湖 北	Hubei	488.5	126.1	73.4	188.0
湖 南	Hunan	431.1	16.0	10.1	55.7
广 东	Guangdong	418.2	21.6	13.0	38.3
广 西	Guangxi	1137.7	42.9	81.8	171.1
海 南	Hainan	95.2	8.9	20.1	26.5
重 庆	Chongqing	249.2	12.9	4.2	69.8
四 川	Sichuan	1762.7	47.3	38.0	137.6
贵 州	Guizhou	341.0	31.7	23.7	89.4
云 南	Yunnan	941.2	49.0	142.3	202.7
西 藏	Tibet	31.9	2.2	0.8	17.9
陕 西	Shaanxi	965.5	35.7	67.2	364.1
甘 肃	Gansu	1066.2	38.5	257.6	231.4
青 海	Qinghai	129.4	2.4	11.4	48.7
宁 夏	Ningxia	385.7	41.7	151.4	43.5
新 疆	Xinjiang	4088.8	38.0	3618.2	122.8

2-7　各地区供水和用水情况(2018年)
Water Supply and Use by Region (2018)

单位: 亿立方米 (100 million cu.m)

地　区	Region	供水总量 Total Amount of Water Supply	地表水 Surface Water	地下水 Ground-water	其　他 Other	用水总量 Total Amount of Water Use	农业用水 Agriculture
全　国	**National Total**	**6015.5**	**4952.7**	**976.4**	**86.4**	**6015.5**	**3693.1**
北　京	Beijing	39.3	12.3	16.3	10.8	39.3	4.2
天　津	Tianjin	28.4	19.5	4.4	4.6	28.4	10.0
河　北	Hebei	182.4	70.4	106.1	5.8	182.4	121.1
山　西	Shanxi	74.3	39.8	30.0	4.5	74.3	43.3
内蒙古	Inner Mongolia	192.1	99.5	88.7	3.9	192.1	140.3
辽　宁	Liaoning	130.3	72.5	53.3	4.4	130.3	80.5
吉　林	Jilin	119.5	76.6	42.5	0.4	119.5	84.4
黑龙江	Heilongjiang	343.9	190.3	152.8	0.9	343.9	304.8
上　海	Shanghai	103.4	103.4			103.4	16.5
江　苏	Jiangsu	592.0	575.5	7.9	8.7	592.0	273.3
浙　江	Zhejiang	173.8	170.4	0.8	2.6	173.8	77.1
安　徽	Anhui	285.8	251.5	29.8	4.5	285.8	154.0
福　建	Fujian	186.9	181.2	4.4	1.2	186.9	87.5
江　西	Jiangxi	250.8	240.6	8.0	2.2	250.8	160.7
山　东	Shandong	212.7	125.7	78.3	8.7	212.7	133.5
河　南	Henan	234.6	112.4	116.0	6.2	234.6	119.9
湖　北	Hubei	296.9	289.0	7.8		296.9	153.8
湖　南	Hunan	337.0	322.6	14.3	0.1	337.0	194.5
广　东	Guangdong	420.9	406.1	12.6	2.2	420.9	214.2
广　西	Guangxi	287.8	276.1	10.0	1.8	287.8	196.4
海　南	Hainan	45.1	41.7	3.0	0.3	45.1	32.6
重　庆	Chongqing	77.2	75.9	1.1	0.2	77.2	25.4
四　川	Sichuan	259.1	248.1	10.3	0.7	259.1	156.6
贵　州	Guizhou	106.8	104.3	1.8	0.6	106.8	61.2
云　南	Yunnan	155.7	150.0	3.4	2.3	155.7	107.2
西　藏	Tibet	31.7	27.9	3.7		31.7	27.0
陕　西	Shaanxi	93.7	59.4	31.7	2.6	93.7	57.1
甘　肃	Gansu	112.3	83.6	24.8	3.9	112.3	89.2
青　海	Qinghai	26.1	20.9	5.0	0.2	26.1	19.3
宁　夏	Ningxia	66.2	59.8	6.1	0.3	66.2	56.7
新　疆	Xinjiang	548.8	445.8	101.3	1.7	548.8	490.9

2-7 续表 continued

单位: 亿立方米 (100 million cu.m)

地 区	Region	工业用水 Industry	生活用水 Household	人工生态环境补水 Eco- environment	人均用水量 (立方米) Water Use per Capita (cu.m)
全 国	**National Total**	**1261.6**	**859.9**	**200.9**	**431.9**
北 京	Beijing	3.3	18.4	13.4	181.7
天 津	Tianjin	5.4	7.4	5.6	182.2
河 北	Hebei	19.1	27.8	14.5	242.0
山 西	Shanxi	14.0	13.4	3.5	200.3
内蒙古	Inner Mongolia	15.9	11.2	24.6	758.8
辽 宁	Liaoning	18.7	25.5	5.7	298.6
吉 林	Jilin	16.7	14.1	4.4	440.9
黑龙江	Heilongjiang	19.8	15.7	3.6	909.6
上 海	Shanghai	61.6	24.5	0.8	427.1
江 苏	Jiangsu	255.2	61.0	2.5	736.3
浙 江	Zhejiang	44.0	47.2	5.5	305.1
安 徽	Anhui	91.0	34.1	6.7	454.4
福 建	Fujian	62.1	33.6	3.7	476.1
江 西	Jiangxi	58.8	29.0	2.4	541.1
山 东	Shandong	32.5	36.0	10.6	212.1
河 南	Henan	50.4	40.7	23.6	244.8
湖 北	Hubei	87.4	54.4	1.3	502.4
湖 南	Hunan	93.2	45.7	3.6	489.9
广 东	Guangdong	99.4	102.1	5.3	373.9
广 西	Guangxi	47.6	40.8	3.0	586.7
海 南	Hainan	2.9	8.6	0.9	484.9
重 庆	Chongqing	29.1	21.5	1.2	250.0
四 川	Sichuan	42.5	54.4	5.6	311.4
贵 州	Guizhou	25.2	19.5	0.9	297.5
云 南	Yunnan	21.0	23.6	3.9	323.3
西 藏	Tibet	1.5	2.9	0.3	931.0
陕 西	Shaanxi	14.5	17.4	4.8	243.4
甘 肃	Gansu	9.2	9.2	4.7	426.8
青 海	Qinghai	2.5	3.0	1.3	434.6
宁 夏	Ningxia	4.3	2.6	2.6	966.4
新 疆	Xinjiang	12.6	14.8	30.5	2225.5

2-8　流域分区河流水质状况评价结果(按评价河长统计)(2018年)

Evaluation of River Water Quality by River Valley
(by River Length) (2018)

流域分区	River	评价河长 (千米) Evaluate Length (km)	分类河长占评价河长百分比(%) Classify River length of Evaluate Length　(%)					
			I 类 Grade I	II 类 Grade II	III 类 Grade III	IV 类 Grade IV	V 类 Grade V	劣 V 类 Worse than Grade V
全　国	**National Total**	**262364**	**8.7**	**51.0**	**21.9**	**8.7**	**4.2**	**5.5**
松花江区	Songhuajiang River	16633	1.4	20.6	53.1	9.7	8.0	7.2
辽河区	Liaohe River	5519	1.4	21.6	36.7	14.3	6.5	19.5
海河区	Haihe River	15495	2.1	25.5	15.0	17.4	15.0	25.0
黄河区	Huanghe River	23043	11.9	44.1	17.8	8.7	5.2	12.3
淮河区	Huaihe River	24432	0.8	17.8	42.2	23.2	9.3	6.7
长江区	Changjiang River	85898	7.2	61.2	19.7	7.6	2.0	2.3
#太湖	Taihu Lake	6219		10.1	32.4	40.0	11.0	6.5
东南诸河区	Southeastern Rivers	14341	8.1	62.1	21.7	6.0	0.8	1.3
珠江区	Zhujiang River	32492	4.6	65.6	16.8	6.3	3.0	3.7
西南诸河区	Southwestern Rivers	21086	11.6	72.0	13.2	2.5	0.2	0.5
西北诸河区	Northwestern Rivers	23426	34.5	54.3	6.6	0.3	2.4	1.9

2-9　主要水系水质状况评价结果(按监测断面统计)(2018年)

Evaluation of River Water Quality by Water System
(by Monitoring Sections) (2018)

主要水系	Main Water System	监测断面 个数(个) Number of Monitoring Sections (unit)	分类水质断面占全部断面百分比(%) Proportion of Monitored Section Water Quality　(%)					
			I 类 Grade I	II 类 Grade II	III 类 Grade III	IV类 Grade IV	V 类 Grade V	劣 V 类 Worse than Grade V
长　江	Changjiang River	510	5.7	54.7	27.1	9.0	1.8	1.8
黄　河	Huanghe River	137	2.9	45.3	18.2	17.5	3.6	12.4
珠　江	Zhujiang River	165	4.8	61.8	18.2	7.9	1.8	5.5
松花江	Songhuajiang River	107		12.1	45.8	27.1	2.8	12.1
淮　河	Huanhe River	180	0.6	12.2	44.4	30.6	9.4	2.8
海　河	Haihe River	160	5.6	21.9	18.8	19.4	14.4	20.0
辽　河	Liaohe River	104	3.8	28.8	16.3	19.2	9.6	22.1

资料来源：生态环境部（以下各表同）。

Source: Ministry of Ecology and Environment (the same as in the following tables).

2-10 各地区废水排放情况(2016年)
Discharge of Waste Water by Region (2016)

单位: 吨 (ton)

地 区	Region	化学需氧量 排放总量 COD Discharged	工业 Industry	农业 Agriculture	生活 Household	集中式污染 治理设施 Centralized Pollution Control Facilities
全 国	**National Total**	**6580991**	**1228259**	**571053**	**4735478**	**46201**
北 京	Beijing	62902	1723	19927	40948	304
天 津	Tianjin	48033	3415	14749	29780	88
河 北	Hebei	252434	36311	64966	150546	610
山 西	Shanxi	132191	18522	7608	99714	6347
内蒙古	Inner Mongolia	102790	43030	5611	53724	425
辽 宁	Liaoning	166689	42600	10915	110344	2830
吉 林	Jilin	80330	20480	781	58344	725
黑龙江	Heilongjiang	197912	24443	6703	166146	619
上 海	Shanghai	78801	9261	2846	64362	2332
江 苏	Jiangsu	578470	170668	46058	361100	644
浙 江	Zhejiang	277640	70430	30269	174393	2549
安 徽	Anhui	338382	42652	10003	282284	3442
福 建	Fujian	288809	55190	29225	198183	6211
江 西	Jiangxi	378390	93544	53770	226870	4206
山 东	Shandong	338002	66972	40579	230002	448
河 南	Henan	313814	39269	27112	246260	1173
湖 北	Hubei	316897	32285	11485	272522	606
湖 南	Hunan	351789	72053	17968	260614	1154
广 东	Guangdong	650261	87833	19077	542042	1308
广 西	Guangxi	305462	28924	21618	254646	274
海 南	Hainan	49034	6780	7	42223	23
重 庆	Chongqing	64898	21354	174	43072	299
四 川	Sichuan	338851	59797	2059	275741	1253
贵 州	Guizhou	120921	10326	4980	104954	661
云 南	Yunnan	153469	55620	3958	88031	5860
西 藏	Tibet	20773	1450		19192	131
陕 西	Shaanxi	116705	27010	5176	83815	703
甘 肃	Gansu	82102	26438	4164	50878	621
青 海	Qinghai	29146	3152	38	25886	71
宁 夏	Ningxia	101369	19684	49699	31912	74
新 疆	Xinjiang	243728	37042	59527	146949	210

2-10 续表 1 continued 1

单位: 吨 (ton)

地 区	Region	氨氮 排放总量 Ammona Nitrogen Discharged	工业 Industry	农业 Agriculture	生活 Household	集中式污染 治理设施 Centralized Pollution Control Facilities
全 国	National Total	567705	64502	12535	484088	6580
北 京	Beijing	3771	75	225	3427	45
天 津	Tianjin	1845	253	89	1493	11
河 北	Hebei	22088	2674	878	18464	73
山 西	Shanxi	13776	947	92	11353	1384
内蒙古	Inner Mongolia	7293	1509	58	5679	47
辽 宁	Liaoning	13819	1567	158	11763	330
吉 林	Jilin	7108	1068	36	5915	90
黑龙江	Heilongjiang	18700	1143	59	17379	119
上 海	Shanghai	17410	946	82	16050	332
江 苏	Jiangsu	45017	12692	1076	31190	60
浙 江	Zhejiang	20145	2778	770	16437	160
安 徽	Anhui	20390	1655	70	18572	94
福 建	Fujian	19515	2149	1457	15387	522
江 西	Jiangxi	30647	4236	2768	22772	871
山 东	Shandong	28813	3414	386	24980	33
河 南	Henan	27122	1543	402	25099	78
湖 北	Hubei	27388	2113	533	24529	213
湖 南	Hunan	36448	8449	708	27128	164
广 东	Guangdong	52411	2829	562	48942	78
广 西	Guangxi	22630	1320	492	20791	26
海 南	Hainan	5707	423	2	5279	4
重 庆	Chongqing	7838	846	31	6919	43
四 川	Sichuan	33985	2079	98	31650	158
贵 州	Guizhou	13193	693	136	12207	157
云 南	Yunnan	14472	1480	100	11775	1117
西 藏	Tibet	2387	19		2339	29
陕 西	Shaanxi	10464	1024	157	9144	139
甘 肃	Gansu	6621	644	9	5823	145
青 海	Qinghai	3975	271	0	3691	13
宁 夏	Ningxia	5993	1061	216	4704	12
新 疆	Xinjiang	26733	2605	887	23208	33

2-10 续表 2 continued 2

地 区 Region	废水中污染物排放量 Amount of Pollutants Discharged in Waste Water					
	总氮 (吨) Total Nitrogen (ton)	总磷 (吨) Total Phosphorus (ton)	石油类 (吨) Petroleum (ton)	挥发酚 (千克) Volatile Phenols (kg)	氰化物 (千克) Cyanide (kg)	重金属 (千克) Heavy Metal (kg)
全 国 National Total	1235500	90048	11599	272137	57964	167756
北 京 Beijing	17678	780	9	3	11	100
天 津 Tianjin	9969	465	44	3382	253	702
河 北 Hebei	46890	3813	502	45147	10284	16980
山 西 Shanxi	28014	2049	212	11963	3209	1276
内蒙古 Inner Mongolia	18620	1291	43	762	489	3432
辽 宁 Liaoning	40590	2889	338	10182	1139	989
吉 林 Jilin	15145	1611	835	2072	1369	373
黑龙江 Heilongjiang	34389	2566	274	2456	1115	540
上 海 Shanghai	31749	1459	203	1161	2703	1255
江 苏 Jiangsu	95588	7263	1595	22841	4004	5480
浙 江 Zhejiang	63970	3464	541	3059	3293	10694
安 徽 Anhui	46611	3633	829	3251	5116	6468
福 建 Fujian	40010	3826	770	513	1977	6806
江 西 Jiangxi	51473	4548	665	22243	2115	25909
山 东 Shandong	75023	4299	657	34927	2355	5573
河 南 Henan	69110	3461	161	3302	1088	4816
湖 北 Hubei	53067	3873	433	15055	2597	12140
湖 南 Hunan	62807	6768	199	75160	4271	11339
广 东 Guangdong	124700	11786	1274	1448	1676	12856
广 西 Guangxi	42393	3781	200	2592	2897	6131
海 南 Hainan	10468	758	7			165
重 庆 Chongqing	21758	1063	289	971	124	777
四 川 Sichuan	66893	4456	546	864	412	3914
贵 州 Guizhou	22705	1678	23	1060	393	1616
云 南 Yunnan	25867	1529	173	32	3	4306
西 藏 Tibet	2982	233	0			9
陕 西 Shaanxi	28599	1934	572	1406	1509	11535
甘 肃 Gansu	15868	797	69	1078	303	8598
青 海 Qinghai	9762	346	9	1028	191	512
宁 夏 Ningxia	16264	1214	63	1174	628	1373
新 疆 Xinjiang	46538	2417	65	3005	2441	1090

2-11　各地区废水排放情况(2017年)
Discharge of Waste Water by Region (2017)

单位: 吨　　(ton)

地　区	Region	化学需氧量排放总量 COD Discharged	工业 Industry	农业 Agriculture	生活 Household	集中式污染治理设施 Centralized Pollution Control Facilities
全　国	**National Total**	**6088840**	**909631**	**317661**	**4838155**	**23393**
北　京	Beijing	39907	1484	8799	29464	160
天　津	Tianjin	44278	3325	11842	29009	102
河　北	Hebei	276088	21184	29583	224676	645
山　西	Shanxi	114607	13366	9071	89193	2978
内蒙古	Inner Mongolia	74076	25020	3356	45453	247
辽　宁	Liaoning	162960	42290	766	118479	1425
吉　林	Jilin	78922	19283	532	58982	125
黑龙江	Heilongjiang	165490	22250	10511	132481	247
上　海	Shanghai	65181	8288	1765	53275	1853
江　苏	Jiangsu	530343	132351	18747	378744	500
浙　江	Zhejiang	232839	58287	5168	168010	1373
安　徽	Anhui	323910	28927	6152	288048	783
福　建	Fujian	260653	27625	11277	219814	1936
江　西	Jiangxi	319477	65972	18813	231944	2748
山　东	Shandong	316890	56718	29911	229937	325
河　南	Henan	288546	23880	6773	257387	506
湖　北	Hubei	311144	21297	6257	283132	457
湖　南	Hunan	308940	53308	7844	247472	316
广　东	Guangdong	674766	75859	23105	575002	800
广　西	Guangxi	326426	27636	7256	291349	185
海　南	Hainan	51539	6082	7	45420	30
重　庆	Chongqing	55717	18305	116	36720	576
四　川	Sichuan	325638	42191	6011	276234	1202
贵　州	Guizhou	121203	7546	1723	111736	198
云　南	Yunnan	112363	18199	1766	90241	2156
西　藏	Tibet	18674	1180		17323	171
陕　西	Shaanxi	112871	18683	4376	89311	501
甘　肃	Gansu	72248	24353	2700	44644	550
青　海	Qinghai	20233	2819	15	17313	86
宁　夏	Ningxia	86938	15256	46076	25564	42
新　疆	Xinjiang	195976	26667	37343	131796	169

2-11 续表 1 continued 1

单位: 吨 (ton)

地 区	Region	氨氮排放总量 Ammona Nitrogen Discharged	工业 Industry	农业 Agriculture	生活 Household	集中式污染治理设施 Centralized Pollution Control Facilities
全 国	National Total	508657	44500	6576	454119	3463
北 京	Beijing	1026	44	76	883	22
天 津	Tianjin	1834	168	147	1510	10
河 北	Hebei	25047	1440	439	23089	79
山 西	Shanxi	12395	719	95	10956	626
内蒙古	Inner Mongolia	4947	1669	15	3229	34
辽 宁	Liaoning	14896	1542	10	13173	171
吉 林	Jilin	6281	1055	42	5161	24
黑龙江	Heilongjiang	15770	1073	40	14607	50
上 海	Shanghai	9420	592	118	8451	259
江 苏	Jiangsu	39115	8038	696	30341	39
浙 江	Zhejiang	16007	1749	418	13776	64
安 徽	Anhui	19561	1220	160	18158	22
福 建	Fujian	17611	1146	486	15879	100
江 西	Jiangxi	26088	3562	1044	20829	653
山 东	Shandong	25555	2771	240	22509	35
河 南	Henan	25471	1079	157	24199	37
湖 北	Hubei	26572	1178	303	25003	88
湖 南	Hunan	29763	3163	281	26280	39
广 东	Guangdong	51149	2848	570	47655	76
广 西	Guangxi	22863	1182	157	21488	36
海 南	Hainan	5502	313	1	5185	2
重 庆	Chongqing	5258	766	3	4424	66
四 川	Sichuan	32535	1701	191	30424	220
贵 州	Guizhou	13824	399	39	13345	41
云 南	Yunnan	12663	680	22	11580	381
西 藏	Tibet	2279	21		2222	36
陕 西	Shaanxi	10523	745	67	9608	103
甘 肃	Gansu	5940	512	6	5314	107
青 海	Qinghai	2746	262	1	2470	13
宁 夏	Ningxia	4477	909	223	3339	6
新 疆	Xinjiang	21540	1954	528	19033	24

2-11 续表 2 continued 2

地　区	Region	废水中污染物排放量 Amount of Pollutants Discharged in Waste Water					
		总氮 (吨) Total Nitrogen (ton)	总磷 (吨) Total Phosphorus (ton)	石油类 (吨) Petroleum (ton)	挥发酚 (千克) Volatile Phenols (kg)	氰化物 (千克) Cyanide (kg)	重金属 (千克) Heavy Metal (kg)
全　国	**National Total**	**1202629**	**69574**	**7639**	**244129**	**54055**	**182606**
北　京	Beijing	18538	402	8	46	21	130
天　津	Tianjin	13223	479	177	7089	483	648
河　北	Hebei	55267	3103	256	25205	6313	19697
山　西	Shanxi	27357	1547	106	24127	3345	2739
内蒙古	Inner Mongolia	16520	856	42	2142	417	2205
辽　宁	Liaoning	44233	2691	423	17715	3700	2546
吉　林	Jilin	15753	1052	543	3610	1028	346
黑龙江	Heilongjiang	30449	1730	219	5368	963	1875
上　海	Shanghai	30526	1053	135	721	1561	1089
江　苏	Jiangsu	95645	5374	1098	31526	5328	13581
浙　江	Zhejiang	60243	2236	470	2911	3090	10893
安　徽	Anhui	44979	3266	389	15119	3597	4287
福　建	Fujian	40227	2859	332	264	1474	5524
江　西	Jiangxi	45123	3515	252	12665	2020	24257
山　东	Shandong	79239	3479	486	34678	3544	4518
河　南	Henan	65641	3146	154	2728	1495	4238
湖　北	Hubei	52413	3537	235	8599	3831	9452
湖　南	Hunan	51311	4555	270	33460	3096	9227
广　东	Guangdong	132137	7451	890	1314	1665	13043
广　西	Guangxi	42859	3661	115	631	1709	7665
海　南	Hainan	10399	699	11	1760	3	62
重　庆	Chongqing	18949	983	256	1069	120	855
四　川	Sichuan	64821	3768	336	2147	505	16827
贵　州	Guizhou	22963	1674	29	1136	334	1316
云　南	Yunnan	24386	1504	54	318	15	5383
西　藏	Tibet	2807	251	0	0	0	11
陕　西	Shaanxi	26679	1171	145	1894	1241	9422
甘　肃	Gansu	13538	695	56	1613	237	7897
青　海	Qinghai	6468	221	9	858	141	343
宁　夏	Ningxia	12688	573	47	1253	510	1385
新　疆	Xinjiang	37248	2042	94	2162	2268	1144

2-12 各地区废水排放情况(2018年)
Discharge of Waste Water by Region (2018)

单位: 吨 (ton)

地 区	Region	化学需氧量排放总量 COD Discharged	工业 Industry	农业 Agriculture	生活 Household	集中式污染治理设施 Centralized Pollution Control Facilities
全 国	**National Total**	**5842242**	**813894**	**245404**	**4768014**	**14930**
北 京	Beijing	45771	1463	3611	40562	136
天 津	Tianjin	41727	3152	10886	27595	93
河 北	Hebei	238104	16256	18986	202052	810
山 西	Shanxi	112776	10271	6116	94686	1704
内蒙古	Inner Mongolia	65888	24462	2089	39117	220
辽 宁	Liaoning	134615	29536	381	104077	621
吉 林	Jilin	80633	18477	683	61350	124
黑龙江	Heilongjiang	155305	20368	7296	127579	63
上 海	Shanghai	62097	8179	2679	50841	398
江 苏	Jiangsu	488016	113750	12526	361225	515
浙 江	Zhejiang	217482	52232	2531	161768	951
安 徽	Anhui	346137	28617	5911	310999	611
福 建	Fujian	265208	30538	5562	227577	1530
江 西	Jiangxi	316764	56976	18629	240241	918
山 东	Shandong	292047	54401	9425	227962	259
河 南	Henan	270020	21005	4552	244272	191
湖 北	Hubei	290363	19829	4420	265965	149
湖 南	Hunan	306978	44822	10054	252011	92
广 东	Guangdong	644257	69596	12446	561767	448
广 西	Guangxi	321709	25224	7605	288771	109
海 南	Hainan	49507	6739	28	42720	20
重 庆	Chongqing	53631	17285	0	35707	639
四 川	Sichuan	326261	41449	555	283398	859
贵 州	Guizhou	122059	5850	1701	114366	142
云 南	Yunnan	107678	17117	702	88121	1739
西 藏	Tibet	17646	1454	449	15589	154
陕 西	Shaanxi	103173	12759	703	89124	587
甘 肃	Gansu	67253	20545	1148	44940	620
青 海	Qinghai	21984	2523	143	19249	70
宁 夏	Ningxia	91807	16259	52241	23282	24
新 疆	Xinjiang	185345	22762	41347	121101	136

2-12 续表 1 continued 1

单位: 吨
(ton)

地 区	Region	氨氮 排放总量 Ammona Nitrogen Discharged	工业 Industry	农业 Agriculture	生活 Household	集中式污染 治理设施 Centralized Pollution Control Facilities
全 国	**National Total**	**494357**	**39863**	**4810**	**447187**	**2497**
北 京	Beijing	2993	35	48	2889	20
天 津	Tianjin	1757	143	89	1521	4
河 北	Hebei	20904	1087	231	19487	99
山 西	Shanxi	11517	592	37	10343	545
内蒙古	Inner Mongolia	4029	1334	13	2649	33
辽 宁	Liaoning	13603	1278	7	12243	74
吉 林	Jilin	6721	1155	31	5506	30
黑龙江	Heilongjiang	14828	988	66	13756	17
上 海	Shanghai	8054	570	58	7389	37
江 苏	Jiangsu	35879	6625	505	28710	39
浙 江	Zhejiang	14472	1248	357	12807	60
安 徽	Anhui	20565	1178	115	19263	9
福 建	Fujian	17413	1253	218	15891	50
江 西	Jiangxi	26828	3244	1040	22313	230
山 东	Shandong	24847	2634	95	22105	13
河 南	Henan	22996	1015	117	21851	14
湖 北	Hubei	24588	1128	224	23141	96
湖 南	Hunan	30982	2661	255	28048	17
广 东	Guangdong	49366	2543	451	46306	66
广 西	Guangxi	24381	1090	138	23123	30
海 南	Hainan	4971	348	3	4618	2
重 庆	Chongqing	5332	724	0	4533	75
四 川	Sichuan	33682	1874	10	31602	197
贵 州	Guizhou	14302	565	49	13658	30
云 南	Yunnan	12478	779	18	11329	352
西 藏	Tibet	2069	31	17	1988	34
陕 西	Shaanxi	9979	623	46	9138	172
甘 肃	Gansu	5478	495	3	4867	113
青 海	Qinghai	3407	253	1	3143	11
宁 夏	Ningxia	3808	692	203	2909	4
新 疆	Xinjiang	22130	1679	365	20061	25

2-12 续表 2 continued 2

| 地 区 | Region | 废水中污染物排放量
Amount of Pollutants Discharged in Waste Water | | | | | |
		总氮 (吨) Total Nitrogen (ton)	总磷 (吨) Total Phosphorus (ton)	石油类 (吨) Petroleum (ton)	挥发酚 (千克) Volatile Phenols (kg)	氰化物 (千克) Cyanide (kg)	重金属 (千克) Heavy Metal (kg)
全 国	**National Total**	**1202131**	**64191**	**7158**	**174459**	**46060**	**128836**
北 京	Beijing	13526	554	1	2	13	51
天 津	Tianjin	12591	426	177	7760	307	516
河 北	Hebei	50815	2748	217	15556	5566	15475
山 西	Shanxi	27884	1498	131	1364	2901	2175
内蒙古	Inner Mongolia	16497	621	113	1533	69	2064
辽 宁	Liaoning	44053	2221	328	13255	2759	1548
吉 林	Jilin	17634	909	671	2888	1045	480
黑龙江	Heilongjiang	32681	1582	199	3051	866	254
上 海	Shanghai	27119	765	121	676	285	418
江 苏	Jiangsu	93159	4837	829	10891	3829	9814
浙 江	Zhejiang	53180	1632	408	2661	2809	9885
安 徽	Anhui	49453	3259	327	17929	3354	4102
福 建	Fujian	41502	2465	339	556	2341	3896
江 西	Jiangxi	48104	3589	227	9193	2066	19791
山 东	Shandong	73346	2821	416	32156	3091	4282
河 南	Henan	63515	2458	104	1472	1373	3804
湖 北	Hubei	53753	2949	275	5472	2821	3684
湖 南	Hunan	54619	4563	342	29464	1934	5794
广 东	Guangdong	131615	7354	810	1493	1988	8408
广 西	Guangxi	47042	3696	100	593	857	4910
海 南	Hainan	9272	620	17	2293		122
重 庆	Chongqing	20500	790	309	913	127	884
四 川	Sichuan	69058	3659	376	1025	473	4273
贵 州	Guizhou	24801	1730	25	651	482	712
云 南	Yunnan	23932	1410	37	2426	13	4486
西 藏	Tibet	2866	213	0	0	0	9
陕 西	Shaanxi	27477	1101	109	742	1343	6541
甘 肃	Gansu	13665	587	45	2131	450	7510
青 海	Qinghai	8103	279	4	860	124	184
宁 夏	Ningxia	13281	713	63	2741	957	1517
新 疆	Xinjiang	37084	2142	39	2712	1816	1246

2-13 各行业工业废水排放情况(2016年)
Discharge of Industrial Waste Water by Sector (2016)

行　　业	Sector	化学需氧量排放量 (吨) COD Discharged (ton)	氨氮排放量 (吨) Ammona Nitrogen Discharged (ton)
行业总计	**Total**	**1228259**	**64502**
农、林、牧、渔服务业	Service in Support of Agriculture	3196	102
煤炭开采和洗选业	Mining and Washing of Coal	27947	52
石油和天然气开采业	Extraction of Petroleum and Natural Gas	1857	82
黑色金属矿采选业	Mining and Processing of Ferrous Metal Ores	5291	343
有色金属矿采选业	Mining and Processing of Non-ferrous Metal Ores	10342	1559
非金属矿采选业	Mining and Processing of Non-metal Ores	2367	608
开采辅助活动	Ancillary Activities for Exploitation	18	0
其他采矿业	Mining of Other Ores	0	0
农副食品加工业	Processing of Food from Agricultural Products	251304	8008
食品制造业	Manufacture of Foods	84282	5389
酒、饮料和精制茶制造业	Manufacture of Wine, Drinks and Refined Tea	99344	4192
烟草制品业	Manufacture of Tobacco	1821	84
纺织业	Manufacture of Textile	109852	3978
纺织服装、服饰业	Manufacture of Textile Wearing and Apparel	6971	151
皮革、毛皮、羽毛及其制品和制鞋业	Manufacture of Leather, Fur, Feather and Related Products and Footware	14228	1011
木材加工和木、竹、藤、棕、草制品业	Processing of Timber, Manufacture of Wood, Bamboo, Rattan, Palm, and Straw Products	9513	8
家具制造业	Manufacture of Furniture	1131	3
造纸及纸制品业	Manufacture of Paper and Paper Products	135332	2484
印刷和记录媒介复制业	Printing,Reproduction of Recording Media	1537	88
文教、工美、体育和娱乐用品制造业	Manufacture of Articles for Culture, Education, Arts and Crafts, Sport and Entertainment Activities	1455	140
石油加工、炼焦和核燃料加工业	Processing of Petroleum, Coking and Processing of Nuclear Fuel	29454	2695

2-13 续表 continued

行 业	Sector	化学需氧量排放量 (吨) COD Discharged (ton)	氨氮排放量 (吨) Ammona Nitrogen Discharged (ton)
化学原料和化学制品制造业	Manufacture of Raw Chemical Materials and Chemical Products	164176	18452
医药制造业	Manufacture of Medicines	44806	3127
化学纤维制造业	Manufacture of Chemical Fibers	25800	1184
橡胶和塑料制品业	Manufacture of Rubber and Plastic	10300	396
非金属矿物制品业	Manufacture of Non-metallic Mineral Products	13770	348
黑色金属冶炼和压延加工业	Smelting and Pressing of Ferrous Metals	14086	928
有色金属冶炼和压延加工业	Smelting and Pressing of Non-ferrous Metals	22793	2107
金属制品业	Manufacture of Metal Products	18466	905
通用设备制造业	Manufacture of General Purpose Machinery	5021	161
专用设备制造业	Manufacture of Special Purpose Machinery	3761	105
汽车制造业	Manufacture of Automobile	10216	205
铁路、船舶、航空航天和其他运输设备制造业	Manufacture of Railway, Shipbuilding, Aerospace and Other Transportation Equipment	5621	90
电气机械和器材制造业	Manufacture of Electrical Machinery and Equipment	10912	630
计算机、通信和其他电子设备制造业	Manufacture of Computers, Communication, and Other Electronic Equipment	22062	1669
仪器仪表制造业	Manufacture of Measuring Instrument	2604	38
其他制造业	Other Manufactures	745	75
废弃资源综合利用业	Utilization of Waste Resources	5151	100
金属制品、机械和设备修理业	Metal Products, Machinery and Equipment Repair	286	11
电力、热力生产和供应业	Production and Supply of Electric Power and Heat Power	28796	2496
燃气生产和供应业	Production and Supply of Gas	1100	36
水的生产和供应业	Production and Supply of Water	20545	464

2-14 各行业工业废水排放情况(2017年)
Discharge of Industrial Waste Water by Sector (2017)

行 业	Sector	化学需氧量排放量 (吨) COD Discharged (ton)	氨氮排放量 (吨) Ammona Nitrogen Discharged (ton)
行业总计	**Total**	**909631**	**44500**
农、林、牧、渔专业及 辅助性活动	Professional and Support Activities for Agriculture, Forestry, Animal Husbandry and Fishery	1791	84
煤炭开采和洗选业	Mining and Washing of Coal	16913	43
石油和天然气开采业	Extraction of Petroleum and Natural Gas	1550	68
黑色金属矿采选业	Mining and Processing of Ferrous Metal Ores	1796	76
有色金属矿采选业	Mining and Processing of Non-ferrous Metal Ores	7998	795
非金属矿采选业	Mining and Processing of Non-metal Ores	2514	450
开采专业及辅助性活动	Professional and Support Activities for Mining	83	7
其他采矿业	Mining of Other Ores	15	0
农副食品加工业	Processing of Food from Agricultural Products	178963	6283
食品制造业	Manufacture of Foods	56375	3267
酒、饮料和精制茶制造业	Manufacture of Wine, Drinks and Refined Tea	68478	2974
烟草制品业	Manufacture of Tobacco	1481	40
纺织业	Manufacture of Textile	109789	3370
纺织服装、服饰业	Manufacture of Textile Wearing and Apparel	4806	109
皮革、毛皮、羽毛及其制品和 制鞋业	Manufacture of Leather, Fur, Feather and Related Products and Footware	10509	820
木材加工和木、竹、藤、棕、 草制品业	Processing of Timber, Manufacture of Wood, Bamboo,Rattan, Palm, and Straw Products	2062	3
家具制造业	Manufacture of Furniture	408	2
造纸及纸制品业	Manufacture of Paper and Paper Products	108470	2148
印刷和记录媒介复制业	Printing,Reproduction of Recording Media	550	53
文教、工美、体育和娱乐用品 制造业	Manufacture of Articles for Culture, Education, Arts and Crafts, Sport and Entertainment Activities	711	16
石油、煤炭及其他燃料加工业	Processing of Petroleum, Coal and Other Fuels	24922	1855

2-14 续表 continued

行　业	Sector	化学需氧量排放量 (吨) COD Discharged (ton)	氨氮排放量 (吨) Ammona Nitrogen Discharged (ton)
化学原料和化学制品制造业	Manufacture of Raw Chemical Materials and Chemical Products	119164	10879
医药制造业	Manufacture of Medicines	37894	2534
化学纤维制造业	Manufacture of Chemical Fibers	20987	1057
橡胶和塑料制品业	Manufacture of Rubber and Plastic	3700	145
非金属矿物制品业	Manufacture of Non-metallic Mineral Products	6682	88
黑色金属冶炼和压延加工业	Smelting and Pressing of Ferrous Metals	11378	820
有色金属冶炼和压延加工业	Smelting and Pressing of Non-ferrous Metals	11735	1366
金属制品业	Manufacture of Metal Products	11236	528
通用设备制造业	Manufacture of General Purpose Machinery	2884	69
专用设备制造业	Manufacture of Special Purpose Machinery	1669	32
汽车制造业	Manufacture of Automobile	8503	137
铁路、船舶、航空航天和其他运输设备制造业	Manufacture of Railway, Shipbuilding, Aerospace and Other Transportation Equipment	2323	51
电气机械和器材制造业	Manufacture of Electrical Machinery and Equipment	10567	564
计算机、通信和其他电子设备制造业	Manufacture of Computers, Communication, and Other Electronic Equipment	17368	1363
仪器仪表制造业	Manufacture of Measuring Instrument	492	16
其他制造业	Other Manufactures	505	11
废弃资源综合利用业	Utilization of Waste Resources	3039	67
金属制品、机械和设备修理业	Metal Products, Machinery and Equipment Repair	231	7
电力、热力生产和供应业	Production and Supply of Electric Power and Heat Power	17356	1481
燃气生产和供应业	Production and Supply of Gas	731	36
水的生产和供应业	Production and Supply of Water	21001	787

2-15 各行业工业废水排放情况(2018年)
Discharge of Industrial Waste Water by Sector (2018)

行　业	Sector	化学需氧量 排放量 (吨) COD Discharged (ton)	氨氮排放量 (吨) Ammona Nitrogen Discharged (ton)
行业总计	Total	813894	39863
农、林、牧、渔专业及 辅助性活动	Professional and Support Activities for Agriculture, Forestry, 　　Animal Husbandry and Fishery	1752	89
煤炭开采和洗选业	Mining and Washing of Coal	15231	42
石油和天然气开采业	Extraction of Petroleum and Natural Gas	1527	87
黑色金属矿采选业	Mining and Processing of Ferrous Metal Ores	1205	45
有色金属矿采选业	Mining and Processing of Non-ferrous Metal Ores	6936	328
非金属矿采选业	Mining and Processing of Non-metal Ores	1770	280
开采专业及辅助性活动	Professional and Support Activities for Mining	56	4
其他采矿业	Mining of Other Ores	0	0
农副食品加工业	Processing of Food from Agricultural Products	155962	6471
食品制造业	Manufacture of Foods	55814	2951
酒、饮料和精制茶制造业	Manufacture of Wine, Drinks and Refined Tea	60642	2568
烟草制品业	Manufacture of Tobacco	1291	44
纺织业	Manufacture of Textile	103034	3131
纺织服装、服饰业	Manufacture of Textile Wearing and Apparel	2885	78
皮革、毛皮、羽毛及其制品和 制鞋业	Manufacture of Leather, Fur, Feather and Related Products 　　and Footware	8542	648
木材加工和木、竹、藤、棕、 草制品业	Processing of Timber, Manufacture of Wood, Bamboo,Rattan, 　　Palm, and Straw Products	2504	3
家具制造业	Manufacture of Furniture	325	1
造纸及纸制品业	Manufacture of Paper and Paper Products	96277	1947
印刷和记录媒介复制业	Printing,Reproduction of Recording Media	551	40
文教、工美、体育和娱乐用品 制造业	Manufacture of Articles for Culture, Education, Arts and Crafts, 　　Sport and Entertainment Activities	843	26
石油、煤炭及其他燃料加工业	Processing of Petroleum, Coal and Other Fuels	17803	1269

2–15 续表 continued

行　业	Sector	化学需氧量排放量 （吨） COD Discharged (ton)	氨氮排放量 （吨） Ammona Nitrogen Discharged (ton)
化学原料和化学制品制造业	Manufacture of Raw Chemical Materials and Chemical Products	103859	10171
医药制造业	Manufacture of Medicines	31307	2139
化学纤维制造业	Manufacture of Chemical Fibers	20810	985
橡胶和塑料制品业	Manufacture of Rubber and Plastic	3502	170
非金属矿物制品业	Manufacture of Non-metallic Mineral Products	5791	60
黑色金属冶炼和压延加工业	Smelting and Pressing of Ferrous Metals	8810	654
有色金属冶炼和压延加工业	Smelting and Pressing of Non-ferrous Metals	14616	1421
金属制品业	Manufacture of Metal Products	10252	499
通用设备制造业	Manufacture of General Purpose Machinery	2903	63
专用设备制造业	Manufacture of Special Purpose Machinery	2037	30
汽车制造业	Manufacture of Automobile	7572	98
铁路、船舶、航空航天和其他 　运输设备制造业	Manufacture of Railway, Shipbuilding, Aerospace 　and Other Transportation Equipment	3016	51
电气机械和器材制造业	Manufacture of Electrical Machinery and Equipment	10772	511
计算机、通信和其他电子 　设备制造业	Manufacture of Computers, Communication, 　and Other Electronic Equipment	16728	1275
仪器仪表制造业	Manufacture of Measuring Instrument	576	51
其他制造业	Other Manufactures	434	14
废弃资源综合利用业	Utilization of Waste Resources	2464	74
金属制品、机械和设备修理业	Metal Products, Machinery and Equipment Repair	171	5
电力、热力生产和供应业	Production and Supply of Electric Power and Heat Power	17697	1223
燃气生产和供应业	Production and Supply of Gas	822	52
水的生产和供应业	Production and Supply of Water	14805	263

2-16 各地区工业废水处理情况(2016年)
Treatment of Industrial Waste Water by Region (2016)

地 区	Region	工业废水治理设施数(套) Number of Industrial Waste Water Treatment Facilities (set)	工业废水治理设施处理能力(万吨/日) Capacity of Industrial Waste Water Treatment Facilities (10 000 tons/day)	工业废水治理设施本年运行费用(万元) Annual Expenditure of Industrial Waste Water Treatment Facilities (10 000 yuan)
全 国	National Total	67253	22197	6680940
北 京	Beijing	506	48	38530
天 津	Tianjin	773	269	74969
河 北	Hebei	3613	2949	426451
山 西	Shanxi	1945	549	151428
内蒙古	Inner Mongolia	1005	471	159754
辽 宁	Liaoning	1886	1373	337969
吉 林	Jilin	464	212	51148
黑龙江	Heilongjiang	763	844	236618
上 海	Shanghai	1510	189	181473
江 苏	Jiangsu	6479	2054	1006650
浙 江	Zhejiang	6618	1022	707167
安 徽	Anhui	2433	785	235216
福 建	Fujian	3160	733	172036
江 西	Jiangxi	2786	729	198976
山 东	Shandong	5055	1949	611343
河 南	Henan	2935	987	235963
湖 北	Hubei	1942	566	195593
湖 南	Hunan	2007	519	106002
广 东	Guangdong	8248	1176	548645
广 西	Guangxi	1606	1132	150895
海 南	Hainan	309	101	29355
重 庆	Chongqing	1506	131	80274
四 川	Sichuan	3536	1276	206117
贵 州	Guizhou	902	601	59837
云 南	Yunnan	1767	520	113839
西 藏	Tibet	34	7	710
陕 西	Shaanxi	1765	280	107977
甘 肃	Gansu	530	118	43552
青 海	Qinghai	173	88	11417
宁 夏	Ningxia	243	105	71451
新 疆	Xinjiang	754	412	129587

2-17 各地区工业废水处理情况(2017年)
Treatment of Industrial Waste Water by Region (2017)

地　区	Region	工业废水 治理设施数 (套) Number of Industrial Waste Water Treatment Facilities (set)	工业废水治理 设施处理能力 (万吨/日) Capacity of Industrial Waste Water Treatment Facilities (10 000 tons/day)	工业废水治理 设施本年运行费用 (万元) Annual Expenditure of Industrial Waste Water Treatment Facilities (10 000 yuan)
全　国	National Total	70370	24038	7418358
北　京	Beijing	483	52	49283
天　津	Tianjin	836	90	77345
河　北	Hebei	3496	3618	465101
山　西	Shanxi	2004	632	169553
内蒙古	Inner Mongolia	1217	469	202392
辽　宁	Liaoning	1771	1916	327966
吉　林	Jilin	510	207	60918
黑龙江	Heilongjiang	860	608	202681
上　海	Shanghai	1515	224	173986
江　苏	Jiangsu	7220	2982	1028039
浙　江	Zhejiang	7033	1070	749517
安　徽	Anhui	2597	776	252419
福　建	Fujian	3241	809	200543
江　西	Jiangxi	3058	733	197333
山　东	Shandong	5166	1574	700634
河　南	Henan	2718	1016	265427
湖　北	Hubei	2109	625	249534
湖　南	Hunan	1983	1362	136409
广　东	Guangdong	9066	1067	653923
广　西	Guangxi	1424	1220	153507
海　南	Hainan	290	31	28533
重　庆	Chongqing	1547	176	84572
四　川	Sichuan	3694	871	329421
贵　州	Guizhou	995	385	77230
云　南	Yunnan	1699	530	102282
西　藏	Tibet	54	5	1637
陕　西	Shaanxi	1750	330	167114
甘　肃	Gansu	560	208	47976
青　海	Qinghai	147	24	21601
宁　夏	Ningxia	254	108	66621
新　疆	Xinjiang	1073	319	174860

2-18 各地区工业废水处理情况(2018年)
Treatment of Industrial Waste Water by Region (2018)

地 区　　Region	工业废水治理设施数(套) Number of Industrial Waste Water Treatment Facilities (set)	工业废水治理设施处理能力(万吨/日) Capacity of Industrial Waste Water Treatment Facilities (10 000 tons/day)	工业废水治理设施本年运行费用(万元) Annual Expenditure of Industrial Waste Water Treatment Facilities (10 000 yuan)
全　国　National Total	72952	22370	7835376
北　京　Beijing	510	47	51129
天　津　Tianjin	905	87	81015
河　北　Hebei	3235	3172	451328
山　西　Shanxi	2257	695	217303
内蒙古　Inner Mongolia	1304	512	285842
辽　宁　Liaoning	1973	1385	345391
吉　林　Jilin	642	173	63524
黑龙江　Heilongjiang	962	593	215162
上　海　Shanghai	1520	156	173435
江　苏　Jiangsu	7138	1921	923712
浙　江　Zhejiang	7128	1007	822744
安　徽　Anhui	2822	1112	270208
福　建　Fujian	3354	1170	221861
江　西　Jiangxi	3252	686	233993
山　东　Shandong	5203	1415	713968
河　南　Henan	2910	1020	263913
湖　北　Hubei	2139	629	273845
湖　南　Hunan	1972	1175	139237
广　东　Guangdong	9378	1178	730329
广　西　Guangxi	1519	1115	165803
海　南　Hainan	294	40	30211
重　庆　Chongqing	1671	159	87621
四　川　Sichuan	4019	951	275132
贵　州　Guizhou	1046	402	92803
云　南　Yunnan	1890	589	110026
西　藏　Tibet	59	6	2242
陕　西　Shaanxi	1758	354	200208
甘　肃　Gansu	611	123	55604
青　海　Qinghai	163	30	19928
宁　夏　Ningxia	320	130	94151
新　疆　Xinjiang	998	337	223710

2-19 各行业工业废水处理情况(2016年)
Treatment of Industrial Waste Water by Sector (2016)

行 业	Sector	工业废水治理设施数(套) Number of Industrial Waste Water Treatment Facilities (set)	工业废水治理设施处理能力(万吨/日) Capacity of Industrial Waste Water Treatment Facilities (10 000 tons/day)	工业废水治理设施本年运行费用(万元) Annual Expenditure of Industrial Waste Water Treatment Facilities (10 000 yuan)
行业总计	Total	67253	22197	6680940
农、林、牧、渔服务业	Service in Support of Agriculture	176	14	5467
煤炭开采和洗选业	Mining and Washing of Coal	2890	1103	155987
石油和天然气开采业	Extraction of Petroleum and Natural Gas	585	512	312746
黑色金属矿采选业	Mining and Processing of Ferrous Metal Ores	560	992	72089
有色金属矿采选业	Mining and Processing of Non-ferrous Metal Ores	1104	625	117446
非金属矿采选业	Mining and Processing of Non-metal Ores	321	95	14171
开采辅助活动	Ancillary Activities for Exploitation	40	18	4108
其他采矿业	Mining of Other Ores	10	2	956
农副食品加工业	Processing of Food from Agricultural Products	6128	691	171806
食品制造业	Manufacture of Foods	2754	473	130042
酒、饮料和精制茶制造业	Manufacture of Wine, Drinks and Refined Tea	2130	645	105516
烟草制品业	Manufacture of Tobacco	119	16	9305
纺织业	Manufacture of Textile	4736	1076	529498
纺织服装、服饰业	Manufacture of Textile Wearing and Apparel	733	85	27254
皮革、毛皮、羽毛及其制品和制鞋业	Manufacture of Leather, Fur, Feather and Related Products and Footware	1443	142	75790
木材加工和木、竹、藤、棕、草制品业	Processing of Timber, Manufacture of Wood, Bamboo, Rattan, Palm, and Straw Products	559	20	9162
家具制造业	Manufacture of Furniture	303	3	3203
造纸及纸制品业	Manufacture of Paper and Paper Products	2453	1936	453276
印刷和记录媒介复制业	Printing,Reproduction of Recording Media	435	13	9078
文教、工美、体育和娱乐用品制造业	Manufacture of Articles for Culture, Education, Arts and Crafts, Sport and Entertainment Activities	378	12	5921
石油加工、炼焦和核燃料加工业	Processing of Petroleum, Coking and Processing of Nuclear Fuel	983	416	459843

2-19 续表 continued

行 业	Sector	工业废水治理设施数（套）Number of Industrial Waste Water Treatment Facilities (set)	工业废水治理设施处理能力（万吨／日）Capacity of Industrial Waste Water Treatment Facilities (10 000 tons/day)	工业废水治理设施本年运行费用(万元) Annual Expenditure of Industrial Waste Water Treatment Facilities (10 000 yuan)
化学原料和化学制品制造业	Manufacture of Raw Chemical Materials and Chemical Products	7923	1692	1066576
医药制造业	Manufacture of Medicines	3084	239	232056
化学纤维制造业	Manufacture of Chemical Fibers	339	178	78003
橡胶和塑料制品业	Manufacture of Rubber and Plastic	1019	70	26130
非金属矿物制品业	Manufacture of Non-metallic Mineral Products	4374	575	103678
黑色金属冶炼和压延加工业	Smelting and Pressing of Ferrous Metals	2199	8278	1116563
有色金属冶炼和压延加工业	Smelting and Pressing of Non-ferrous Metals	1971	355	181400
金属制品业	Manufacture of Metal Products	5167	285	244377
通用设备制造业	Manufacture of General Purpose Machinery	1378	56	33751
专用设备制造业	Manufacture of Special Purpose Machinery	809	52	22619
汽车制造业	Manufacture of Automobile	1804	110	96601
铁路、船舶、航空航天和其他运输设备制造业	Manufacture of Railway, Shipbuilding, Aerospace and Other Transportation Equipment	726	35	23310
电气机械和器材制造业	Manufacture of Electrical Machinery and Equipment	1215	69	67218
计算机、通信和其他电子设备制造业	Manufacture of Computers, Communication, and Other Electronic Equipment	2576	333	323895
仪器仪表制造业	Manufacture of Measuring Instrument	273	11	89718
其他制造业	Other Manufactures	727	30	18523
废弃资源综合利用业	Utilization of Waste Resources	271	14	8963
金属制品、机械和设备修理业	Metal Products, Machinery and Equipment Repair	137	7	3670
电力、热力生产和供应业	Production and Supply of Electric Power and Heat Power	2378	908	253479
燃气生产和供应业	Production and Supply of Gas	43	11	17749

2-20　各行业工业废水处理情况(2017年)
Treatment of Industrial Waste Water by Sector (2017)

行　　业	Sector	工业废水治理设施数(套) Number of Industrial Waste Water Treatment Facilities (set)	工业废水治理设施处理能力(万吨/日) Capacity of Industrial Waste Water Treatment Facilities (10 000 tons/day)	工业废水治理设施本年运行费用(万元) Annual Expenditure of Industrial Waste Water Treatment Facilities (10 000 yuan)
行业总计	Total		24038	7418358
农、林、牧、渔专业及辅助性活动	Professional and Support Activities for Agriculture, Forestry, Animal Husbandry and Fishery	169	11	1664
煤炭开采和洗选业	Mining and Washing of Coal	2871	1106	171072
石油和天然气开采业	Extraction of Petroleum and Natural Gas	554	479	266380
黑色金属矿采选业	Mining and Processing of Ferrous Metal Ores	377	1136	59920
有色金属矿采选业	Mining and Processing of Non-ferrous Metal Ores	986	587	107147
非金属矿采选业	Mining and Processing of Non-metal Ores	315	67	13173
开采辅助活动	Ancillary Activities for Exploitation	48	10	2707
其他采矿业	Mining of Other Ores	19	4	1218
农副食品加工业	Processing of Food from Agricultural Products	6653	887	198230
食品制造业	Manufacture of Foods	2945	342	143439
酒、饮料和精制茶制造业	Manufacture of Wine, Drinks and Refined Tea	2348	328	125403
烟草制品业	Manufacture of Tobacco	112	19	12560
纺织业	Manufacture of Textile	4837	2472	631145
纺织服装、服饰业	Manufacture of Textile Wearing and Apparel	665	83	25244
皮革、毛皮、羽毛及其制品和制鞋业	Manufacture of Leather, Fur, Feather and Related Products and Footware	1385	156	77930
木材加工和木、竹、藤、棕、草制品业	Processing of Timber, Manufacture of Wood, Bamboo, Rattan, Palm, and Straw Products	399	11	5960
家具制造业	Manufacture of Furniture	341	3	2882
造纸及纸制品业	Manufacture of Paper and Paper Products	2710	1781	512073
印刷和记录媒介复制业	Printing,Reproduction of Recording Media	488	9	5756
文教、工美、体育和娱乐用品制造业	Manufacture of Articles for Culture, Education, Arts and Crafts, Sport and Entertainment Activities	412	9	6368
石油加工、炼焦和核燃料加工业	Processing of Petroleum, Coking and Processing of Nuclear Fuel	1109	445	598119

2-20 续表 continued

行 业	Sector	工业废水治理设施数（套）Number of Industrial Waste Water Treatment Facilities (set)	工业废水治理设施处理能力（万吨／日）Capacity of Industrial Waste Water Treatment Facilities (10 000 tons/day)	工业废水治理设施本年运行费用(万元)Annual Expenditure of Industrial Waste Water Treatment Facilities (10 000 yuan)
化学原料和化学制品制造业	Manufacture of Raw Chemical Materials and Chemical Products	7994	1627	1102711
医药制造业	Manufacture of Medicines	3588	219	281969
化学纤维制造业	Manufacture of Chemical Fibers	358	175	92662
橡胶和塑料制品业	Manufacture of Rubber and Plastic	1085	66	29673
非金属矿物制品业	Manufacture of Non-metallic Mineral Products	4046	486	104437
黑色金属冶炼和压延加工业	Smelting and Pressing of Ferrous Metals	2278	9228	1253627
有色金属冶炼和压延加工业	Smelting and Pressing of Non-ferrous Metals	1687	414	203164
金属制品业	Manufacture of Metal Products	6311	327	382941
通用设备制造业	Manufacture of General Purpose Machinery	1378	46	36113
专用设备制造业	Manufacture of Special Purpose Machinery	836	24	21748
汽车制造业	Manufacture of Automobile	2093	105	116522
铁路、船舶、航空航天和其他运输设备制造业	Manufacture of Railway, Shipbuilding, Aerospace and Other Transportation Equipment	787	47	22250
电气机械和器材制造业	Manufacture of Electrical Machinery and Equipment	1391	89	84049
计算机、通信和其他电子设备制造业	Manufacture of Computers, Communication, and Other Electronic Equipment	2856	388	415037
仪器仪表制造业	Manufacture of Measuring Instrument	201	8	6624
其他制造业	Other Manufactures	706	23	17953
废弃资源综合利用业	Utilization of Waste Resources	346	17	17505
金属制品、机械和设备修理业	Metal Products, Machinery and Equipment Repair	168	6	4643
电力、热力生产和供应业	Production and Supply of Electric Power and Heat Power	2487	787	243679
燃气生产和供应业	Production and Supply of Gas	31	9	12660

2-21 各行业工业废水处理情况(2018年)
Treatment of Industrial Waste Water by Sector (2018)

行　业	Sector	工业废水治理设施数（套）Number of Industrial Waste Water Treatment Facilities (set)	工业废水治理设施处理能力（万吨／日）Capacity of Industrial Waste Water Treatment Facilities (10 000 tons/day)	工业废水治理设施本年运行费用(万元) Annual Expenditure of Industrial Waste Water Treatment Facilities (10 000 yuan)
行业总计	**Total**	**72952**	**22370**	**7835376**
农、林、牧、渔专业及辅助性活动	Professional and Support Activities for Agriculture, Forestry, Animal Husbandry and Fishery	184	13	2475
煤炭开采和洗选业	Mining and Washing of Coal	3034	1316	199832
石油和天然气开采业	Extraction of Petroleum and Natural Gas	586	486	263128
黑色金属矿采选业	Mining and Processing of Ferrous Metal Ores	337	754	58863
有色金属矿采选业	Mining and Processing of Non-ferrous Metal Ores	899	579	96803
非金属矿采选业	Mining and Processing of Non-metal Ores	281	71	13229
开采辅助活动	Ancillary Activities for Exploitation	49	8	2764
其他采矿业	Mining of Other Ores	18	5	1230
农副食品加工业	Processing of Food from Agricultural Products	8746	693	229825
食品制造业	Manufacture of Foods	2925	301	161498
酒、饮料和精制茶制造业	Manufacture of Wine, Drinks and Refined Tea	2293	327	122474
烟草制品业	Manufacture of Tobacco	126	15	13210
纺织业	Manufacture of Textile	4676	1138	676762
纺织服装、服饰业	Manufacture of Textile Wearing and Apparel	636	62	22639
皮革、毛皮、羽毛及其制品和制鞋业	Manufacture of Leather, Fur, Feather and Related Products and Footware	1043	131	72773
木材加工和木、竹、藤、棕、草制品业	Processing of Timber, Manufacture of Wood, Bamboo, Rattan, Palm, and Straw Products	409	14	5654
家具制造业	Manufacture of Furniture	360	7	3144
造纸及纸制品业	Manufacture of Paper and Paper Products	2453	1597	544484
印刷和记录媒介复制业	Printing,Reproduction of Recording Media	525	6	5436
文教、工美、体育和娱乐用品制造业	Manufacture of Articles for Culture, Education, Arts and Crafts, Sport and Entertainment Activities	414	9	5864
石油加工、炼焦和核燃料加工业	Processing of Petroleum, Coking and Processing of Nuclear Fuel	1172	434	709975

2-21 续表 continued

行 业	Sector	工业废水治理设施数（套）Number of Industrial Waste Water Treatment Facilities (set)	工业废水治理设施处理能力（万吨／日）Capacity of Industrial Waste Water Treatment Facilities (10 000 tons/day)	工业废水治理设施本年运行费用(万元)Annual Expenditure of Industrial Waste Water Treatment Facilities (10 000 yuan)
化学原料和化学制品制造业	Manufacture of Raw Chemical Materials and Chemical Products	7831	1920	1261986
医药制造业	Manufacture of Medicines	3582	216	332860
化学纤维制造业	Manufacture of Chemical Fibers	358	172	113042
橡胶和塑料制品业	Manufacture of Rubber and Plastic	1086	57	28630
非金属矿物制品业	Manufacture of Non-metallic Mineral Products	4077	663	100328
黑色金属冶炼和压延加工业	Smelting and Pressing of Ferrous Metals	2432	8643	1120916
有色金属冶炼和压延加工业	Smelting and Pressing of Non-ferrous Metals	1851	303	229941
金属制品业	Manufacture of Metal Products	6455	336	297094
通用设备制造业	Manufacture of General Purpose Machinery	1393	55	34926
专用设备制造业	Manufacture of Special Purpose Machinery	830	22	20522
汽车制造业	Manufacture of Automobile	2280	100	121319
铁路、船舶、航空航天和其他运输设备制造业	Manufacture of Railway, Shipbuilding, Aerospace and Other Transportation Equipment	781	50	21167
电气机械和器材制造业	Manufacture of Electrical Machinery and Equipment	1529	99	86154
计算机、通信和其他电子设备制造业	Manufacture of Computers, Communication, and Other Electronic Equipment	3110	405	472865
仪器仪表制造业	Manufacture of Measuring Instrument	197	6	6303
其他制造业	Other Manufactures	650	26	19003
废弃资源综合利用业	Utilization of Waste Resources	343	17	20496
金属制品、机械和设备修理业	Metal Products, Machinery and Equipment Repair	176	6	4513
电力、热力生产和供应业	Production and Supply of Electric Power and Heat Power	2797	1288	305145
燃气生产和供应业	Production and Supply of Gas	28	23	26102

三、海洋环境

Marine Environment

3-1　全国海洋环境情况(2000-2018年)
Marine Environment (2000-2018)

年 份	管辖海域未达到第一类海水水质标准的海域面积(平方公里) Sea Area with Water Quality Not Reaching Standard of Grade I (sq.km)				
Year	合 计 Total	二类水质海域面积 Sea Area with Water Quality at Grade II	三类水质海域面积 Sea Area with Water Quality at Grade III	四类水质海域面积 Sea Area with Water Quality at Grade IV	劣四类水质海域面积 Sea Area with Water Quality below Grade IV
2001	173390	99440	25710	15650	32590
2002	174390	111020	19870	17780	25720
2003	142080	80480	22010	14910	24680
2004	169000	65630	40500	30810	32060
2005	139280	57800	34060	18150	29270
2006	148970	51020	52140	17440	28370
2007	145280	51290	47510	16760	29720
2008	137000	65480	28840	17420	25260
2009	146980	70920	25500	20840	29720
2010	177720	70430	36190	23070	48030
2011	144290	47840	34310	18340	43800
2012	169520	46910	30030	24700	67880
2013	143620	47160	36490	15630	44340
2014	148710	43280	42740	21550	41140
2015	154610	54120	36900	23570	40020
2016	135520	49310	31020	17770	37420
2017	130330	49830	28540	18240	33720
2018	109790	38070	22320	16130	33270

3-1　续表　continued

年 份 Year	主要海洋产业增加值(亿元) Added Value of Major Marine Industries (100 million yuan)	海洋原油产量(万吨) Output of Offshore Crude Oil (10 000 tons)	海洋天然气产量(万立方米) Output of Offshore Natural Gas (10 000 cu.m)
2000	2297	2080.4	460127
2001	3297	2143.0	457212
2002	4042	2405.6	464689
2003	4623	2545.4	436930
2004	5829	2842.2	613416
2005	7185	3174.7	626921
2006	8286	3239.9	748618
2007	10461	3178.4	823455
2008	12243	3421.1	857847
2009	12989	3698.2	859173
2010	15531	4710.0	1108905
2011	18760	4452.0	1214519
2012	20575	4444.8	1228188
2013	22681	4541.1	1176455
2014	25156	4614.0	1308899
2015	26791	5416.4	1472400
2016	28646		
2017	31735	4886.3	1395462
2018	33609		

3-2 管辖海域未达到第一类海水水质标准的海域面积(2018年)
Sea Area with Water Quality Not Reaching Standard of Grade Ⅰ (2018)

单位: 平方公里 (sq.km)

海 区	Sea Area	合计 Total	二类水质 海域面积 Sea Area with Water Quality at Grade Ⅱ	三类水质 海域面积 Sea Area with Water Quality at Grade Ⅲ	四类水质 海域面积 Sea Area with Water Quality at Grade Ⅳ	劣四类水质 海域面积 Sea Area with Water Quality below Grade Ⅳ
全 国	**National Total**	**109790**	**38070**	**22320**	**16130**	**33270**
渤 海	Bohai Sea	21560	10830	4470	2930	3330
黄 海	Yellow Sea	26090	10350	6890	6870	1980
东 海	East China Sea	44360	11390	6480	4380	22110
南 海	South China Sea	17780	5500	4480	1950	5850

资料来源: 生态环境部(以下各表同)。
Source: Ministry of Ecology and Environment (the same as in the following tables).

3-3 海区废弃物倾倒及石油勘探开发污染物排放入海情况(2018年)
Sea Area Waste Dumping and Pollutants from Petroleum
Exploration Discharged into the Sea (2018)

单位: 万立方米 (10 000 cu.m)

海 区	Sea Area	海洋 废弃物 Marine Waste	生产污水 Sewage from Production	钻井泥浆 Drilling Mud	钻屑 Debris from Drilling	生活 污水 Oily Sewage
全 国	**National Total**	**20067**	**17149**	**5.40**	**6.46**	**85**
渤 海	Bohai Sea	1186	790	1.06	2.82	45
黄 海	Yellow Sea	4459				
东 海	East China Sea	8292	171	0.02	0.13	5
南 海	South China Sea	6130	16188	4.32	3.50	35

3-4 全国主要海洋产业增加值(2018年)
Added Value of Major Marine Industries (2018)

海洋产业	Marine Industry	增加值 (亿元) Added Value (100 millionyuan)	增加值比上年增长 (按可比价计算)(%) Percentage of Added Value of Increase Over Last Year (at comparable price) (%)
合 计	Total	33609	4.0
海洋渔业	Marine Fishery Industry	4801	-0.2
海洋油气业	Offshore Oil and Natural Gas	1477	3.3
海滨矿业	Beach Placer	71	0.5
海洋盐业	Sea Salt Industry	39	-16.6
海洋化工业	Marine Chemical	1119	3.1
海洋生物医药业	Marine Biological Pharmaceutical	413	9.6
海洋电力业	Marine Electric Power Industry	172	12.8
海水利用业	Marine Seawater Utilization	17	7.9
海洋船舶工业	Marine Shipbuilding Industry	997	-9.8
海洋工程建筑业	Marine Engineering Architecture	1905	-3.8
海洋交通运输业	Maritime Transportation	6522	5.5
滨海旅游业	Coastal Tourism	16078	8.3

资料来源：自然资源部(以下各表同)。
Source: Ministry of Natural Resources (the same as in the following tables).

3-5 海洋资源利用情况(2017年)
Utilization of Marine Resources (2017)

地 区	Region	海洋原油(万吨) Marine Oil (10 000 tons)	海洋天然气(万立方米) Marine NaturalGas (10 000 cu.m)	海洋矿业(万吨) Beach Placers (10 000 tons)	海洋渔业(万吨) Marine Fishery (10 000 tons) 捕捞 Fishing	养殖 Aquiculture	海盐产量(万吨) Sea Salt Output (10 000 tons)
全 国	National Total	4886.3	1395462	2557.8	1112.4	2000.7	3563.8
天 津	Tianjin	2757.7	284305		2.8	0.9	182.3
河 北	Hebei	173.5	46341		23.4	52.9	329.6
辽 宁	Liaoning	55.5	1818		55.2	308.1	
上 海	Shanghai	39.5	154570		1.5		
江 苏	Jiangsu				53.0	93.1	68.0
浙 江	Zhejiang				309.3	116.3	5.5
福 建	Fujian			1398.5	174.3	445.3	26.2
山 东	Shandong	321.2	11126	1055.3	175.0	519.1	2940.0
广 东	Guangdong	1538.9	897302		144.1	302.9	5.2
广 西	Guangxi			100.0	61.1	129.9	
海 南	Hainan				112.7	32.2	7.0

四、大气环境

Atmospheric Environment

4-1　全国废气排放及处理情况(2000-2018年)
Emission and Treatment of Waste Gas (2000-2018)

年 份 Year	工业废气排放总量 (亿立方米) Total Volume of Industrial Waste Gas Emission (100 million cu.m)	二氧化硫排放总量 (万吨) Sulphur Dioxide Emission (10 000 tons)	#工业 Industry	#生活 Household	氮氧化物排放总量 (万吨) Nitrogen Oxides Emission (10 000 tons)	#工业 Industry	#生活 Household
2000	138145	1995.1	1612.5				
2001	160863	1947.2	1566.0				
2002	175257	1926.6	1562.0				
2003	198906	2158.5	1791.6				
2004	237696	2254.9	1891.4				
2005	268988	2549.4	2168.4				
2006	330990	2588.8	2234.8				
2007	388169	2468.1	2140.0				
2008	403866	2321.2	1991.4				
2009	436064	2214.4	1865.9				
2010	519168	2185.1	1864.4				
2011	674509	2217.9	2017.2	200.4	2404.3	1729.7	36.6
2012	635519	2117.6	1911.7	205.7	2337.8	1658.1	39.3
2013	669361	2043.9	1835.2	208.5	2227.4	1545.6	40.7
2014	694190	1974.4	1740.4	233.9	2078.0	1404.8	45.1
2015	685190	1859.1	1556.7	296.9	1851.0	1180.9	65.1
2016		854.9	770.5	84.0	1503.3	809.1	61.6
2017		610.8	529.9	80.5	1348.4	646.5	59.2
2018		516.1	446.7	68.7	1288.4	588.7	53.1

注：1.2011年原环境保护部对统计制度中的指标体系、调查方法及相关技术规定等进行了修订，统计范围扩展为工业源、农业源、城镇生活源、机动车、集中式污染治理设施5个部分。

　　2.以第二次全国污染源普查成果为基准，生态环境部依法组织对2016-2019年污染源统计初步数据进行了更新，2016年之后数据与以前年份不可比。统计调查对象为全国排放污染物的工业源、农业源、生活源、集中式污染治理设施、机动车。其中，农业源包括大型畜禽养殖场；生活源包括第三产业以及城镇居民生活源；此外，生活源废气污染物排放还包括农村生活源；烟(粉)尘指标改为颗粒物。

Note: a)In 2011, indicators of statistical system, method of survey, and related technologies were revised by the former Ministry of Environmental Protection, statistical scope expands to 5 parts: industry source, agriculture source, urban domestic source, vehicle and centralized pollution control facilities.

　　b)Reference to the benchmarks of the Second National Pollution Sources Census, the Ministry of Ecology and Environment has adjusted and updated relevant data of pollution sources in 2016-2019, which are not comparable to the data of previous years. The statistical scope inclues industry source, agriculture source, domestic source, vehicle and centralized pollution control facilities. The agriculture source includes livestock and poultry farm in large scale. The domestic source includes tertiary industry and urban domestic source. In addition, the domestic source of waste gas also includes rural domestic source. Soot(Dust) Emission is renamed as Particulate Matter Emission.

4-1 续表 continued

年 份 Year	颗粒物 排放总量 （万吨） Particalate Matter Emission (10 000 tons)	#工业 Industry	#生活 Household	工业废气 治理设施 （套） Industrial Watste Gas Treatment Facilities (set)	工业废气治理 设施处理能力 （万立方米/时） Capacity of Industrial Waste Gas Treatment Facilities (10 000 cu.m/hour)	本年运行 费用 （亿元） Annual Expenditure for Operation (100 million yuan)
2000				145534		93.7
2001				134025		111.1
2002				137668		147.1
2003				137204		150.6
2004				144973		213.8
2005				145043		267.1
2006				154557		464.4
2007				162325		555.0
2008				174164		773.4
2009				176489		873.7
2010				187401		1054.5
2011	1278.8	1100.9	114.8	216457	1568592	1579.5
2012	1235.8	1029.3	142.7	225913	1649353	1452.3
2013	1278.1	1094.6	123.9	234316	1435110	1497.8
2014	1740.8	1456.1	227.1	261367	1533917	1731.0
2015	1538.0	1232.6	249.7	290886	1688675	1866.0
2016	1608.0	1376.2	219.2	306804	3599199	2400.4
2017	1284.9	1067.0	206.1	345042	11621024	1971.2
2018	1132.3	948.9	173.1	368999	7469493	2177.2

4-2　各地区废气排放情况(2016年)

Emission of Waste Gas by Region (2016)

单位: 吨 (ton)

地　区	Region	二氧化硫排放总量 Total Volume of Sulphur Dioxide Emission	工业 Industrial	生活 Household	集中式污染 治理设施 Centralized Pollution Control Facilities
全　国	**National Total**	**8548932**	**7704689**	**840129**	**4114**
北　京	Beijing	14989	7610	7379	0
天　津	Tianjin	26744	22048	4628	68
河　北	Hebei	551764	472855	77833	1077
山　西	Shanxi	495896	452866	42947	84
内蒙古	Inner Mongolia	569521	516434	53087	0
辽　宁	Liaoning	411235	381803	29377	55
吉　林	Jilin	143951	116967	26977	7
黑龙江	Heilongjiang	218644	162739	55889	16
上　海	Shanghai	65035	63573	1442	20
江　苏	Jiangsu	577992	564845	12896	252
浙　江	Zhejiang	133255	123811	8452	992
安　徽	Anhui	272046	255128	16731	187
福　建	Fujian	241613	235686	5907	20
江　西	Jiangxi	458050	441392	16421	238
山　东	Shandong	729757	663871	65840	45
河　南	Henan	386462	370878	15562	22
湖　北	Hubei	217836	155107	62689	40
湖　南	Hunan	309185	216435	92733	16
广　东	Guangdong	255568	247505	7711	352
广　西	Guangxi	137892	136812	1049	31
海　南	Hainan	13363	13361	0	2
重　庆	Chongqing	129282	111358	17855	69
四　川	Sichuan	307878	292393	15464	20
贵　州	Guizhou	353681	287586	66082	14
云　南	Yunnan	451745	414795	36646	304
西　藏	Tibet	3458	1964	1493	1
陕　西	Shaanxi	250245	228334	21814	97
甘　肃	Gansu	156749	126851	29896	2
青　海	Qinghai	56168	52018	4123	27
宁　夏	Ningxia	196536	192771	3732	33
新　疆	Xinjiang	412390	374893	37473	25

资料来源: 生态环境部(以下各表同)。

Source:Ministry of Ecology and Environment (the same as in the following tables).

4-2 续表 1 continued 1

单位: 吨 (ton)

地 区	Region	氮氧化物 排放总量 Nitrogen Oxides Emission	工业 Industry	生活 Household	机动车 Motor Vehicle	集中式污染 治理设施 Centralized Pollution Control Facilities
全 国	**National Total**	**15033045**	**8091004**	**615723**	**6315965**	**10354**
北 京	Beijing	136608	19548	14166	102874	21
天 津	Tianjin	130756	52032	7265	71344	115
河 北	Hebei	1268318	655715	55033	555329	2241
山 西	Shanxi	751902	499329	30955	221486	132
内蒙古	Inner Mongolia	662608	455058	43927	163623	1
辽 宁	Liaoning	759172	429421	31292	298425	34
吉 林	Jilin	289787	122735	26262	140772	19
黑龙江	Heilongjiang	500475	223275	76566	200484	150
上 海	Shanghai	169552	74053	4421	90777	301
江 苏	Jiangsu	1051680	620164	13021	417572	923
浙 江	Zhejiang	444228	213662	6264	222162	2140
安 徽	Anhui	700782	385396	13735	301300	352
福 建	Fujian	310521	182064	3517	124855	85
江 西	Jiangxi	454253	258427	8240	187278	309
山 东	Shandong	1417763	773679	40543	603359	182
河 南	Henan	820924	348283	15986	456589	66
湖 北	Hubei	400370	168620	33121	198511	118
湖 南	Hunan	509136	272771	56359	179947	59
广 东	Guangdong	797660	371260	9578	415965	857
广 西	Guangxi	373584	204789	924	167481	391
海 南	Hainan	55963	29833	192	25910	28
重 庆	Chongqing	207206	97458	8167	100623	957
四 川	Sichuan	570612	295513	13659	261244	196
贵 州	Guizhou	349888	230112	16880	102858	37
云 南	Yunnan	412245	232103	18553	161383	206
西 藏	Tibet	39796	8450	438	30907	2
陕 西	Shaanxi	394431	215728	16727	161644	332
甘 肃	Gansu	250528	125814	15341	109372	1
青 海	Qinghai	91304	55015	5024	31228	38
宁 夏	Ningxia	211742	151887	2923	56917	15
新 疆	Xinjiang	499251	318812	26646	153746	48

4-2　续表 2　continued 2

单位: 吨 (ton)

地 区	Region	颗粒物排放总量 Particulate Matter Emission	工业 Industry	生活 Household	机动车 Motor Vehicle	集中式污染治理设施 Centralized Pollution Control Facilities
全　国	**National Total**	**16080108**	**13761577**	**2192115**	**122755**	**3661**
北　京	Beijing	49678	16953	31390	1334	1
天　津	Tianjin	52791	28832	22895	1058	6
河　北	Hebei	819863	612939	191328	14544	1052
山　西	Shanxi	1071206	947595	119943	3075	593
内蒙古	Inner Mongolia	1244166	1074864	164224	5078	1
辽　宁	Liaoning	839452	743123	88305	8002	21
吉　林	Jilin	386399	272207	112083	2107	3
黑龙江	Heilongjiang	780301	450211	326286	3761	44
上　海	Shanghai	48192	41521	5574	1087	9
江　苏	Jiangsu	804329	733566	64758	5819	187
浙　江	Zhejiang	391238	374347	13077	3608	206
安　徽	Anhui	979186	926625	47716	4798	47
福　建	Fujian	674564	660901	11518	2118	28
江　西	Jiangxi	682550	649483	29664	3199	204
山　东	Shandong	622649	452253	157501	12850	46
河　南	Henan	380623	323629	43541	13426	27
湖　北	Hubei	506226	369990	133098	3115	23
湖　南	Hunan	701195	459258	238263	3560	113
广　东	Guangdong	781024	755552	18932	6398	143
广　西	Guangxi	381431	376618	1948	2818	47
海　南	Hainan	22488	22001	18	463	7
重　庆	Chongqing	176287	156736	17750	1573	228
四　川	Sichuan	418231	386783	27475	3895	77
贵　州	Guizhou	492483	483201	7201	2063	19
云　南	Yunnan	562565	478537	80281	3354	392
西　藏	Tibet	93968	91995	1452	520	0
陕　西	Shaanxi	567409	506057	58422	2859	71
甘　肃	Gansu	595069	534387	58350	2332	0
青　海	Qinghai	137617	122089	14969	539	20
宁　夏	Ningxia	254213	246140	7083	975	16
新　疆	Xinjiang	562714	463185	97069	2429	31

4-3 各地区废气排放情况(2017年)
Emission of Waste Gas by Region (2017)

单位: 吨 (ton)

地 区	Region	二氧化硫 排放总量 Total Volume of Sulphur Dioxide Emission	工业 Industrial	生活 Household	集中式污染 治理设施 Centralized Pollution Control Facilities
全 国	**National Total**	**6108376**	**5298770**	**805186**	**4421**
北 京	Beijing	6540	1770	4770	0
天 津	Tianjin	25146	21793	3318	35
河 北	Hebei	433093	351423	80702	968
山 西	Shanxi	341190	296020	45087	82
内蒙古	Inner Mongolia	378120	322239	55856	24
辽 宁	Liaoning	348989	320693	28274	21
吉 林	Jilin	122695	103156	19530	10
黑龙江	Heilongjiang	183744	132421	51303	20
上 海	Shanghai	13770	13524	234	13
江 苏	Jiangsu	383163	369622	13141	399
浙 江	Zhejiang	111807	105135	5537	1135
安 徽	Anhui	195393	182149	13074	171
福 建	Fujian	119540	113320	6141	79
江 西	Jiangxi	317240	299639	17438	163
山 东	Shandong	416328	362859	53331	138
河 南	Henan	139811	130650	9145	15
湖 北	Hubei	173671	109009	64610	52
湖 南	Hunan	275865	174714	101086	65
广 东	Guangdong	187284	179442	7609	233
广 西	Guangxi	105198	104066	1040	93
海 南	Hainan	9659	9654	0	5
重 庆	Chongqing	122408	104932	17368	108
四 川	Sichuan	223222	211230	11892	99
贵 州	Guizhou	358904	296704	62070	129
云 南	Yunnan	260106	225082	34874	150
西 藏	Tibet	3027	1850	1176	2
陕 西	Shaanxi	185807	166795	18873	140
甘 肃	Gansu	131307	101872	29435	0
青 海	Qinghai	50331	46110	4184	37
宁 夏	Ningxia	148087	144206	3869	12
新 疆	Xinjiang	336931	296690	40218	23

4-3 续表 1 continued 1

单位: 吨 (ton)

地 区	Region	氮氧化物排放总量 Nitrogen Oxides Emission	工业 Industry	生活 Household	机动车 Motor Vehicle	集中式污染治理设施 Centralized Pollution Control Facilities
全 国	National Total	13483990	6464927	591756	6412177	15131
北 京	Beijing	123995	9847	11432	102684	32
天 津	Tianjin	120424	41586	6077	72601	160
河 北	Hebei	1227933	612608	56968	555541	2816
山 西	Shanxi	652472	394535	32155	225629	153
内蒙古	Inner Mongolia	576481	363062	46589	166713	117
辽 宁	Liaoning	742830	412874	30650	299265	42
吉 林	Jilin	262265	112009	19795	130436	25
黑龙江	Heilongjiang	402331	147309	69950	184957	114
上 海	Shanghai	169574	43595	3179	122542	258
江 苏	Jiangsu	931754	484079	12757	431697	3221
浙 江	Zhejiang	420403	178972	5322	233525	2583
安 徽	Anhui	583697	265165	12479	305659	394
福 建	Fujian	290188	159625	3602	126484	476
江 西	Jiangxi	415826	213164	9202	193110	349
山 东	Shandong	1195164	521467	34010	639317	371
河 南	Henan	693940	214378	11454	468060	48
湖 北	Hubei	390604	158290	34316	197822	176
湖 南	Hunan	433746	200798	61051	171567	329
广 东	Guangdong	764960	329759	7552	427013	636
广 西	Guangxi	372240	193868	740	176994	638
海 南	Hainan	55287	27987	205	27059	36
重 庆	Chongqing	196616	84841	8378	103209	189
四 川	Sichuan	513551	247493	13167	252630	261
贵 州	Guizhou	286128	166425	16604	102080	1019
云 南	Yunnan	348156	166729	17730	163528	169
西 藏	Tibet	34095	5548	359	28188	0
陕 西	Shaanxi	354925	174781	15159	164625	360
甘 肃	Gansu	225961	105189	15188	105583	2
青 海	Qinghai	87712	50754	5137	31764	57
宁 夏	Ningxia	180492	119599	2739	58110	44
新 疆	Xinjiang	430241	258589	27813	143786	54

4-3 续表 2 continued 2

单位: 吨 (ton)

地 区	Region	颗粒物排放总量 Particulate Matter Emission	工业 Industry	生活 Household	机动车 Motor Vehicle	集中式污染治理设施 Centralized Pollution Control Facilities
全 国	National Total	12849168	10669966	2061126	114314	3762
北 京	Beijing	34487	13007	20287	1191	1
天 津	Tianjin	43303	25925	16411	959	9
河 北	Hebei	578014	370516	193246	13784	467
山 西	Shanxi	716957	586861	125922	2792	1382
内蒙古	Inner Mongolia	1060885	883005	172970	4895	14
辽 宁	Liaoning	832912	744165	81189	7547	11
吉 林	Jilin	349678	266695	81213	1768	3
黑龙江	Heilongjiang	719483	416662	299481	3284	56
上 海	Shanghai	19949	17889	792	1260	8
江 苏	Jiangsu	632001	571144	55150	5406	301
浙 江	Zhejiang	314512	302275	8566	3394	277
安 徽	Anhui	588806	544389	39961	4405	51
福 建	Fujian	370241	356602	11661	1921	57
江 西	Jiangxi	557413	522520	31500	2974	419
山 东	Shandong	483351	348025	122877	12401	48
河 南	Henan	256801	218293	25585	12911	12
湖 北	Hubei	414985	274935	137178	2801	71
湖 南	Hunan	600357	337509	259689	3139	21
广 东	Guangdong	541177	516120	19123	5816	118
广 西	Guangxi	376883	372242	1915	2678	48
海 南	Hainan	17350	16895	19	429	8
重 庆	Chongqing	167822	149078	17266	1415	62
四 川	Sichuan	409506	384844	21226	3392	45
贵 州	Guizhou	392513	383494	7074	1893	52
云 南	Yunnan	477711	398057	76407	3148	99
西 藏	Tibet	49213	47620	1144	449	1
陕 西	Shaanxi	417237	363972	50543	2651	71
甘 肃	Gansu	512547	452965	57450	2131	1
青 海	Qinghai	114385	98667	15195	496	27
宁 夏	Ningxia	233109	225363	6831	899	16
新 疆	Xinjiang	565581	460230	103257	2086	8

4-4 各地区废气排放情况(2018年)
Emission of Waste Gas by Region (2018)

单位: 吨 (ton)

地 区	Region	二氧化硫排放总量 Total Volume of Sulphur Dioxide Emission	工业 Industrial	生活 Household	集中式污染治理设施 Centralized Pollution Control Facilities
全 国	National Total	**5161169**	**4467324**	**687238**	**6606**
北 京	Beijing	2672	1047	1625	0
天 津	Tianjin	19027	16609	2356	63
河 北	Hebei	343238	268124	72154	2960
山 西	Shanxi	281887	239358	42517	11
内蒙古	Inner Mongolia	363324	309433	53889	2
辽 宁	Liaoning	321171	293548	27605	18
吉 林	Jilin	89586	81387	8186	12
黑龙江	Heilongjiang	146077	103909	42153	16
上 海	Shanghai	11103	10815	275	13
江 苏	Jiangsu	316826	304170	12060	596
浙 江	Zhejiang	86948	81952	3769	1227
安 徽	Anhui	162673	155618	6915	141
福 建	Fujian	108541	102433	6068	41
江 西	Jiangxi	249420	231065	18210	145
山 东	Shandong	341254	295709	45478	67
河 南	Henan	122672	113707	8951	14
湖 北	Hubei	120808	97072	23679	57
湖 南	Hunan	229439	118263	111073	103
广 东	Guangdong	150979	143536	7203	240
广 西	Guangxi	100645	100049	344	252
海 南	Hainan	8092	8086	0	5
重 庆	Chongqing	91741	85800	5921	20
四 川	Sichuan	191690	179023	12576	92
贵 州	Guizhou	325519	275531	49978	10
云 南	Yunnan	247365	213307	33895	163
西 藏	Tibet	3550	2106	1443	1
陕 西	Shaanxi	147216	130030	17070	116
甘 肃	Gansu	125510	99365	26143	2
青 海	Qinghai	46471	42684	3600	187
宁 夏	Ningxia	130635	126944	3686	6
新 疆	Xinjiang	275089	236646	38415	28

4-4　续表 1　continued 1

单位: 吨 　　(ton)

地　区	Region	氮氧化物 排放总量 Nitrogen Oxides Emission	工业 Industry	生活 Household	机动车 Motor Vehicle	集中式污染 治理设施 Centralized Pollution Control Facilities
全　国	**National Total**	**12884376**	**5887366**	**531415**	**6445982**	**19613**
北　京	Beijing	104660	8182	8152	88285	40
天　津	Tianjin	118573	41910	5296	71201	167
河　北	Hebei	1155050	540773	53174	554592	6510
山　西	Shanxi	613120	355094	30656	227325	44
内蒙古	Inner Mongolia	555774	342600	45516	167654	4
辽　宁	Liaoning	703146	385713	31554	285811	69
吉　林	Jilin	241876	101451	9757	130634	34
黑龙江	Heilongjiang	379075	139704	58298	180977	96
上　海	Shanghai	157891	32654	3842	121040	354
江　苏	Jiangsu	924033	478132	12580	428345	4976
浙　江	Zhejiang	392779	146599	5412	237762	3006
安　徽	Anhui	587701	264435	8910	314038	318
福　建	Fujian	301929	168493	3668	129572	196
江　西	Jiangxi	421315	205368	9919	205721	307
山　东	Shandong	1145150	455216	31984	657646	305
河　南	Henan	655967	171015	10770	474135	46
湖　北	Hubei	364846	142534	16650	205390	272
湖　南	Hunan	405884	167124	63554	174737	469
广　东	Guangdong	716098	284414	7391	423662	631
广　西	Guangxi	374721	189950	543	183482	746
海　南	Hainan	49064	22428	210	26390	37
重　庆	Chongqing	195658	79839	4631	111116	73
四　川	Sichuan	490002	219437	13780	256507	279
贵　州	Guizhou	261010	145609	14404	100972	25
云　南	Yunnan	335320	164704	17238	153208	170
西　藏	Tibet	39936	5785	445	33706	0
陕　西	Shaanxi	339361	156094	14325	168619	323
甘　肃	Gansu	224886	107978	15040	101865	4
青　海	Qinghai	81765	44738	5238	31765	25
宁　夏	Ningxia	169057	108536	2548	57954	18
新　疆	Xinjiang	378731	210859	25931	141872	70

4-4 续表 2 continued 2

单位: 吨   (ton)

地 区	Region	颗粒物 排放总量 Particulate Matter Emission	工业 Industry	生活 Household	机动车 Motor Vehicle	集中式污染 治理设施 Centralized Pollution Control Facilities
全 国	National Total	11322554	9489037	1731412	99350	2755
北 京	Beijing	23648	15745	6902	1000	1
天 津	Tianjin	34973	22424	11650	890	9
河 北	Hebei	538256	350377	176173	10920	786
山 西	Shanxi	500500	379115	118743	2596	45
内蒙古	Inner Mongolia	933733	763138	166703	3891	1
辽 宁	Liaoning	814784	729199	79574	5997	13
吉 林	Jilin	225970	190433	33995	1538	4
黑龙江	Heilongjiang	584879	358021	224028	2808	22
上 海	Shanghai	18180	16228	776	1176	0
江 苏	Jiangsu	531487	481191	44933	4941	422
浙 江	Zhejiang	273177	263735	5830	3275	337
安 徽	Anhui	480366	455031	21225	4056	55
福 建	Fujian	423945	410581	11514	1822	29
江 西	Jiangxi	444400	408387	32895	2751	367
山 东	Shandong	385657	267415	107522	10680	40
河 南	Henan	214854	182920	21600	10323	10
湖 北	Hubei	315225	250949	61604	2625	47
湖 南	Hunan	532967	261616	268549	2786	15
广 东	Guangdong	617715	593633	18423	5573	86
广 西	Guangxi	375397	372222	621	2472	82
海 南	Hainan	15979	15553	19	400	6
重 庆	Chongqing	161442	154032	5885	1518	7
四 川	Sichuan	346371	322213	20836	3194	128
贵 州	Guizhou	322441	314690	6057	1681	12
云 南	Yunnan	508986	431999	74247	2629	111
西 藏	Tibet	54498	52620	1404	473	1
陕 西	Shaanxi	312006	263802	45715	2401	87
甘 肃	Gansu	532445	474073	56567	1803	2
青 海	Qinghai	105866	93507	11886	464	10
宁 夏	Ningxia	196419	189373	6262	775	9
新 疆	Xinjiang	495987	404811	89275	1894	7

4-5 各行业工业废气排放情况(2016年)
Emission of Industrial Waste Gas by Sector (2016)

单位: 吨 (ton)

行 业	Sector	工业二氧化硫排放量 Industrial Sulphur Dioxide Emission	工业氮氧化物排放量 Industrial Nitrogen Oxides Emission	工业颗粒物排放量 Industrial Particulate Matter Emission
行业总计	**Total**	**7704689**	**8091004**	**13761577**
农、林、牧、渔服务业	Service in Support of Agriculture	18504	7785	14846
煤炭开采和洗选业	Mining and Washing of Coal	38515	52150	1786187
石油和天然气开采业	Extraction of Petroleum and Natural Gas	22517	15582	8272
黑色金属矿采选业	Mining and Processing of Ferrous Metal Ores	6765	16068	162023
有色金属矿采选业	Mining and Processing of Non-ferrous Metal Ores	3806	6040	268023
非金属矿采选业	Mining and Processing of Non-metal Ores	16863	40764	330144
开采辅助活动	Ancillary Activities for Exploitation	3634	929	7888
其他采矿业	Mining of Other Ores	9	50	71
农副食品加工业	Processing of Food from Agricultural Products	194565	86952	186801
食品制造业	Manufacture of Foods	81802	47860	72949
酒、饮料和精制茶制造业	Manufacture of Wine, Drinks and Refined Tea	52426	28253	57367
烟草制品业	Manufacture of Tobacco	3712	1820	26712
纺织业	Manufacture of Textile	80923	52249	55968
纺织服装、服饰业	Manufacture of Textile Wearing and Apparel	11655	5652	17965
皮革、毛皮、羽毛及其制品和制鞋业	Manufacture of Leather, Fur, Feather and Related Products and Footware	10408	9197	129617
木材加工和木、竹、藤、棕、草制品业	Processing of Timber, Manufacture of Wood, Bamboo,Rattan, Palm, and Straw Products	68871	46992	261402
家具制造业	Manufacture of Furniture	9757	7416	102827
造纸及纸制品业	Manufacture of Paper and Paper Products	124368	96000	83703
印刷和记录媒介复制业	Printing,Reproduction of Recording Media	6524	3444	6362
文教、工美、体育和娱乐用品制造业	Manufacture of Articles for Culture, Education, Arts and Crafts, Sport and Entertainment Activities	7489	3497	28894
石油加工、炼焦和核燃料加工业	Processing of Petroleum, Coking and Processing of Nuclear Fuel	317452	493220	481782

4-5 续表 continued

行 业	Sector	工业二氧化硫排放量 Industrial Sulphur Dioxide Emission	工业氮氧化物排放量 Industrial Nitrogen Oxides Emission	工业颗粒物排放量 Industrial Particulate Matter Emission
化学原料和化学制品制造业	Manufacture of Raw Chemical Materials and Chemical Products	761038	504205	984789
医药制造业	Manufacture of Medicines	63268	28033	42732
化学纤维制造业	Manufacture of Chemical Fibers	27754	22948	27633
橡胶和塑料制品业	Manufacture of Rubber and Plastic	46850	34463	167017
非金属矿物制品业	Manufacture of Non-metallic Mineral Products	1736264	2275913	4025559
黑色金属冶炼和压延加工业	Smelting and Pressing of Ferrous Metals	1045943	1359980	1785729
有色金属冶炼和压延加工业	Smelting and Pressing of Non-ferrous Metals	734870	339579	468663
金属制品业	Manufacture of Metal Products	37780	46785	433983
通用设备制造业	Manufacture of General Purpose Machinery	13944	44247	208452
专用设备制造业	Manufacture of Special Purpose Machinery	10304	13968	121043
汽车制造业	Manufacture of Automobile	6063	23832	100590
铁路、船舶、航空航天和其他运输设备制造业	Manufacture of Railway, Shipbuilding, Aerospace and Other Transportation Equipment	2185	7620	30533
电气机械和器材制造业	Manufacture of Electrical Machinery and Equipment	12113	28647	33097
计算机、通信和其他电子设备制造业	Manufacture of Computers, Communication, and Other Electronic Equipment	3352	11558	21318
仪器仪表制造业	Manufacture of Measuring Instrument	657	640	1427
其他制造业	Other Manufactures	5549	6207	4133
废弃资源综合利用业	Utilization of Waste Resources	20654	12134	35062
金属制品、机械和设备修理业	Metal Products, Machinery and Equipment Repair	246	625	4281
电力、热力生产和供应业	Production and Supply of Electric Power and Heat Power	2094123	2301513	1165644
燃气生产和供应业	Production and Supply of Gas	1002	6062	9802
水的生产和供应业	Production and Supply of Water	167	124	286

4-6 各行业工业废气排放情况(2017年)
Emission of Industrial Waste Gas by Sector (2017)

单位: 吨
(ton)

行　业	Sector	工业二氧化硫排放量 Industrial Sulphur Dioxide Emission	工业氮氧化物排放量 Industrial Nitrogen Oxides Emission	工业颗粒物排放量 Industrial Particulate Matter Emission
行业总计	**Total**	**5298770**	**6464927**	**10669966**
农、林、牧、渔专业及辅助性活动	Professional and Support Activities for Agriculture, Forestry, Animal Husbandry and Fishery	17227	7931	15329
煤炭开采和洗选业	Mining and Washing of Coal	24003	37722	1483567
石油和天然气开采业	Extraction of Petroleum and Natural Gas	19142	16992	6536
黑色金属矿采选业	Mining and Processing of Ferrous Metal Ores	7114	12103	146281
有色金属矿采选业	Mining and Processing of Non-ferrous Metal Ores	2554	5438	236292
非金属矿采选业	Mining and Processing of Non-metal Ores	10381	39759	310890
开采专业及辅助性活动	Professional and Support Activities for Mining	3730	2732	14668
其他采矿业	Mining of Other Ores	40	61	221
农副食品加工业	Processing of Food from Agricultural Products	61066	50117	104047
食品制造业	Manufacture of Foods	28971	28376	31765
酒、饮料和精制茶制造业	Manufacture of Wine, Drinks and Refined Tea	20291	18030	32245
烟草制品业	Manufacture of Tobacco	1138	1577	11406
纺织业	Manufacture of Textile	45882	38723	33016
纺织服装、服饰业	Manufacture of Textile Wearing and Apparel	2835	2214	3243
皮革、毛皮、羽毛及其制品和制鞋业	Manufacture of Leather, Fur, Feather and Related Products and Footware	3993	2342	69498
木材加工和木、竹、藤、棕、草制品业	Processing of Timber, Manufacture of Wood, Bamboo,Rattan, Palm, and Straw Products	31717	21500	189348
家具制造业	Manufacture of Furniture	1116	2039	68802
造纸及纸制品业	Manufacture of Paper and Paper Products	69439	70355	46731
印刷和记录媒介复制业	Printing,Reproduction of Recording Media	1166	1895	1555
文教、工美、体育和娱乐用品制造业	Manufacture of Articles for Culture, Education, Arts and Crafts, Sport and Entertainment Activities	2594	1443	14697
石油、煤炭及其他燃料加工业	Processing of Petroleum, Coal and Other Fuels	216079	435948	412346

4-6 续表 continued

行 业	Sector	工业二氧化硫排放量 Industrial Sulphur Dioxide Emission	工业氮氧化物排放量 Industrial Nitrogen Oxides Emission	工业颗粒物排放量 Industrial Particulate Matter Emission
化学原料和化学制品制造业	Manufacture of Raw Chemical Materials and Chemical Products	449451	334811	668131
医药制造业	Manufacture of Medicines	18978	16620	16370
化学纤维制造业	Manufacture of Chemical Fibers	19926	19892	72071
橡胶和塑料制品业	Manufacture of Rubber and Plastic	21139	19308	109232
非金属矿物制品业	Manufacture of Non-metallic Mineral Products	1245873	1739696	3386808
黑色金属冶炼和压延加工业	Smelting and Pressing of Ferrous Metals	823073	1434218	1300584
有色金属冶炼和压延加工业	Smelting and Pressing of Non-ferrous Metals	630122	297983	334887
金属制品业	Manufacture of Metal Products	20408	32074	296008
通用设备制造业	Manufacture of General Purpose Machinery	5059	11387	111785
专用设备制造业	Manufacture of Special Purpose Machinery	3456	6553	72025
汽车制造业	Manufacture of Automobile	2706	16413	73357
铁路、船舶、航空航天和其他运输设备制造业	Manufacture of Railway, Shipbuilding, Aerospace and Other Transportation Equipment	1316	3172	20213
电气机械和器材制造业	Manufacture of Electrical Machinery and Equipment	5383	22734	14131
计算机、通信和其他电子设备制造业	Manufacture of Computers, Communication, and Other Electronic Equipment	1853	2693	10807
仪器仪表制造业	Manufacture of Measuring Instrument	135	180	337
其他制造业	Other Manufactures	521	329	1127
废弃资源综合利用业	Utilization of Waste Resources	6325	5413	30903
金属制品、机械和设备修理业	Metal Products, Machinery and Equipment Repair	202	901	2839
电力、热力生产和供应业	Production and Supply of Electric Power and Heat Power	1470644	1698240	904159
燃气生产和供应业	Production and Supply of Gas	1256	4744	11372
水的生产和供应业	Production and Supply of Water	464	265	337

4-7 各行业工业废气排放情况(2018年)
Emission of Industrial Waste Gas by Sector (2018)

单位: 吨 　　　　　　　　　　　　　　　　　　　　　　　　　　　　　(ton)

行　　业	Sector	工业二氧化硫排放量 Industrial Sulphur Dioxide Emission	工业氮氧化物排放量 Industrial Nitrogen Oxides Emission	工业颗粒物排放量 Industrial Particulate Matter Emission
行业总计	Total	**4467324**	**5887366**	**9489037**
农、林、牧、渔专业及辅助性活动	Professional and Support Activities for Agriculture, Forestry, Animal Husbandry and Fishery	13864	8744	11017
煤炭开采和洗选业	Mining and Washing of Coal	16579	29346	1151750
石油和天然气开采业	Extraction of Petroleum and Natural Gas	21546	16666	4577
黑色金属矿采选业	Mining and Processing of Ferrous Metal Ores	7400	13303	123905
有色金属矿采选业	Mining and Processing of Non-ferrous Metal Ores	1798	3702	183258
非金属矿采选业	Mining and Processing of Non-metal Ores	8055	23518	241475
开采专业及辅助性活动	Professional and Support Activities for Mining	799	786	5928
其他采矿业	Mining of Other Ores	0	9	74
农副食品加工业	Processing of Food from Agricultural Products	52737	49721	97124
食品制造业	Manufacture of Foods	27361	30619	23872
酒、饮料和精制茶制造业	Manufacture of Wine, Drinks and Refined Tea	16012	16934	20537
烟草制品业	Manufacture of Tobacco	766	1347	12698
纺织业	Manufacture of Textile	30608	30763	24931
纺织服装、服饰业	Manufacture of Textile Wearing and Apparel	1067	1492	3368
皮革、毛皮、羽毛及其制品和制鞋业	Manufacture of Leather, Fur, Feather and Related Products and Footware	2201	1910	38799
木材加工和木、竹、藤、棕、草制品业	Processing of Timber, Manufacture of Wood, Bamboo,Rattan, Palm, and Straw Products	26377	20857	173118
家具制造业	Manufacture of Furniture	2233	2817	53444
造纸及纸制品业	Manufacture of Paper and Paper Products	48979	57565	43996
印刷和记录媒介复制业	Printing,Reproduction of Recording Media	591	1569	1118
文教、工美、体育和娱乐用品制造业	Manufacture of Articles for Culture, Education, Arts and Crafts, Sport and Entertainment Activities	688	738	12073
石油、煤炭及其他燃料加工业	Processing of Petroleum, Coal and Other Fuels	166016	394869	371742

4-7 续表 continued

行 业	Sector	工业二氧化硫排放量 Industrial Sulphur Dioxide Emission	工业氮氧化物排放量 Industrial Nitrogen Oxides Emission	工业颗粒物排放量 Industrial Particulate Matter Emission
化学原料和化学制品制造业	Manufacture of Raw Chemical Materials and Chemical Products	363362	319727	547198
医药制造业	Manufacture of Medicines	11898	15281	11451
化学纤维制造业	Manufacture of Chemical Fibers	12625	14704	8179
橡胶和塑料制品业	Manufacture of Rubber and Plastic	15464	16143	88770
非金属矿物制品业	Manufacture of Non-metallic Mineral Products	1068434	1661854	3274760
黑色金属冶炼和压延加工业	Smelting and Pressing of Ferrous Metals	726801	1346353	1166124
有色金属冶炼和压延加工业	Smelting and Pressing of Non-ferrous Metals	578393	265898	383788
金属制品业	Manufacture of Metal Products	25503	39086	273132
通用设备制造业	Manufacture of General Purpose Machinery	5095	15909	142334
专用设备制造业	Manufacture of Special Purpose Machinery	2597	5901	76877
汽车制造业	Manufacture of Automobile	2596	16288	84087
铁路、船舶、航空航天和其他运输设备制造业	Manufacture of Railway, Shipbuilding, Aerospace and Other Transportation Equipment	959	3287	16389
电气机械和器材制造业	Manufacture of Electrical Machinery and Equipment	6517	20868	19024
计算机、通信和其他电子设备制造业	Manufacture of Computers, Communication, and Other Electronic Equipment	1320	4372	10938
仪器仪表制造业	Manufacture of Measuring Instrument	21	52	305
其他制造业	Other Manufactures	442	500	2311
废弃资源综合利用业	Utilization of Waste Resources	5731	6360	29505
金属制品、机械和设备修理业	Metal Products, Machinery and Equipment Repair	56	364	2526
电力、热力生产和供应业	Production and Supply of Electric Power and Heat Power	1193154	1424000	744126
燃气生产和供应业	Production and Supply of Gas	463	3097	7805
水的生产和供应业	Production and Supply of Water	219	46	604

4-8 各地区工业废气处理情况(2016年)
Treatment of Industrial Waste Gas by Region (2016)

地 区	Region	工业废气治理设施数（套） Number of Industrial Waste Gas Treatment Facilities (set)	工业废气治理设施处理能力（万立方米/时） Capacity of Industrial Waste Gas Treatment Facilities (10 000 cu.m/hour)	工业废气治理设施本年运行费用（万元） Annual Expenditure of Industrial Waste Gas Treatment Facilities (10 000 yuan)
全 国	**National Total**	306804	3599199	24003872
北 京	Beijing	2829	9499	66194
天 津	Tianjin	3384	17983	996261
河 北	Hebei	21252	539619	1757526
山 西	Shanxi	14098	111994	3144804
内蒙古	Inner Mongolia	8550	99031	789287
辽 宁	Liaoning	12991	228312	964927
吉 林	Jilin	3041	18354	174719
黑龙江	Heilongjiang	4256	164892	187613
上 海	Shanghai	6073	39298	444551
江 苏	Jiangsu	25652	202911	2902776
浙 江	Zhejiang	57278	69498	1186769
安 徽	Anhui	9373	1040389	677552
福 建	Fujian	8508	36612	414272
江 西	Jiangxi	8987	32659	426400
山 东	Shandong	20369	154192	2007442
河 南	Henan	12984	94688	970873
湖 北	Hubei	7095	60310	488094
湖 南	Hunan	5506	40821	331787
广 东	Guangdong	25791	108317	1172943
广 西	Guangxi	5292	101587	1652611
海 南	Hainan	1098	11687	77966
重 庆	Chongqing	5384	118982	412593
四 川	Sichuan	8690	44926	663717
贵 州	Guizhou	3245	46242	431518
云 南	Yunnan	7540	38283	359274
西 藏	Tibet	277	281	2253
陕 西	Shaanxi	4627	46670	354871
甘 肃	Gansu	3743	25611	234689
青 海	Qinghai	1382	8815	98987
宁 夏	Ningxia	2113	16195	280579
新 疆	Xinjiang	5396	70540	330023

4-9 各地区工业废气处理情况(2017年)
Treatment of Industrial Waste Gas by Region (2017)

地 区	Region	工业废气治理设施数(套) Number of Industrial Waste Gas Treatment Facilities (set)	工业废气治理设施处理能力(万立方米/时) Capacity of Industrial Waste Gas Treatment Facilities (10 000 cu.m/hour)	工业废气治理设施本年运行费用(万元) Annual Expenditure of Industrial Waste Gas Treatment Facilities (10 000 yuan)
全 国	National Total	345042	11621024	19712107
北 京	Beijing	2961	11119	69082
天 津	Tianjin	3841	38687	301665
河 北	Hebei	30255	1062655	1844091
山 西	Shanxi	15169	951316	942707
内蒙古	Inner Mongolia	9338	110188	776369
辽 宁	Liaoning	13039	978277	824419
吉 林	Jilin	3969	65794	211743
黑龙江	Heilongjiang	4841	174699	197764
上 海	Shanghai	7467	41879	525041
江 苏	Jiangsu	31500	2884230	2011876
浙 江	Zhejiang	25104	435463	1341803
安 徽	Anhui	14620	617126	804290
福 建	Fujian	10735	44652	430590
江 西	Jiangxi	11709	389311	460036
山 东	Shandong	28841	298135	2391646
河 南	Henan	16371	110672	978345
湖 北	Hubei	8494	618568	543430
湖 南	Hunan	6673	71825	347100
广 东	Guangdong	36628	128406	1388034
广 西	Guangxi	6156	601321	354995
海 南	Hainan	1375	5259	63594
重 庆	Chongqing	5960	570087	239812
四 川	Sichuan	13044	94398	513820
贵 州	Guizhou	3995	184532	350220
云 南	Yunnan	8330	607763	315198
西 藏	Tibet	474	408	6366
陕 西	Shaanxi	6677	51671	458286
甘 肃	Gansu	4560	33911	253215
青 海	Qinghai	1533	14354	95965
宁 夏	Ningxia	2693	24133	236198
新 疆	Xinjiang	8690	400186	434406

4-10 各地区工业废气处理情况(2018年)
Treatment of Industrial Waste Gas by Region (2018)

地　区	Region	工业废气治理设施数 (套) Number of Industrial Waste Gas Treatment Facilities (set)	工业废气治理设施处理能力 (万立方米/时) Capacity of Industrial Waste Gas Treatment Facilities (10 000 cu.m/hour)	工业废气治理设施本年运行费用 (万元) Annual Expenditure of Industrial Waste Gas Treatment Facilities (10 000 yuan)
全　国	**National Total**	**368999**	**7469493**	**21771753**
北　京	Beijing	3334	16371	83040
天　津	Tianjin	4591	26066	458976
河　北	Hebei	33200	866446	2182283
山　西	Shanxi	16794	687939	1078789
内蒙古	Inner Mongolia	9425	111466	907442
辽　宁	Liaoning	13638	615814	989483
吉　林	Jilin	3556	71259	229933
黑龙江	Heilongjiang	4947	107836	189277
上　海	Shanghai	8350	39814	532153
江　苏	Jiangsu	32530	752158	2144409
浙　江	Zhejiang	27119	154829	1367620
安　徽	Anhui	17985	175330	846061
福　建	Fujian	11227	64128	480299
江　西	Jiangxi	10977	496421	520045
山　东	Shandong	30335	188135	2579231
河　南	Henan	18078	98630	998350
湖　北	Hubei	9014	448552	699883
湖　南	Hunan	7405	69086	401235
广　东	Guangdong	41452	174567	1343974
广　西	Guangxi	6390	703772	407670
海　南	Hainan	836	5083	60498
重　庆	Chongqing	6617	392410	281159
四　川	Sichuan	14449	191162	667479
贵　州	Guizhou	3924	196608	383894
云　南	Yunnan	8783	610795	368303
西　藏	Tibet	425	476	7432
陕　西	Shaanxi	7742	65240	470764
甘　肃	Gansu	4241	32489	307470
青　海	Qinghai	1576	13886	87355
宁　夏	Ningxia	2871	28937	247585
新　疆	Xinjiang	7188	63785	449661

4-11 各行业工业废气处理情况(2016年)
Treatment of Industrial Waste Gas by Sector (2016)

行 业	Sector	工业废气治理设施数(套) Number of Industrial Waste Gas Treatment Facilities (set)	工业废气治理设施处理能力(万立方米/时) Capacity of Industrial Waste Gas Treatment Facilities (10 000 cu.m/hour)	工业废气治理设施本年运行费用(万元) Annual Expenditure of Industrial Waste Gas Treatment Facilities (10 000 yuan)
行业总计	**Total**	**306804**	**3599199**	**24003872**
农、林、牧、渔服务业	Service in Support of Agriculture	533	558	2632
煤炭开采和洗选业	Mining and Washing of Coal	4573	6937	53288
石油和天然气开采业	Extraction of Petroleum and Natural Gas	265	685	16600
黑色金属矿采选业	Mining and Processing of Ferrous Metal Ores	884	3301	16950
有色金属矿采选业	Mining and Processing of Non-ferrous Metal Ores	877	1376	17331
非金属矿采选业	Mining and Processing of Non-metal Ores	838	16733	17527
开采辅助活动	Ancillary Activities for Exploitation	81	216	6217
其他采矿业	Mining of Other Ores	64	724	2433
农副食品加工业	Processing of Food from Agricultural Products	7466	77994	105859
食品制造业	Manufacture of Foods	3255	9068	79909
酒、饮料和精制茶制造业	Manufacture of Wine, Drinks and Refined Tea	2164	4589	41428
烟草制品业	Manufacture of Tobacco	1016	2556	18566
纺织业	Manufacture of Textile	7376	11794	194803
纺织服装、服饰业	Manufacture of Textile Wearing and Apparel	937	1005	8896
皮革、毛皮、羽毛及其制品和制鞋业	Manufacture of Leather, Fur, Feather and Related Products and Footware	2042	1787	47386
木材加工和木、竹、藤、棕、草制品业	Processing of Timber, Manufacture of Wood, Bamboo,Rattan, Palm, and Straw Products	3110	7350	102547
家具制造业	Manufacture of Furniture	1929	3414	33138
造纸及纸制品业	Manufacture of Paper and Paper Products	3609	15222	1133915
印刷和记录媒介复制业	Printing,Reproduction of Recording Media	1321	2242	23863
文教、工美、体育和娱乐用品制造业	Manufacture of Articles for Culture, Education, Arts and Crafts, Sport and Entertainment Activities	1054	1611	5805
石油加工、炼焦和核燃料加工业	Processing of Petroleum, Coking and Processing of Nuclear Fuel	3800	158030	1127168

4-11 续表 continued

行 业	Sector	工业废气治理设施数（套）Number of Industrial Waste Gas Treatment Facilities (set)	工业废气治理设施处理能力（万立方米/时）Capacity of Industrial Waste Gas Treatment Facilities (10 000 cu.m/hour)	工业废气治理设施本年运行费用（万元）Annual Expenditure of Industrial Waste Gas Treatment Facilities (10 000 yuan)
化学原料和化学制品制造业	Manufacture of Raw Chemical Materials and Chemical Products	59368	134879	1386766
医药制造业	Manufacture of Medicines	8641	13438	185412
化学纤维制造业	Manufacture of Chemical Fibers	1203	22094	71531
橡胶和塑料制品业	Manufacture of Rubber and Plastic	6880	12795	761802
非金属矿物制品业	Manufacture of Non-metallic Mineral Products	79130	549646	2330071
黑色金属冶炼和压延加工业	Smelting and Pressing of Ferrous Metals	17025	495113	5029928
有色金属冶炼和压延加工业	Smelting and Pressing of Non-ferrous Metals	8724	74128	1100548
金属制品业	Manufacture of Metal Products	15196	21930	218560
通用设备制造业	Manufacture of General Purpose Machinery	4751	8587	47558
专用设备制造业	Manufacture of Special Purpose Machinery	3070	10177	34346
汽车制造业	Manufacture of Automobile	6222	25953	361082
铁路、船舶、航空航天和其他运输设备制造业	Manufacture of Railway, Shipbuilding, Aerospace and Other Transportation Equipment	3255	13776	47049
电气机械和器材制造业	Manufacture of Electrical Machinery and Equipment	6287	10741	93513
计算机、通信和其他电子设备制造业	Manufacture of Computers, Communication, and Other Electronic Equipment	10559	25058	179761
仪器仪表制造业	Manufacture of Measuring Instrument	765	1031	997278
其他制造业	Other Manufactures	3846	3408	22943
废弃资源综合利用业	Utilization of Waste Resources	1118	4636	104433
金属制品、机械和设备修理业	Metal Products, Machinery and Equipment Repair	447	329925	3457
电力、热力生产和供应业	Production and Supply of Electric Power and Heat Power	22908	1513007	7833828
燃气生产和供应业	Production and Supply of Gas	215	1690	137749

4-12 各行业工业废气处理情况(2017年)
Treatment of Industrial Waste Gas by Sector (2017)

行　　业	Sector	工业废气治理设施数（套）Number of Industrial Waste Gas Treatment Facilities (set)	工业废气治理设施处理能力（万立方米/时）Capacity of Industrial Waste Gas Treatment Facilities (10 000 cu.m/hour)	工业废气治理设施本年运行费用（万元）Annual Expenditure of Industrial Waste Gas Treatment Facilities (10 000 yuan)
行业总计	**Total**	345042	11621024	19712107
农、林、牧、渔专业及辅助性活动	Professional and Support Activities for Agriculture, Forestry, Animal Husbandry and Fishery	1068	1509	3658
煤炭开采和洗选业	Mining and Washing of Coal	3875	380059	85521
石油和天然气开采业	Extraction of Petroleum and Natural Gas	182	3167	15228
黑色金属矿采选业	Mining and Processing of Ferrous Metal Ores	1165	209557	25686
有色金属矿采选业	Mining and Processing of Non-ferrous Metal Ores	902	1948	21149
非金属矿采选业	Mining and Processing of Non-metal Ores	1492	2958	22848
开采辅助活动	Ancillary Activities for Exploitation	79	180	2108
其他采矿业	Mining of Other Ores	37	53	493
农副食品加工业	Processing of Food from Agricultural Products	7776	190651	150662
食品制造业	Manufacture of Foods	3128	12783	91945
酒、饮料和精制茶制造业	Manufacture of Wine, Drinks and Refined Tea	1875	9229	52641
烟草制品业	Manufacture of Tobacco	1077	2871	22525
纺织业	Manufacture of Textile	8953	142296	261981
纺织服装、服饰业	Manufacture of Textile Wearing and Apparel	846	1902	10539
皮革、毛皮、羽毛及其制品和制鞋业	Manufacture of Leather, Fur, Feather and Related Products and Footware	2833	3694	24713
木材加工和木、竹、藤、棕、草制品业	Processing of Timber, Manufacture of Wood, Bamboo,Rattan, Palm, and Straw Products	5723	13172	75066
家具制造业	Manufacture of Furniture	5384	13409	41390
造纸及纸制品业	Manufacture of Paper and Paper Products	3896	20365	308378
印刷和记录媒介复制业	Printing,Reproduction of Recording Media	3057	5804	54621
文教、工美、体育和娱乐用品制造业	Manufacture of Articles for Culture, Education, Arts and Crafts, Sport and Entertainment Activities	2023	4294	11401
石油加工、炼焦和核燃料加工业	Processing of Petroleum, Coking and Processing of Nuclear Fuel	4219	695660	1180806

4-12 续表 continued

行 业	Sector	工业废气治理设施数（套）Number of Industrial Waste Gas Treatment Facilities (set)	工业废气治理设施处理能力（万立方米/时）Capacity of Industrial Waste Gas Treatment Facilities (10 000 cu.m/hour)	工业废气治理设施本年运行费用（万元）Annual Expenditure of Industrial Waste Gas Treatment Facilities (10 000 yuan)
化学原料和化学制品制造业	Manufacture of Raw Chemical Materials and Chemical Products	31826	2593027	1429094
医药制造业	Manufacture of Medicines	6290	104926	138955
化学纤维制造业	Manufacture of Chemical Fibers	1359	41671	89237
橡胶和塑料制品业	Manufacture of Rubber and Plastic	12474	142440	189097
非金属矿物制品业	Manufacture of Non-metallic Mineral Products	104962	1289259	1969333
黑色金属冶炼和压延加工业	Smelting and Pressing of Ferrous Metals	18398	1508915	4042725
有色金属冶炼和压延加工业	Smelting and Pressing of Non-ferrous Metals	9181	177773	924462
金属制品业	Manufacture of Metal Products	25943	530082	267568
通用设备制造业	Manufacture of General Purpose Machinery	6820	66410	162808
专用设备制造业	Manufacture of Special Purpose Machinery	4416	12382	50925
汽车制造业	Manufacture of Automobile	9318	181732	320402
铁路、船舶、航空航天和其他运输设备制造业	Manufacture of Railway, Shipbuilding, Aerospace and Other Transportation Equipment	4359	142071	66160
电气机械和器材制造业	Manufacture of Electrical Machinery and Equipment	9691	371104	131863
计算机、通信和其他电子设备制造业	Manufacture of Computers, Communication, and Other Electronic Equipment	12688	502786	224473
仪器仪表制造业	Manufacture of Measuring Instrument	511	825	3655
其他制造业	Other Manufactures	2516	28445	43393
废弃资源综合利用业	Utilization of Waste Resources	1630	10526	35659
金属制品、机械和设备修理业	Metal Products, Machinery and Equipment Repair	519	1891	3552
电力、热力生产和供应业	Production and Supply of Electric Power and Heat Power	22421	2198424	7138456
燃气生产和供应业	Production and Supply of Gas	130	772	16933

4-13 各行业工业废气处理情况(2018年)
Treatment of Industrial Waste Gas by Sector (2018)

行　　业	Sector	工业废气治理设施数（套）Number of Industrial Waste Gas Treatment Facilities (set)	工业废气治理设施处理能力（万立方米/时）Capacity of Industrial Waste Gas Treatment Facilities (10 000 cu.m/hour)	工业废气治理设施本年运行费用（万元）Annual Expenditure of Industrial Waste Gas Treatment Facilities (10 000 yuan)
行业总计	**Total**	**368999**	**7469493**	**21771753**
农、林、牧、渔专业及辅助性活动	Professional and Support Activities for Agriculture, Forestry, Animal Husbandry and Fishery	631	596	6543
煤炭开采和洗选业	Mining and Washing of Coal	3145	4312	81874
石油和天然气开采业	Extraction of Petroleum and Natural Gas	196	5163	15891
黑色金属矿采选业	Mining and Processing of Ferrous Metal Ores	1095	211090	31106
有色金属矿采选业	Mining and Processing of Non-ferrous Metal Ores	921	1905	20975
非金属矿采选业	Mining and Processing of Non-metal Ores	1455	2974	29863
开采辅助活动	Ancillary Activities for Exploitation	43	88	454
其他采矿业	Mining of Other Ores	45	97	610
农副食品加工业	Processing of Food from Agricultural Products	8626	55152	160984
食品制造业	Manufacture of Foods	2890	9337	97035
酒、饮料和精制茶制造业	Manufacture of Wine, Drinks and Refined Tea	1556	3964	53778
烟草制品业	Manufacture of Tobacco	1090	1834	22756
纺织业	Manufacture of Textile	8830	144932	270475
纺织服装、服饰业	Manufacture of Textile Wearing and Apparel	574	821	7759
皮革、毛皮、羽毛及其制品和制鞋业	Manufacture of Leather, Fur, Feather and Related Products and Footware	2869	11927	24205
木材加工和木、竹、藤、棕、草制品业	Processing of Timber, Manufacture of Wood, Bamboo,Rattan, Palm, and Straw Products	5499	48246	79779
家具制造业	Manufacture of Furniture	7181	13985	52255
造纸及纸制品业	Manufacture of Paper and Paper Products	3586	212979	267713
印刷和记录媒介复制业	Printing,Reproduction of Recording Media	3836	15321	54960
文教、工美、体育和娱乐用品制造业	Manufacture of Articles for Culture, Education, Arts and Crafts, Sport and Entertainment Activities	2450	214323	14065
石油加工、炼焦和核燃料加工业	Processing of Petroleum, Coking and Processing of Nuclear Fuel	4758	703524	1370032

4-13 续表 continued

行　　业	Sector	工业废气治理设施数（套）Number of Industrial Waste Gas Treatment Facilities (set)	工业废气治理设施处理能力（万立方米/时）Capacity of Industrial Waste Gas Treatment Facilities (10 000 cu.m/hour)	工业废气治理设施本年运行费用（万元）Annual Expenditure of Industrial Waste Gas Treatment Facilities (10 000 yuan)
化学原料和化学制品制造业	Manufacture of Raw Chemical Materials and Chemical Products	32913	1281641	1633490
医药制造业	Manufacture of Medicines	6738	15773	160273
化学纤维制造业	Manufacture of Chemical Fibers	1458	5761	96895
橡胶和塑料制品业	Manufacture of Rubber and Plastic	15013	160842	220862
非金属矿物制品业	Manufacture of Non-metallic Mineral Products	111691	1452022	2183667
黑色金属冶炼和压延加工业	Smelting and Pressing of Ferrous Metals	19626	851854	4950077
有色金属冶炼和压延加工业	Smelting and Pressing of Non-ferrous Metals	9579	180375	1007726
金属制品业	Manufacture of Metal Products	30688	113064	296778
通用设备制造业	Manufacture of General Purpose Machinery	8067	312748	73855
专用设备制造业	Manufacture of Special Purpose Machinery	5261	37797	62204
汽车制造业	Manufacture of Automobile	11338	98663	408413
铁路、船舶、航空航天和其他运输设备制造业	Manufacture of Railway, Shipbuilding, Aerospace and Other Transportation Equipment	4835	32621	76676
电气机械和器材制造业	Manufacture of Electrical Machinery and Equipment	11137	463022	136104
计算机、通信和其他电子设备制造业	Manufacture of Computers, Communication, and Other Electronic Equipment	14038	51194	250673
仪器仪表制造业	Manufacture of Measuring Instrument	546	865	4364
其他制造业	Other Manufactures	2472	36310	40536
废弃资源综合利用业	Utilization of Waste Resources	2179	7725	53796
金属制品、机械和设备修理业	Metal Products, Machinery and Equipment Repair	580	1618	7694
电力、热力生产和供应业	Production and Supply of Electric Power and Heat Power	19435	702188	7434477
燃气生产和供应业	Production and Supply of Gas	129	843	10083

五、固体废物

Solid Wastes

5-1 全国工业固体废物产生、排放和综合利用情况(2000-2018年)
Generation, Discharge and Utilization of Industrial
Solid Wastes(2000-2018)

年 份 Year	工业固 体废物 产生量 (万吨) Industrial Solid Wastes Generated (10 000 tons)	工业固 体废物 排放量 (万吨) Industrial Solid Wastes Discharged (10 000 tons)	工业固 体废物 综合利用量 (万吨) Industrial Solid Wastes Utilized (10 000 tons)	工业固 体废物 贮存量 (万吨) Stock of Industrial Solid Wastes (10 000 tons)	工业固 体废物 处置量 (万吨) Industrial Solid Wastes Disposed (10 000 tons)	工业固 体废物 综合利用率 (%) Ratio of Industrial Solid Wastes Utilized (%)
2000	81608	3186.2	37451	28921	9152	45.9
2001	88840	2893.8	47290	30183	14491	52.1
2002	94509	2635.2	50061	30040	16618	51.9
2003	100428	1940.9	56040	27667	17751	54.8
2004	120030	1762.0	67796	26012	26635	55.7
2005	134449	1654.7	76993	27876	31259	56.1
2006	151541	1302.1	92601	22399	42883	60.2
2007	175632	1196.7	110311	24119	41350	62.1
2008	190127	781.8	123482	21883	48291	64.3
2009	203943	710.5	138186	20929	47488	67.0
2010	240944	498.2	161772	23918	57264	66.7
2011	326204	433.3	196988	61248	71382	59.8
2012	332509	144.2	204467	60633	71443	60.9
2013	330859	129.3	207616	43445	83671	62.2
2014	329254	59.4	206392	45724	81317	62.1
2015	331055	55.8	200857	59175	74208	60.2
2016	376457					
2017	393289					
2018	415269					

注: 1.2011年原环境保护部对统计制度中的指标体系、调查方法及相关技术规定等进行了修订, 故不能与2010年直接比较。
　　2.以第二次全国污染源普查成果为基准, 生态环境部依法组织对2016-2019年污染源统计初步数据进行了更新, 2016年
　　之后数据与以前年份不可比。统计调查对象为全国排放污染物的工业源、农业源、生活源、集中式污染治理设施、
　　机动车。危险废物综合利用量和处置量指标合并为危险废物综合利用处置。
Note: a)In 2011, indicators of statistical system, method of survey, and related technologies were revised by the former Ministry of
　　Environmental Protection, so it can not be directly compared with data of 2010.
　　b)Reference to the benchmarks of the Second National Pollution Sources Census, the Ministry of Ecology and Environment has
　　adjusted and updated relevant data of pollution sources in 2016-2019, which are not comparable to the data of previous years.
　　The statistical scope inclues industry source, agriculture source, domestic source, vehicle and centralized pollution control
　　facilities. Hazardous wastes utilized and hazardous waste disposed was consolidated into Hazardous wastes utilized and
　　disposed.

5-2 各地区固体废物产生和利用情况(2016年)
Generation and Utilization of Solid Wastes by Region (2016)

单位: 万吨   (10 000 tons)

地 区 Region		一般工业固体 废物产生量 Common Industrial Solid Wastes Generated	一般工业固体 废物综合利用量 Common Industrial Solid Wastes Utilized	一般工业固体 废物处置量 Common Industrial Solid Wastes Disposed	危险废物 产生量 Hazardous Wastes Generated	危险废物 综合利用处置量 Hazardous Wastes Utilized and Disposed
全 国	**National Total**	**371237**	**210995**	**85232**	**5219.5**	**4317.2**
北 京	Beijing	604	465	131	17.8	17.7
天 津	Tianjin	1567	1544	22	26.7	26.7
河 北	Hebei	34671	17776	6613	102.0	91.9
山 西	Shanxi	40823	17654	19139	79.8	73.6
内蒙古	Inner Mongolia	30986	10461	11513	206.6	147.3
辽 宁	Liaoning	20912	9514	4793	200.7	172.6
吉 林	Jilin	6210	2957	1343	262.9	143.7
黑龙江	Heilongjiang	8205	4879	1768	62.2	52.2
上 海	Shanghai	1797	1719	75	66.8	65.5
江 苏	Jiangsu	13087	11610	1323	435.9	392.3
浙 江	Zhejiang	5562	4886	602	386.3	363.8
安 徽	Anhui	14242	11872	1215	149.4	127.8
福 建	Fujian	6925	5458	1097	82.7	65.9
江 西	Jiangxi	12535	5244	1564	110.5	98.6
山 东	Shandong	26350	22314	1322	516.7	465.7
河 南	Henan	17372	10548	4608	76.0	73.1
湖 北	Hubei	10473	7429	2330	92.3	86.5
湖 南	Hunan	6156	4031	1410	486.8	405.7
广 东	Guangdong	8270	6997	628	286.7	277.7
广 西	Guangxi	9427	4791	1750	230.0	197.0
海 南	Hainan	333	225	40	4.4	4.4
重 庆	Chongqing	2520	1855	346	58.9	56.7
四 川	Sichuan	13620	5314	3097	247.5	229.2
贵 州	Guizhou	9077	4731	1734	49.5	46.8
云 南	Yunnan	17289	8499	7582	322.1	122.9
西 藏	Tibet	848	20	92		
陕 西	Shaanxi	10792	6773	2690	74.8	65.5
甘 肃	Gansu	6706	3092	1695	122.6	93.1
青 海	Qinghai	17560	10316	81	128.2	28.6
宁 夏	Ningxia	4483	2122	1909	54.1	51.2
新 疆	Xinjiang	11836	5898	2720	278.6	273.8

资料来源: 生态环境部(以下各表同)。

Source:Ministry of Ecology and Environment (the same as in the following tables).

5-3 各地区固体废物产生和利用情况(2017年)
Generation and Utilization of Solid Wastes by Region (2017)

单位: 万吨 (10 000 tons)

地 区	Region	一般工业固体废物产生量 Common Industrial Solid Wastes Generated	一般工业固体废物综合利用量 Common Industrial Solid Wastes Utilized	一般工业固体废物处置量 Common Industrial Solid Wastes Disposed	危险废物产生量 Hazardous Wastes Generated	危险废物综合利用处置量 Hazardous Wastes Utilized and Disposed
全 国	National Total	386707	206117	94314	6581.3	5972.7
北 京	Beijing	702	499	197	18.5	18.3
天 津	Tianjin	1602	1553	46	41.5	43.3
河 北	Hebei	33981	17690	4665	196.8	187.8
山 西	Shanxi	43475	16276	21501	165.7	161.1
内蒙古	Inner Mongolia	34841	9357	14654	329.4	332.8
辽 宁	Liaoning	23262	10531	6033	225.2	196.3
吉 林	Jilin	6222	2691	1594	242.2	135.3
黑龙江	Heilongjiang	8754	3883	1806	68.4	68.9
上 海	Shanghai	1789	1681	108	112.4	111.1
江 苏	Jiangsu	13610	12314	1189	530.9	501.3
浙 江	Zhejiang	5652	5034	535	391.3	372.1
安 徽	Anhui	14068	12581	727	140.3	140.5
福 建	Fujian	7132	5075	1605	101.5	105.3
江 西	Jiangxi	12405	5674	1275	146.5	135.5
山 东	Shandong	28484	23152	1650	854.0	726.0
河 南	Henan	17579	10204	4961	184.6	190.0
湖 北	Hubei	10744	7336	1495	107.4	107.5
湖 南	Hunan	6016	4460	1054	630.5	632.9
广 东	Guangdong	8214	6734	704	343.1	325.7
广 西	Guangxi	9284	4765	1755	248.4	243.1
海 南	Hainan	474	241	227	4.2	4.1
重 庆	Chongqing	2496	1841	414	68.0	67.5
四 川	Sichuan	15221	5422	1601	307.7	296.9
贵 州	Guizhou	10671	5276	2342	49.6	50.0
云 南	Yunnan	17115	7040	8867	331.0	276.6
西 藏	Tibet	760	16	51	0.1	0.1
陕 西	Shaanxi	12894	4861	6113	126.7	118.7
甘 肃	Gansu	6094	2583	1475	137.3	118.0
青 海	Qinghai	16082	9537	170	118.4	28.1
宁 夏	Ningxia	5291	1970	2701	82.5	79.2
新 疆	Xinjiang	11794	5841	2798	277.1	198.7

5-4 各地区固体废物产生和利用情况(2018年)
Generation and Utilization of Solid Wastes by Region (2018)

单位: 万吨 (10 000 tons)

地 区	Region	一般工业固体废物产生量 Common Industrial Solid Wastes Generated	一般工业固体废物综合利用量 Common Industrial Solid Wastes Utilized	一般工业固体废物处置量 Common Industrial Solid Wastes Disposed	危险废物产生量 Hazardous Wastes Generated	危险废物综合利用处置量 Hazardous Wastes Utilized and Disposed
全 国	**National Total**	**407799**	**216860**	**103283**	**7470.0**	**6788.5**
北 京	Beijing	694	463	226	17.9	17.8
天 津	Tianjin	1874	1849	23	47.3	47.1
河 北	Hebei	32100	17631	4802	243.8	223.9
山 西	Shanxi	48294	16941	25601	247.3	241.0
内蒙古	Inner Mongolia	36671	9311	15366	687.7	653.0
辽 宁	Liaoning	22717	10793	5428	276.3	232.1
吉 林	Jilin	6419	2661	1805	259.6	146.3
黑龙江	Heilongjiang	10371	5152	2243	96.2	85.6
上 海	Shanghai	1792	1623	167	111.0	109.4
江 苏	Jiangsu	13023	11834	1206	599.7	565.8
浙 江	Zhejiang	5720	5188	450	447.0	439.2
安 徽	Anhui	15470	13271	1175	136.9	130.4
福 建	Fujian	8254	6029	1770	115.4	100.1
江 西	Jiangxi	12129	6047	1219	187.5	162.8
山 东	Shandong	29995	23831	1723	832.7	774.8
河 南	Henan	20362	11755	5721	198.2	173.0
湖 北	Hubei	11528	8437	1458	99.9	90.8
湖 南	Hunan	6127	4555	1067	631.2	617.9
广 东	Guangdong	9112	7283	885	409.8	375.7
广 西	Guangxi	9769	4799	1761	259.2	248.4
海 南	Hainan	490	269	213	6.1	7.3
重 庆	Chongqing	2658	1894	356	73.3	68.9
四 川	Sichuan	16708	6805	1737	349.3	345.1
贵 州	Guizhou	12186	6808	1976	74.9	71.2
云 南	Yunnan	19767	8732	9739	340.4	290.1
西 藏	Tibet	2624	90	174	0.7	0.6
陕 西	Shaanxi	13619	4702	7175	151.6	120.5
甘 肃	Gansu	6007	2215	1393	172.4	140.5
青 海	Qinghai	13851	7970	345	63.1	23.9
宁 夏	Ningxia	6091	2225	3276	81.6	73.6
新 疆	Xinjiang	11375	5699	2805	251.9	212.0

5-5 各行业固体废物产生和利用情况(2016年)
Generation and Utilization of Solid Wastes by Sector (2016)

单位: 万吨   (10 000 tons)

行 业	Sector	一般工业固体废物产生量 Common Industrial Solid Wastes Generated	一般工业固体废物综合利用量 Common Industrial Solid Wastes Utilized	一般工业固体废物处置量 Common Industrial Solid Wastes Disposed
行业总计	**Total**	**371237.4**	**210994.6**	**85231.9**
农、林、牧、渔服务业	Service in Support of Agriculture	916.9	892.8	23.4
煤炭开采和洗选业	Mining and Washing of Coal	49052.0	26350.4	18740.7
石油和天然气开采业	Extraction of Petroleum and Natural Gas	176.9	91.2	52.7
黑色金属矿采选业	Mining and Processing of Ferrous Metal Ores	51435.9	9641.0	17221.0
有色金属矿采选业	Mining and Processing of Non-ferrous Metal Ores	48580.3	9056.5	16987.0
非金属矿采选业	Mining and Processing of Non-metal Ores	13192.9	8985.1	2227.0
开采辅助活动	Ancillary Activities for Exploitation	217.6	69.6	141.9
其他采矿业	Mining of Other Ores	104.1	105.6	0.0
农副食品加工业	Processing of Food from Agricultural Products	5978.7	5499.9	178.1
食品制造业	Manufacture of Foods	775.2	644.1	123.7
酒、饮料和精制茶制造业	Manufacture of Wine, Drinks and Refined Tea	1194.3	1120.8	63.2
烟草制品业	Manufacture of Tobacco	420.6	407.0	12.2
纺织业	Manufacture of Textile	863.5	691.3	169.8
纺织服装、服饰业	Manufacture of Textile Wearing and Apparel	118.0	107.7	9.7
皮革、毛皮、羽毛及其制品和制鞋业	Manufacture of Leather, Fur, Feather and Related Products and Footware	118.8	96.3	20.0
木材加工和木、竹、藤、棕、草制品业	Processing of Timber, Manufacture of Wood, Bamboo,Rattan, Palm, and Straw Products	1971.1	1875.9	93.2
家具制造业	Manufacture of Furniture	145.5	138.2	7.1
造纸及纸制品业	Manufacture of Paper and Paper Products	2508.2	2116.1	331.3
印刷和记录媒介复制业	Printing,Reproduction of Recording Media	139.9	130.1	9.4
文教、工美、体育和娱乐用品制造业	Manufacture of Articles for Culture, Education, Arts and Crafts, Sport and Entertainment Activities	39.8	34.6	4.7
石油加工、炼焦和核燃料加工业	Processing of Petroleum, Coking and Processing of Nuclear Fuel	8752.8	4554.3	2736.5

5-5　续表 1　continued 1

单位: 万吨 (10 000 tons)

行　业	Sector	一般工业固体废物产生量 Common Industrial Solid Wastes Generated	一般工业固体废物综合利用量 Common Industrial Solid Wastes Utilized	一般工业固体废物处置量 Common Industrial Solid Wastes Disposed
化学原料和化学制品制造业	Manufacture of Raw Chemical Materials and Chemical Products	37542.7	23325.9	5688.5
医药制造业	Manufacture of Medicines	395.1	311.1	61.2
化学纤维制造业	Manufacture of Chemical Fibers	518.3	443.9	98.3
橡胶和塑料制品业	Manufacture of Rubber and Plastic	408.5	364.3	40.9
非金属矿物制品业	Manufacture of Non-metallic Mineral Products	11354.7	10137.6	996.8
黑色金属冶炼和压延加工业	Smelting and Pressing of Ferrous Metals	46748.7	41138.0	4152.3
有色金属冶炼和压延加工业	Smelting and Pressing of Non-ferrous Metals	16714.9	5914.6	4676.7
金属制品业	Manufacture of Metal Products	2123.1	1908.3	193.0
通用设备制造业	Manufacture of General Purpose Machinery	684.5	649.9	43.0
专用设备制造业	Manufacture of Special Purpose Machinery	440.3	407.1	28.8
汽车制造业	Manufacture of Automobile	939.9	825.4	112.9
铁路、船舶、航空航天和其他运输设备制造业	Manufacture of Railway, Shipbuilding, Aerospace and Other Transportation Equipment	267.4	237.9	28.6
电气机械和器材制造业	Manufacture of Electrical Machinery and Equipment	282.0	237.2	41.7
计算机、通信和其他电子设备制造业	Manufacture of Computers, Communication, and Other Electronic Equipment	1091.5	783.7	205.9
仪器仪表制造业	Manufacture of Measuring Instrument	38.7	30.5	5.8
其他制造业	Other Manufactures	15.8	13.2	1.9
废弃资源综合利用业	Utilization of Waste Resources	1231.6	1084.3	133.4
金属制品、机械和设备修理业	Metal Products, Machinery and Equipment Repair	42.1	37.3	4.5
电力、热力生产和供应业	Production and Supply of Electric Power and Heat Power	63135.3	50075.7	9487.1
燃气生产和供应业	Production and Supply of Gas	46.1	38.1	0.5
水的生产和供应业	Production and Supply of Water	513.1	422.0	77.6

5-5 续表 2 continued 2

单位: 万吨 (10 000 tons)

行 业	Sector	危险废物 产生量 Hazardous Wastes Generated	危险废物 综合利用处置量 Hazardous Wastes Utilized and Disposed
行业总计	Total	**5219.50**	**4317.21**
农、林、牧、渔服务业	Service in Support of Agriculture	0.02	0.02
煤炭开采和洗选业	Mining and Washing of Coal	1.30	0.95
石油和天然气开采业	Extraction of Petroleum and Natural Gas	199.69	184.16
黑色金属矿采选业	Mining and Processing of Ferrous Metal Ores	0.52	0.50
有色金属矿采选业	Mining and Processing of Non-ferrous Metal Ores	524.85	162.88
非金属矿采选业	Mining and Processing of Non-metal Ores	97.88	17.85
开采辅助活动	Ancillary Activities for Exploitation	1.79	1.79
其他采矿业	Mining of Other Ores		
农副食品加工业	Processing of Food from Agricultural Products	3.38	3.08
食品制造业	Manufacture of Foods	12.33	11.73
酒、饮料和精制茶制造业	Manufacture of Wine, Drinks and Refined Tea	1.20	0.82
烟草制品业	Manufacture of Tobacco	0.18	0.17
纺织业	Manufacture of Textile	7.40	6.51
纺织服装、服饰业	Manufacture of Textile Wearing and Apparel	1.27	1.18
皮革、毛皮、羽毛及其 制品和制鞋业	Manufacture of Leather, Fur, Feather and Related Products and Footware	5.37	4.62
木材加工和木、竹、藤、 棕、草制品业	Processing of Timber, Manufacture of Wood, Bamboo,Rattan, Palm, and Straw Products	1.23	0.66
家具制造业	Manufacture of Furniture	4.55	3.93
造纸及纸制品业	Manufacture of Paper and Paper Products	325.80	325.43
印刷和记录媒介复制业	Printing,Reproduction of Recording Media	4.65	4.21
文教、工美、体育 和娱乐用品制造业	Manufacture of Articles for Culture, Education, Arts and Crafts, Sport and Entertainment Activities	1.50	1.37
石油加工、炼焦和 核燃料加工业	Processing of Petroleum, Coking and Processing of Nuclear Fuel	410.48	392.00

5-5　续表 3　continued 3

单位: 万吨 　　　　　　　　　　　　　　　　　　　　　　　　　　　　　　　　　　(10 000 tons)

行　　业	Sector	危险废物 产生量 Hazardous Wastes Generated	危险废物 综合利用处置量 Hazardous Wastes Utilized and Disposed
化学原料和化学制品制造业	Manufacture of Raw Chemical Materials and Chemical Products	1158.56	1124.12
医药制造业	Manufacture of Medicines	124.66	117.94
化学纤维制造业	Manufacture of Chemical Fibers	54.21	2.24
橡胶和塑料制品业	Manufacture of Rubber and Plastic	17.73	15.52
非金属矿物制品业	Manufacture of Non-metallic Mineral Products	55.77	52.38
黑色金属冶炼和压延加工业	Smelting and Pressing of Ferrous Metals	403.21	390.48
有色金属冶炼和压延加工业	Smelting and Pressing of Non-ferrous Metals	785.02	578.63
金属制品业	Manufacture of Metal Products	184.24	164.05
通用设备制造业	Manufacture of General Purpose Machinery	38.18	35.09
专用设备制造业	Manufacture of Special Purpose Machinery	15.45	14.42
汽车制造业	Manufacture of Automobile	63.21	59.31
铁路、船舶、航空航天和其他运输设备制造业	Manufacture of Railway, Shipbuilding, Aerospace and Other Transportation Equipment	8.96	8.20
电气机械和器材制造业	Manufacture of Electrical Machinery and Equipment	64.51	61.14
计算机、通信和其他电子设备制造业	Manufacture of Computers, Communication, and Other Electronic Equipment	245.90	241.74
仪器仪表制造业	Manufacture of Measuring Instrument	1.35	1.20
其他制造业	Other Manufactures	3.52	3.35
废弃资源综合利用业	Utilization of Waste Resources	44.23	33.50
金属制品、机械和设备修理业	Metal Products, Machinery and Equipment Repair	9.75	9.23
电力、热力生产和供应业	Production and Supply of Electric Power and Heat Power	325.86	271.13
燃气生产和供应业	Production and Supply of Gas	9.71	9.61
水的生产和供应业	Production and Supply of Water	0.07	0.07

5-6 各行业固体废物产生和利用情况(2017年)
Generation and Utilization of Solid Wastes by Sector (2017)

单位：万吨 (10 000 tons)

行　业	Sector	一般工业固体废物产生量 Common Industrial Solid Wastes Generated	一般工业固体废物综合利用量 Common Industrial Solid Wastes Utilized	一般工业固体废物处置量 Common Industrial Solid Wastes Disposed
行业总计	**Total**	**386707.5**	**206117.1**	**94313.9**
农、林、牧、渔专业及辅助性活动	Professional and Support Activities for Agriculture, Forestry, Animal Husbandry and Fishery	170.0	165.6	4.1
煤炭开采和洗选业	Mining and Washing of Coal	48651.9	22004.1	22226.7
石油和天然气开采业	Extraction of Petroleum and Natural Gas	243.9	146.3	68.5
黑色金属矿采选业	Mining and Processing of Ferrous Metal Ores	54716.0	11542.9	14188.4
有色金属矿采选业	Mining and Processing of Non-ferrous Metal Ores	56337.8	8163.4	22476.0
非金属矿采选业	Mining and Processing of Non-metal Ores	14385.2	9537.8	2367.7
开采辅助活动	Ancillary Activities for Exploitation	508.1	352.9	159.8
其他采矿业	Mining of Other Ores	4.5	3.1	1.3
农副食品加工业	Processing of Food from Agricultural Products	5188.8	4986.3	192.6
食品制造业	Manufacture of Foods	1055.8	919.6	126.4
酒、饮料和精制茶制造业	Manufacture of Wine, Drinks and Refined Tea	1427.0	1328.0	97.6
烟草制品业	Manufacture of Tobacco	191.4	185.9	5.2
纺织业	Manufacture of Textile	870.8	679.2	189.7
纺织服装、服饰业	Manufacture of Textile Wearing and Apparel	72.1	65.6	6.2
皮革、毛皮、羽毛及其制品和制鞋业	Manufacture of Leather, Fur, Feather and Related Products and Footware	94.2	72.7	20.2
木材加工和木、竹、藤、棕、草制品业	Processing of Timber, Manufacture of Wood, Bamboo,Rattan, Palm, and Straw Products	1440.1	1355.9	84.2
家具制造业	Manufacture of Furniture	122.9	115.5	7.1
造纸及纸制品业	Manufacture of Paper and Paper Products	2739.8	2306.1	373.2
印刷和记录媒介复制业	Printing,Reproduction of Recording Media	134.3	123.0	11.1
文教、工美、体育和娱乐用品制造业	Manufacture of Articles for Culture, Education, Arts and Crafts, Sport and Entertainment Activities	34.6	30.8	3.5
石油加工、炼焦和核燃料加工业	Processing of Petroleum, Coking and Processing of Nuclear Fuel	7130.2	2995.8	3415.4

5-6　续表 1　continued 1

单位: 万吨 (10 000 tons)

行　　业	Sector	一般工业固体废物产生量 Common Industrial Solid Wastes Generated	一般工业固体废物综合利用量 Common Industrial Solid Wastes Utilized	一般工业固体废物处置量 Common Industrial Solid Wastes Disposed
化学原料和化学制品制造业	Manufacture of Raw Chemical Materials and Chemical Products	36439.1	21822.7	6169.9
医药制造业	Manufacture of Medicines	386.2	314.9	47.2
化学纤维制造业	Manufacture of Chemical Fibers	391.1	353.2	36.9
橡胶和塑料制品业	Manufacture of Rubber and Plastic	362.7	325.9	36.4
非金属矿物制品业	Manufacture of Non-metallic Mineral Products	10750.9	9625.6	937.2
黑色金属冶炼和压延加工业	Smelting and Pressing of Ferrous Metals	48865.2	43099.9	3643.7
有色金属冶炼和压延加工业	Smelting and Pressing of Non-ferrous Metals	18301.1	6032.3	4747.3
金属制品业	Manufacture of Metal Products	1508.0	1404.8	93.6
通用设备制造业	Manufacture of General Purpose Machinery	785.9	733.1	51.4
专用设备制造业	Manufacture of Special Purpose Machinery	280.0	255.2	23.6
汽车制造业	Manufacture of Automobile	1046.7	957.5	88.1
铁路、船舶、航空航天和其他运输设备制造业	Manufacture of Railway, Shipbuilding, Aerospace and Other Transportation Equipment	281.0	252.7	29.5
电气机械和器材制造业	Manufacture of Electrical Machinery and Equipment	414.1	356.4	57.0
计算机、通信和其他电子设备制造业	Manufacture of Computers, Communication, and Other Electronic Equipment	1019.0	835.0	181.6
仪器仪表制造业	Manufacture of Measuring Instrument	6.3	5.6	0.6
其他制造业	Other Manufactures	11.7	10.7	1.0
废弃资源综合利用业	Utilization of Waste Resources	1096.3	970.1	100.3
金属制品、机械和设备修理业	Metal Products, Machinery and Equipment Repair	41.7	35.8	5.6
电力、热力生产和供应业	Production and Supply of Electric Power and Heat Power	68527.5	51161.9	11948.7
燃气生产和供应业	Production and Supply of Gas	30.8	27.2	0.6
水的生产和供应业	Production and Supply of Water	642.8	456.0	88.6

5-6 续表 2 continued 2

单位: 万吨   (10 000 tons)

行　业	Sector	危险废物 产生量 Hazardous Wastes Generated	危险废物 综合利用处置量 Hazardous Wastes Utilized and Disposed
行业总计	Total	**6581.29**	**5972.68**
农、林、牧、渔专业及 　辅助性活动	Professional and Support Activities for Agriculture, 　Forestry, Animal Husbandry and Fishery	0.03	0.02
煤炭开采和洗选业	Mining and Washing of Coal	2.86	22.72
石油和天然气开采业	Extraction of Petroleum and Natural Gas	217.01	145.31
黑色金属矿采选业	Mining and Processing of Ferrous Metal Ores	0.59	0.56
有色金属矿采选业	Mining and Processing of Non-ferrous Metal Ores	389.71	207.27
非金属矿采选业	Mining and Processing of Non-metal Ores	72.54	0.67
开采辅助活动	Ancillary Activities for Exploitation	3.81	4.47
其他采矿业	Mining of Other Ores	0.00	0.00
农副食品加工业	Processing of Food from Agricultural Products	2.54	2.54
食品制造业	Manufacture of Foods	11.18	10.53
酒、饮料和精制茶制造业	Manufacture of Wine, Drinks and Refined Tea	0.31	0.28
烟草制品业	Manufacture of Tobacco	0.31	0.55
纺织业	Manufacture of Textile	7.24	6.78
纺织服装、服饰业	Manufacture of Textile Wearing and Apparel	0.37	0.36
皮革、毛皮、羽毛及其 　制品和制鞋业	Manufacture of Leather, Fur, Feather and Related 　Products and Footware	9.71	9.28
木材加工和木、竹、藤、 　棕、草制品业	Processing of Timber, Manufacture of Wood, 　Bamboo,Rattan, Palm, and Straw Products	1.73	1.51
家具制造业	Manufacture of Furniture	3.69	3.04
造纸及纸制品业	Manufacture of Paper and Paper Products	443.12	441.67
印刷和记录媒介复制业	Printing,Reproduction of Recording Media	6.22	6.12
文教、工美、体育 　和娱乐用品制造业	Manufacture of Articles for Culture, 　Education, Arts and Crafts, Sport and Entertainment 　Activities	2.14	1.97
石油加工、炼焦和 　核燃料加工业	Processing of Petroleum, Coking and Processing 　of Nuclear Fuel	843.64	837.51

5-6 续表 3 continued 3

单位: 万吨 (10 000 tons)

行　业	Sector	危险废物产生量 Hazardous Wastes Generated	危险废物综合利用处置量 Hazardous Wastes Utilized and Disposed
化学原料和化学制品制造业	Manufacture of Raw Chemical Materials and Chemical Products	1323.30	1300.23
医药制造业	Manufacture of Medicines	146.17	145.70
化学纤维制造业	Manufacture of Chemical Fibers	70.76	70.51
橡胶和塑料制品业	Manufacture of Rubber and Plastic	21.85	19.68
非金属矿物制品业	Manufacture of Non-metallic Mineral Products	91.28	88.30
黑色金属冶炼和压延加工业	Smelting and Pressing of Ferrous Metals	527.36	523.02
有色金属冶炼和压延加工业	Smelting and Pressing of Non-ferrous Metals	1127.25	959.33
金属制品业	Manufacture of Metal Products	236.63	223.18
通用设备制造业	Manufacture of General Purpose Machinery	44.74	42.08
专用设备制造业	Manufacture of Special Purpose Machinery	15.19	13.62
汽车制造业	Manufacture of Automobile	71.61	69.08
铁路、船舶、航空航天和其他运输设备制造业	Manufacture of Railway, Shipbuilding, Aerospace and Other Transportation Equipment	10.14	9.95
电气机械和器材制造业	Manufacture of Electrical Machinery and Equipment	75.46	74.13
计算机、通信和其他电子设备制造业	Manufacture of Computers, Communication, and Other Electronic Equipment	313.35	310.73
仪器仪表制造业	Manufacture of Measuring Instrument	0.96	0.89
其他制造业	Other Manufactures	0.78	0.74
废弃资源综合利用业	Utilization of Waste Resources	58.31	26.86
金属制品、机械和设备修理业	Metal Products, Machinery and Equipment Repair	3.55	3.45
电力、热力生产和供应业	Production and Supply of Electric Power and Heat Power	422.76	387.05
燃气生产和供应业	Production and Supply of Gas	1.02	0.94
水的生产和供应业	Production and Supply of Water	0.09	0.08

5-7 各行业固体废物产生和利用情况(2018年)
Generation and Utilization of Solid Wastes by Sector (2018)

单位: 万吨 (10 000 tons)

行　业	Sector	一般工业固体废物产生量 Common Industrial Solid Wastes Generated	一般工业固体废物综合利用量 Common Industrial Solid Wastes Utilized	一般工业固体废物处置量 Common Industrial Solid Wastes Disposed
行业总计	Total	407799.0	216859.7	103283.4
农、林、牧、渔专业及辅助性活动	Professional and Support Activities for Agriculture, Forestry, Animal Husbandry and Fishery	152.1	145.8	6.2
煤炭开采和洗选业	Mining and Washing of Coal	55226.2	26182.9	23366.1
石油和天然气开采业	Extraction of Petroleum and Natural Gas	273.5	114.2	111.8
黑色金属矿采选业	Mining and Processing of Ferrous Metal Ores	50577.8	11371.2	12161.9
有色金属矿采选业	Mining and Processing of Non-ferrous Metal Ores	60314.9	8211.7	25536.0
非金属矿采选业	Mining and Processing of Non-metal Ores	15390.2	9771.3	3003.9
开采辅助活动	Ancillary Activities for Exploitation	303.7	94.5	205.9
其他采矿业	Mining of Other Ores	3.8	5.0	0.4
农副食品加工业	Processing of Food from Agricultural Products	6072.0	5761.0	262.3
食品制造业	Manufacture of Foods	1070.2	926.9	100.6
酒、饮料和精制茶制造业	Manufacture of Wine, Drinks and Refined Tea	1629.7	1500.1	128.6
烟草制品业	Manufacture of Tobacco	295.0	283.8	10.4
纺织业	Manufacture of Textile	792.0	614.0	176.6
纺织服装、服饰业	Manufacture of Textile Wearing and Apparel	91.9	80.9	10.3
皮革、毛皮、羽毛及其制品和制鞋业	Manufacture of Leather, Fur, Feather and Related Products and Footware	94.1	70.8	19.9
木材加工和木、竹、藤、棕、草制品业	Processing of Timber, Manufacture of Wood, Bamboo,Rattan, Palm, and Straw Products	1519.6	1439.0	79.8
家具制造业	Manufacture of Furniture	193.4	180.6	12.4
造纸及纸制品业	Manufacture of Paper and Paper Products	2848.3	2334.5	406.6
印刷和记录媒介复制业	Printing,Reproduction of Recording Media	183.0	163.6	19.2
文教、工美、体育和娱乐用品制造业	Manufacture of Articles for Culture, Education, Arts and Crafts, Sport and Entertainment Activities	36.2	31.4	4.4
石油加工、炼焦和核燃料加工业	Processing of Petroleum, Coking and Processing of Nuclear Fuel	9015.0	3088.1	4028.6

5-7 续表 1 continued 1

单位：万吨 (10 000 tons)

行　业	Sector	一般工业固体废物产生量 Common Industrial Solid Wastes Generated	一般工业固体废物综合利用量 Common Industrial Solid Wastes Utilized	一般工业固体废物处置量 Common Industrial Solid Wastes Disposed
化学原料和化学制品制造业	Manufacture of Raw Chemical Materials and Chemical Products	34342.1	21889.8	5741.2
医药制造业	Manufacture of Medicines	446.3	351.6	74.3
化学纤维制造业	Manufacture of Chemical Fibers	427.6	382.4	44.5
橡胶和塑料制品业	Manufacture of Rubber and Plastic	337.1	299.2	35.3
非金属矿物制品业	Manufacture of Non-metallic Mineral Products	10601.4	9225.3	954.6
黑色金属冶炼和压延加工业	Smelting and Pressing of Ferrous Metals	52267.8	45390.9	5313.6
有色金属冶炼和压延加工业	Smelting and Pressing of Non-ferrous Metals	20435.3	5861.5	5475.2
金属制品业	Manufacture of Metal Products	1971.6	1759.7	189.2
通用设备制造业	Manufacture of General Purpose Machinery	989.2	916.1	71.3
专用设备制造业	Manufacture of Special Purpose Machinery	540.4	484.4	51.6
汽车制造业	Manufacture of Automobile	1110.3	944.0	164.4
铁路、船舶、航空航天和其他运输设备制造业	Manufacture of Railway, Shipbuilding, Aerospace and Other Transportation Equipment	467.7	205.8	210.0
电气机械和器材制造业	Manufacture of Electrical Machinery and Equipment	476.5	414.5	63.2
计算机、通信和其他电子设备制造业	Manufacture of Computers, Communication, and Other Electronic Equipment	1111.9	915.5	193.1
仪器仪表制造业	Manufacture of Measuring Instrument	10.8	7.8	2.9
其他制造业	Other Manufactures	18.1	16.2	1.5
废弃资源综合利用业	Utilization of Waste Resources	1376.0	1205.4	216.7
金属制品、机械和设备修理业	Metal Products, Machinery and Equipment Repair	65.8	41.2	24.1
电力、热力生产和供应业	Production and Supply of Electric Power and Heat Power	74100.4	53672.5	14711.3
燃气生产和供应业	Production and Supply of Gas	83.7	66.9	4.9
水的生产和供应业	Production and Supply of Water	536.4	437.7	88.5

5-7 续表 2 continued 2

单位: 万吨 　　　 (10 000 tons)

行　业	Sector	危险废物产生量 Hazardous Wastes Generated	危险废物综合利用处置量 Hazardous Wastes Utilized and Disposed
行业总计	**Total**	**7469.97**	**6788.49**
农、林、牧、渔专业及辅助性活动	Professional and Support Activities for Agriculture, Forestry, Animal Husbandry and Fishery	0.17	0.16
煤炭开采和洗选业	Mining and Washing of Coal	2.52	2.05
石油和天然气开采业	Extraction of Petroleum and Natural Gas	223.79	175.29
黑色金属矿采选业	Mining and Processing of Ferrous Metal Ores	1.07	0.88
有色金属矿采选业	Mining and Processing of Non-ferrous Metal Ores	576.17	406.60
非金属矿采选业	Mining and Processing of Non-metal Ores	0.14	0.12
开采辅助活动	Ancillary Activities for Exploitation	0.76	0.74
其他采矿业	Mining of Other Ores	0.00	0.00
农副食品加工业	Processing of Food from Agricultural Products	1.78	1.60
食品制造业	Manufacture of Foods	11.91	10.67
酒、饮料和精制茶制造业	Manufacture of Wine, Drinks and Refined Tea	0.29	0.23
烟草制品业	Manufacture of Tobacco	0.30	0.28
纺织业	Manufacture of Textile	8.49	6.96
纺织服装、服饰业	Manufacture of Textile Wearing and Apparel	1.18	1.07
皮革、毛皮、羽毛及其制品和制鞋业	Manufacture of Leather, Fur, Feather and Related Products and Footware	12.87	11.85
木材加工和木、竹、藤、棕、草制品业	Processing of Timber, Manufacture of Wood, Bamboo,Rattan, Palm, and Straw Products	1.76	1.44
家具制造业	Manufacture of Furniture	3.93	3.60
造纸及纸制品业	Manufacture of Paper and Paper Products	398.17	397.23
印刷和记录媒介复制业	Printing,Reproduction of Recording Media	7.44	6.15
文教、工美、体育和娱乐用品制造业	Manufacture of Articles for Culture, Education, Arts and Crafts, Sport and Entertainment Activities	2.31	2.01
石油加工、炼焦和核燃料加工业	Processing of Petroleum, Coking and Processing of Nuclear Fuel	968.42	946.17

5-7 续表 3 continued 3

单位: 万吨 (10 000 tons)

行　业	Sector	危险废物产生量 Hazardous Wastes Generated	危险废物综合利用处置量 Hazardous Wastes Utilized and Disposed
化学原料和化学制品制造业	Manufacture of Raw Chemical Materials and Chemical Products	1485.85	1414.96
医药制造业	Manufacture of Medicines	164.23	161.99
化学纤维制造业	Manufacture of Chemical Fibers	77.31	76.67
橡胶和塑料制品业	Manufacture of Rubber and Plastic	22.73	20.38
非金属矿物制品业	Manufacture of Non-metallic Mineral Products	114.88	104.71
黑色金属冶炼和压延加工业	Smelting and Pressing of Ferrous Metals	669.03	646.02
有色金属冶炼和压延加工业	Smelting and Pressing of Non-ferrous Metals	1277.33	1045.46
金属制品业	Manufacture of Metal Products	281.96	259.47
通用设备制造业	Manufacture of General Purpose Machinery	44.32	41.88
专用设备制造业	Manufacture of Special Purpose Machinery	15.61	14.30
汽车制造业	Manufacture of Automobile	77.30	73.12
铁路、船舶、航空航天和其他运输设备制造业	Manufacture of Railway, Shipbuilding, Aerospace and Other Transportation Equipment	14.83	14.01
电气机械和器材制造业	Manufacture of Electrical Machinery and Equipment	92.30	87.25
计算机、通信和其他电子设备制造业	Manufacture of Computers, Communication, and Other Electronic Equipment	343.79	335.19
仪器仪表制造业	Manufacture of Measuring Instrument	0.97	0.84
其他制造业	Other Manufactures	1.86	1.62
废弃资源综合利用业	Utilization of Waste Resources	48.02	38.46
金属制品、机械和设备修理业	Metal Products, Machinery and Equipment Repair	3.99	3.74
电力、热力生产和供应业	Production and Supply of Electric Power and Heat Power	501.27	466.90
燃气生产和供应业	Production and Supply of Gas	8.89	6.38
水的生产和供应业	Production and Supply of Water	0.03	0.03

六、自然生态

Natural Ecology

6-1 全国自然生态情况(2000-2018年)
Natural Ecology(2000-2018)

年 份 Year	自然保护 区 数 （个） Number of Nature Reserves (unit)	自然保护区 面 积 （万公顷） Area of Nature Reserves (10 000 hectares)	保护区面积占 辖区面积比重 (%) Percentage of Nature Reserves in the Region (%)	累计除涝 面 积 （万公顷） Area with Flood Prevention Measures (10 000 hectares)	累计水土流失 治理面积 （万公顷） Area of Soil Erosion under Control (10 000 hectares)
2000	1227	9821	9.9		8096.1
2001	1551	12989	12.9		8153.9
2002	1757	13295	13.2		8541.0
2003	1999	14398	14.4	2113.9	8971.4
2004	2194	14823	14.8	2119.8	9200.5
2005	2349	14995	15.0	2134.0	9465.5
2006	2395	15154	15.2	2137.6	9749.1
2007	2531	15188	15.2	2141.9	9987.1
2008	2538	14894	14.9	2142.5	10158.7
2009	2541	14775	14.7	2158.4	10454.5
2010	2588	14944	14.9	2169.2	10680.0
2011	2640	14971	14.9	2172.2	10966.4
2012	2669	14979	14.9	2185.7	10295.3
2013	2697	14631	14.8	2194.3	10689.2
2014	2729	14699	14.8	2236.9	11160.9
2015	2740	14703	14.8	2271.3	11557.8
2016	2750	14733	14.9	2306.7	12041.2
2017	2750	14717	14.3	2382.4	12583.9
2018				2426.2	13153.2

6-2 各地区自然保护基本情况(2018年)
Basic Conditions of Natural Protection by Region (2018)

地 区	Region	国家级自然保护区个数 (个) Number of National Nature Reserves (number)	国家级自然保护区面积 (万公顷) Area of National Nature Reserves (10 000 hectares)
全 国	**National Total**	474	9860.9
北 京	Beijing	2	2.8
天 津	Tianjin	3	3.8
河 北	Hebei	13	26.1
山 西	Shanxi	8	14.1
内蒙古	Inner Mongolia	29	433.3
辽 宁	Liaoning	19	89.2
吉 林	Jilin	24	118.5
黑龙江	Heilongjiang	49	449.4
上 海	Shanghai	2	6.6
江 苏	Jiangsu	3	29.9
浙 江	Zhejiang	11	14.9
安 徽	Anhui	8	14.7
福 建	Fujian	17	25.2
江 西	Jiangxi	16	25.5
山 东	Shandong	7	22.0
河 南	Henan	13	44.8
湖 北	Hubei	22	54.5
湖 南	Hunan	23	60.3
广 东	Guangdong	15	33.7
广 西	Guangxi	23	39.0
海 南	Hainan	10	15.7
重 庆	Chongqing	6	24.5
四 川	Sichuan	32	306.4
贵 州	Guizhou	10	28.5
云 南	Yunnan	20	151.0
西 藏	Tibet	11	3720.4
陕 西	Shaanxi	26	63.3
甘 肃	Gansu	21	692.9
青 海	Qinghai	7	2073.8
宁 夏	Ningxia	9	46.0
新 疆	Xinjiang	15	1230.1

资料来源：国家林业和草原局。

Source: National Forestry and Grassland Administration.

6-3　各流域除涝和水土流失治理情况(2018年)
Flood Prevention & Soil Erosion under Control by River Valley (2018)

单位: 千公顷 (1 000 hectares)

流域片	River Valley	累计除涝面积 Area with Flood Prevention Measures	本年新增除涝面积 Increase Area with Flood Prevention	累计水土流失治理面积 Area of Soil Erosion under Control	#小流域治理面积 Small Drainage Area	本年新增水土流失治理面积 Increase Area of Soil Erosion under Control
全　国	**National Total**	**24261.7**	**480.4**	**131531.6**	**42204.3**	**6436.1**
松花江区	Songhuajiang River	4348.7	3.0	9564.8	1720.6	739.1
辽河区	Liaohe River	1251.4	0.0	9236.1	3499.9	342.3
海河区	Haihe River	3299.4	3.5	10522.0	4786.0	443.2
黄河区	Huanghe River	601.1	3.5	25795.2	7485.1	1292.0
淮河区	Huaihe River	8213.8	324.3	6037.9	2668.1	171.2
长江区	Changjiang River	5036.2	132.0	44269.7	16956.4	1761.7
#太湖	Taihu Lake	641.4	13.6	355.3	124.2	6.7
东南诸河区	Southeastern Rivers	439.4	4.8	7238.0	1434.9	171.9
珠江区	Zhujiang River	933.4	7.8	8363.4	1887.4	469.3
西南诸河区	Southwestern Rivers	115.8	0.8	4827.7	897.8	366.7
西北诸河区	Northwestern Rivers	22.5	0.8	5677.0	868.2	678.8

资料来源: 水利部(下表同)。
Source: Ministry of Water Resource (the same as in the following table).

6-4 各地区除涝和水土流失治理情况(2018年)
Flood Prevention & Soil Erosion under Control by Region (2018)

单位: 千公顷   (1 000 hectares)

地 区 Region	累计除涝面积 Area with Flood Prevention Measures	本年新增除涝面积 Increase Area with Flood Prevention	累计水土流失治理面积 Area of Soil Erosion under Control	#小流域治理面积 Smasll Drainage Area	本年新增水土流失治理面积 Increase Area of Soil Erosion under Control	水土保持及生态项目本年完成投资(万元) Investment of Soil and Water Conservation & Ecological Projects (10000 yuan)
全 国 National Total	24261.7	480.4	131531.6	42204.3	6436.1	7414885.8
北 京 Beijing	12.0		813.7	813.7	36.1	319935.4
天 津 Tianjin	364.6		100.0	50.4	0.8	85777.4
河 北 Hebei	1638.3	0.2	5532.5	2964.3	223.5	255951.3
山 西 Shanxi	89.3		6798.5	681.0	356.3	136247.3
内蒙古 Inner Mongolia	277.0		14088.6	3270.4	633.9	134095.0
辽 宁 Liaoning	931.6	0.0	5394.5	2528.2	176.7	33606.6
吉 林 Jilin	1034.8	0.2	2385.8	196.7	208.4	112504.6
黑龙江 Heilongjiang	3400.1	2.8	4895.4	1154.9	424.5	19635.9
上 海 Shanghai	60.3	0.0				381486.5
江 苏 Jiangsu	4315.5	318.1	930.2	333.0	11.4	777355.5
浙 江 Zhejiang	556.4	2.4	3692.5	673.3	45.5	385567.0
安 徽 Anhui	2414.1	19.3	1989.2	810.7	49.1	413358.2
福 建 Fujian	157.6	3.8	3778.4	851.3	129.3	649226.2
江 西 Jiangxi	431.2	9.1	5917.9	1380.2	130.6	228881.1
山 东 Shandong	3027.0	35.4	4143.0	1657.6	138.9	24452.4
河 南 Henan	2136.9	19.9	3778.3	2197.6	113.6	917560.7
湖 北 Hubei	1482.1	49.2	6134.7	1962.8	171.7	278697.4
湖 南 Hunan	438.4	1.5	3745.5	1017.3	153.4	207909.3
广 东 Guangdong	541.2	2.1	1757.9	187.1	119.2	116704.5
广 西 Guangxi	235.3	1.7	2647.7	592.4	187.3	42922.9
海 南 Hainan	25.2		116.7	105.1	8.3	4654.0
重 庆 Chongqing			3580.1	1676.4	186.7	87666.9
四 川 Sichuan	102.3	1.4	9961.8	4759.7	504.9	88438.4
贵 州 Guizhou	124.1	2.7	7053.0	3139.2	262.4	240683.3
云 南 Yunnan	293.2	8.4	9517.7	2103.7	523.6	374121.5
西 藏 Tibet	3.4		528.5	119.6	109.4	22965.7
陕 西 Shaanxi	133.3	1.7	7918.0	3047.3	287.1	505260.6
甘 肃 Gansu	14.3		9090.7	2518.1	720.9	151451.7
青 海 Qinghai	0.8	0.8	1251.7	452.9	137.9	85913.3
宁 夏 Ningxia			2301.1	708.9	91.2	128138.2
新 疆 Xinjiang	21.7		1688.1	250.8	293.8	203717.2

6-5　各地区湿地情况
Area of Wetland by Region

地　区	Region	湿地面积 （千公顷） Area of Wetland (1 000 hectares)	自然湿地 Natural Wetland	近海与海岸 Coast & Seashores	河　流 Rivers	湖　泊 Lakes	沼　泽 Marshland	人工湿地 Artifical Wetland	湿地总面积占国土面积比重（%） Proportion of Wetland in Total Area of Territory (%)
全　国	**National Total**	**53602.6**	**46674.7**	**5795.9**	**10552.1**	**8593.8**	**21732.9**	**6745.9**	**5.58**
北　京	Beijing	48.1	24.2		22.7	0.2	1.3	23.9	2.86
天　津	Tianjin	295.6	151.1	104.3	32.3	3.6	10.9	144.5	23.94
河　北	Hebei	941.9	694.6	231.9	212.5	26.6	223.6	247.3	5.04
山　西	Shanxi	151.9	108.1		96.9	3.1	8.1	43.8	0.97
内蒙古	Inner Mongolia	6010.6	5878.8		463.7	566.2	4848.9	131.8	5.08
辽　宁	Liaoning	1394.8	1077.7	713.2	251.5	2.9	110.1	317.1	9.42
吉　林	Jilin	997.6	862.9		223.5	112.0	527.4	134.7	5.32
黑龙江	Heilongjiang	5143.3	4953.8		733.5	356.0	3864.3	189.5	11.31
上　海	Shanghai	464.6	409.0	386.6	7.3	5.8	9.3	55.6	73.27
江　苏	Jiangsu	2822.8	1948.8	1087.5	296.6	536.7	28.0	874.0	27.51
浙　江	Zhejiang	1110.1	843.3	692.5	141.2	8.9	0.7	266.8	10.91
安　徽	Anhui	1041.8	713.6		309.6	361.1	42.9	328.2	7.46
福　建	Fujian	871.0	711.2	575.6	135.1	0.3	0.2	159.8	7.18
江　西	Jiangxi	910.1	710.7		310.8	374.1	25.8	199.4	5.45
山　东	Shandong	1737.5	1103.0	728.5	257.8	62.6	54.1	634.5	11.07
河　南	Henan	627.9	380.7		368.9	6.9	4.9	247.2	3.76
湖　北	Hubei	1445.0	764.2		450.4	276.9	36.9	680.8	7.77
湖　南	Hunan	1019.7	813.5		398.4	385.8	29.3	206.2	4.81
广　东	Guangdong	1753.4	1158.1	815.1	337.9	1.5	3.6	595.3	9.76
广　西	Guangxi	754.3	536.6	259.0	268.9	6.3	2.4	217.7	3.20
海　南	Hainan	320.0	242.0	201.7	39.7	0.6		78.0	9.14
重　庆	Chongqing	207.2	87.7		87.3	0.3	0.1	119.5	2.51
四　川	Sichuan	1747.8	1665.6		452.3	37.4	1175.9	82.2	3.61
贵　州	Guizhou	209.7	151.6		138.1	2.5	11.0	58.1	1.19
云　南	Yunnan	563.5	392.5		241.8	118.5	32.2	171.0	1.43
西　藏	Tibet	6529.0	6524.0		1434.5	3035.2	2054.3	5.0	5.35
陕　西	Shaanxi	308.5	276.2		257.6	7.6	11.0	32.3	1.50
甘　肃	Gansu	1693.9	1642.4		381.7	15.9	1244.8	51.5	3.73
青　海	Qinghai	8143.6	8001.0		885.3	1470.3	5645.4	142.6	11.27
宁　夏	Ningxia	207.2	169.5		97.9	33.5	38.1	37.7	4.00
新　疆	Xinjiang	3948.2	3678.3		1216.4	774.5	1687.4	269.9	2.38

注：本表为第二次全国湿地资源调查(2009-2013)资料，全国总计数包括台湾省和香港、澳门特别行政区数据；湿地面积不包括水稻田湿地。

Note: Data in the table are figures of the Second National Wetland Resources Survey (2009-2013), data of national total include wetlar in Taiwan Province and Hong Kong SAR and Macao SAR. Area of wetland excludes the wetland of paddyfields.

6-6 各地区沙化土地情况
Sandy Land by Region

单位: 公顷 (hectare)

地 区	Region	沙化土地面积 Area of Sandy Land	流动沙地(丘) Mobile Sand	半固定沙地(丘) Semi-fixed Sand	固定沙地(丘) Fixed Sand	露沙地 Bare Sand
全 国	**National Total**	**172117498**	**39885227**	**16431600**	**29343039**	**9103907**
北 京	Beijing	27608			27608	
天 津	Tianjin	13913			6299	
河 北	Hebei	2103404		11989	1000102	
山 西	Shanxi	580169		22357	475348	3409
内蒙古	Inner Mongolia	40787884	7805285	4937009	13696571	5122349
辽 宁	Liaoning	510696	679	4930	352668	425
吉 林	Jilin	704447		3288	354004	
黑龙江	Heilongjiang	473978		1975	373083	
上 海	Shanghai					
江 苏	Jiangsu	525934			63410	
浙 江	Zhejiang	42			42	
安 徽	Anhui	171079			57647	
福 建	Fujian	35089	1530	126	11733	
江 西	Jiangxi	64004	450	1208	27416	
山 东	Shandong	681769	108	357	182375	
河 南	Henan	596796	86	1846	105042	
湖 北	Hubei	189659	3016	1891	78306	
湖 南	Hunan	58716	42	26	56900	
广 东	Guangdong	53820	2055	276	32596	
广 西	Guangxi	186570	418	197	52882	
海 南	Hainan	55039			44189	
重 庆	Chongqing	1308		2	95	
四 川	Sichuan	863080	5351	28455	203441	588349
贵 州	Guizhou	2555	430	80	1215	
云 南	Yunnan	29420	2712	452	12038	
西 藏	Tibet	21583626	377511	1042668	491300	1405845
陕 西	Shaanxi	1353940	3535	27787	1242894	
甘 肃	Gansu	12170243	1853606	1337595	1748758	43868
青 海	Qinghai	12461713	1116733	1139892	1288737	1939662
宁 夏	Ningxia	1124573	71470	87972	794424	
新 疆	Xinjiang	74706423	28640211	7779222	6561916	

注: 本表为第五次全国荒漠化和沙化监测(2014年)资料。
Note:Data in the table are the figures of the Fifth National Desertification and Sandy Land Monitoring (2014).

6-6 续表 continued

单位: 公顷 (hectare)

地 区	Region	沙化耕地 Arable Land Desertificated	非生物治沙工程地 Non-biological Sand Control Project	风蚀残丘 Mound of Wind Erosion	风蚀劣地 Badlands of Wind Erosion	戈壁 Gobi
全 国	National Total	**4849955**	**8863**	**922292**	**5456858**	**66115757**
北 京	Beijing					
天 津	Tianjin	7614				
河 北	Hebei	1091314				
山 西	Shanxi	79055				
内蒙古	Inner Mongolia	444211		4360	1677076	7101023
辽 宁	Liaoning	151995				
吉 林	Jilin	347155				
黑龙江	Heilongjiang	98920				
上 海	Shanghai					
江 苏	Jiangsu	462524				
浙 江	Zhejiang					
安 徽	Anhui	113432				
福 建	Fujian	21701				
江 西	Jiangxi	34930				
山 东	Shandong	498928				
河 南	Henan	489822				
湖 北	Hubei	106447				
湖 南	Hunan	1748				
广 东	Guangdong	18893				
广 西	Guangxi	133073				
海 南	Hainan	10850				
重 庆	Chongqing	1211				
四 川	Sichuan	37268	216			
贵 州	Guizhou	830				
云 南	Yunnan	14218				
西 藏	Tibet	21861	981			18243462
陕 西	Shaanxi	79723				
甘 肃	Gansu	55460	848	39914	136137	6954058
青 海	Qinghai	29426	1281	742295	3096371	3107316
宁 夏	Ningxia	83607				87100
新 疆	Xinjiang	413741	5537	135722	547275	30622799

七、土地利用

Land Use

7-1 全国土地利用情况(2000-2017年)
Land Use (2000-2017)

单位：万公顷 (10 000 hectares)

年 份 Year	农用地 Land for Agriculture Use	#耕地 Cultivated Land	#园地 Garden Land	#林地 Woodland	#牧草地 Grass Land
2000	65336.2	12824.3	1057.6	22878.9	26376.9
2001	65331.6	12761.6	1064.0	22919.1	26384.6
2002	65660.7	12593.0	1079.0	23072.0	26352.2
2003	65706.1	12339.2	1108.2	23396.8	26311.2
2004	65701.9	12244.4	1128.8	23504.7	26270.7
2005	65704.7	12208.3	1154.9	23574.1	26214.4
2006	65718.8	12177.6	1181.8	23612.1	26193.2
2007	65702.1	12173.5	1181.3	23611.7	26186.5
2008	65687.6	12171.6	1179.1	23609.2	26183.5
2009	64777.5	13538.5	1481.2	25395.0	21972.1
2010	64728.0	13526.8	1470.3	25376.6	21967.2
2011	64686.5	13523.9	1460.3	25356.0	21961.5
2012	64646.6	13515.8	1453.3	25339.7	21956.5
2013	64616.8	13516.3	1445.5	25325.4	21951.4
2014	64574.1	13505.7	1437.8	25307.1	21946.6
2015	64545.7	13499.9	1432.3	25299.2	21942.1
2016	64512.7	13492.1	1426.6	25290.8	21935.9
2017	64486.4	13488.1	1421.4	25280.2	21932.0

7-1　续表　continued

单位：万公顷 （10 000 hectares）

年　份 Year	建设用地 Land for Construction	居民点及工矿用地 Land for Living Quarters, Mining and Manufacturing Sites	交通运输用地 Land for Transport Facilities	水利设施用地 Land for Water Conservancy Facilities
2000	3620.6	2470.9	576.1	573.6
2001	3641.3	2487.6	580.8	573.0
2002	3072.4	2509.5	207.7	355.2
2003	3106.5	2535.4	214.5	356.5
2004	3155.1	2572.8	223.3	359.0
2005	3192.2	2601.5	230.9	359.9
2006	3236.5	2635.4	239.5	361.5
2007	3272.0	2664.7	244.4	362.9
2008	3305.8	2691.6	249.6	364.5
2009	3500.0	2873.9	282.3	343.7
2010	3567.9	2924.4	298.2	345.3
2011	3631.8	2972.6	310.7	348.4
2012	3690.7	3019.9	321.0	349.8
2013	3745.6	3060.7	334.5	350.4
2014	3811.4	3105.7	349.8	356.0
2015	3859.3	3143.0	359.1	357.2
2016	3909.5	3179.5	371.0	359.0
2017	3957.4	3213.1	383.4	361.0

7-2 各地区土地利用情况(2017年)
Land Use by Region (2017)

单位: 万公顷 (10 000 hectares)

地 区	Region	农用地 Land for Agriculture Use	#耕　地 Cultivated Land	#园　地 Garden Land	#林　地 Woodland	#牧草地 Grass Land
全　国	**National Total**	**64486.36**	**13488.12**	**1421.42**	**25280.19**	**21932.03**
北　京	Beijing	114.67	21.37	13.28	74.45	0.02
天　津	Tianjin	69.21	43.68	2.96	5.47	
河　北	Hebei	1306.44	651.89	83.23	459.64	40.10
山　西	Shanxi	1002.62	405.63	40.58	485.46	3.37
内蒙古	Inner Mongolia	8288.06	927.08	5.64	2322.19	4950.70
辽　宁	Liaoning	1153.31	497.16	46.78	561.46	0.32
吉　林	Jilin	1659.26	698.67	6.58	885.20	23.60
黑龙江	Heilongjiang	3991.27	1584.57	4.46	2182.01	109.49
上　海	Shanghai	31.34	19.16	1.65	4.60	0.00
江　苏	Jiangsu	647.04	457.33	29.72	25.62	0.01
浙　江	Zhejiang	858.89	197.70	57.43	563.78	0.03
安　徽	Anhui	1112.19	586.68	34.65	373.55	0.05
福　建	Fujian	1086.24	133.69	76.65	832.76	0.03
江　西	Jiangxi	1441.15	308.60	32.07	1031.10	0.07
山　东	Shandong	1148.61	758.98	71.43	147.76	0.58
河　南	Henan	1265.57	811.23	21.33	344.58	0.03
湖　北	Hubei	1572.96	523.59	48.02	858.99	0.20
湖　南	Hunan	1816.66	415.10	65.31	1219.93	1.36
广　东	Guangdong	1491.65	259.97	126.07	1001.79	0.31
广　西	Guangxi	1952.68	438.75	108.05	1329.94	0.52
海　南	Hainan	296.74	72.24	91.70	119.92	1.92
重　庆	Chongqing	705.68	236.98	27.09	386.85	4.55
四　川	Sichuan	4213.32	672.52	72.69	2214.78	1095.66
贵　州	Guizhou	1472.59	451.88	16.21	892.61	7.22
云　南	Yunnan	3292.79	621.33	162.82	2300.62	14.70
西　藏	Tibet	8723.02	44.40	0.15	1602.42	7068.30
陕　西	Shaanxi	1856.26	398.29	81.64	1116.68	216.94
甘　肃	Gansu	1854.79	537.70	25.58	609.63	591.86
青　海	Qinghai	4508.80	59.01	0.60	353.96	4079.46
宁　夏	Ningxia	380.69	128.99	5.00	76.62	149.17
新　疆	Xinjiang	5171.87	523.96	62.07	895.83	3571.48

资料来源: 自然资源部(以下各表同)。
Source: Ministry of Natural Resources (the same as in the following tables).

7-2　续表　continued

单位: 万公顷
(10 000 hectares)

地　区	Region	建设用地 Land for Construction	居民点及工矿用地 Land for Living Quarters, Mining and Manufacturing Sites	交通运输用地 Land for Transport Facilities	水利设施用地 Land for Water Conservancy Facilities
全　国	**National Total**	**3957.41**	**3213.10**	**383.35**	**360.95**
北　京	Beijing	36.02	30.68	3.28	2.06
天　津	Tianjin	41.73	33.33	3.03	5.37
河　北	Hebei	224.16	193.80	19.48	10.89
山　西	Shanxi	104.00	89.41	10.82	3.77
内蒙古	Inner Mongolia	167.34	136.97	23.39	6.97
辽　宁	Liaoning	164.42	134.29	16.36	13.77
吉　林	Jilin	110.59	87.09	9.66	13.85
黑龙江	Heilongjiang	163.69	123.33	15.82	24.54
上　海	Shanghai	30.88	27.49	3.07	0.32
江　苏	Jiangsu	231.10	191.46	23.28	16.36
浙　江	Zhejiang	131.82	102.41	15.17	14.25
安　徽	Anhui	201.49	166.05	14.94	20.50
福　建	Fujian	84.42	64.09	13.08	7.25
江　西	Jiangxi	130.62	98.80	11.58	20.24
山　东	Shandong	288.37	242.58	22.41	23.38
河　南	Henan	264.43	226.78	18.95	18.70
湖　北	Hubei	173.72	133.22	13.17	27.33
湖　南	Hunan	165.33	135.24	14.83	15.25
广　东	Guangdong	207.23	168.15	19.58	19.51
广　西	Guangxi	125.28	92.91	14.25	18.12
海　南	Hainan	34.83	26.26	2.76	5.81
重　庆	Chongqing	68.46	58.03	6.55	3.88
四　川	Sichuan	187.00	158.13	15.72	13.15
贵　州	Guizhou	72.82	57.95	10.70	4.18
云　南	Yunnan	110.52	86.61	12.06	11.84
西　藏	Tibet	15.72	10.67	4.22	0.83
陕　西	Shaanxi	96.80	82.22	10.93	3.65
甘　肃	Gansu	92.23	79.42	8.88	3.93
青　海	Qinghai	35.90	24.22	5.33	6.34
宁　夏	Ningxia	32.37	27.37	4.07	0.94
新　疆	Xinjiang	164.11	124.12	15.98	24.01

7-3 各地区耕地变动情况(2017年)
Change of Cultivated Land by Region (2017)

单位：公顷 (hectare)

地 区	Region	本年减少耕地面积 Area of Reduce Cultivated Land	建设占用 Used for Construction Purpose	灾毁耕地 Destroyed by Disasters	生态退耕 Restored to Original-land land for Ecological Preservation	农业结构调整 Structural Adjustment to Agriculture
全 国	National Total	306123	252468	4021	17267	32367
北 京	Beijing	3008	860		2067	80
天 津	Tianjin	1722	1300		138	284
河 北	Hebei	16893	14137	6	67	2682
山 西	Shanxi	5609	4375	147	6	1081
内蒙古	Inner Mongolia	5708	4326	23	0	1359
辽 宁	Liaoning	4510	3679	3		827
吉 林	Jilin	7256	5317	1300	30	610
黑龙江	Heilongjiang	5349	3427	397	129	1395
上 海	Shanghai	1357	1234	93	1	28
江 苏	Jiangsu	22903	20840	17	30	2016
浙 江	Zhejiang	10727	10207	0		520
安 徽	Anhui	16470	14926	0	29	1514
福 建	Fujian	4776	4369	5		402
江 西	Jiangxi	8317	7289	410	72	546
山 东	Shandong	28988	23240	235	458	5055
河 南	Henan	27946	24610	166	3	3168
湖 北	Hubei	14972	12746	86	586	1554
湖 南	Hunan	8443	7179	622	159	483
广 东	Guangdong	8129	8059			70
广 西	Guangxi	8696	8196			500
海 南	Hainan	1276	1237			39
重 庆	Chongqing	21195	6414	2	13467	1312
四 川	Sichuan	18142	16656	28		1458
贵 州	Guizhou	16224	13859	169	0	2196
云 南	Yunnan	10507	9658	1	0	849
西 藏	Tibet	891	824	1		67
陕 西	Shaanxi	9656	8284	310		1062
甘 肃	Gansu	5362	4838			523
青 海	Qinghai	1043	953			90
宁 夏	Ningxia	2241	1974		16	251
新 疆	Xinjiang	7807	7453		8	347

7-3 续表 continued

单位: 公顷   (hectare)

地 区	Region	本年增加耕地面积 Area of Increased Cultivated Land	补 充 耕 地 Supplementary Cultivated Land	农业结构调整 Structural Adjustment to Agriculture	年末耕地面积 Area of Cultivated Land at the end of the year	人均耕地面积(亩) Cultivated Land per Capita (a unit of area)
全 国	**National Total**	**266198**	**252847**	**13351**	**134881218**	**1.46**
北 京	Beijing	393	393	0	213731	0.15
天 津	Tianjin	1553	1551	1	436755	0.42
河 北	Hebei	15300	15288	12	6518870	1.30
山 西	Shanxi	5150	5150	1	4056317	1.64
内蒙古	Inner Mongolia	18527	17965	562	9270780	5.50
辽 宁	Liaoning	1545	1543	3	4971587	1.71
吉 林	Jilin	616	610	6	6986738	3.86
黑龙江	Heilongjiang	1002	993	10	15845697	6.27
上 海	Shanghai	2201	2199	2	191603	0.12
江 苏	Jiangsu	25085	24969	116	4573339	0.85
浙 江	Zhejiang	13013	12995	18	1977038	0.52
安 徽	Anhui	15716	15710	6	5866764	1.41
福 建	Fujian	5378	5375	2	1336904	0.51
江 西	Jiangxi	12099	12085	14	3085990	1.00
山 东	Shandong	11815	11784	31	7589786	1.14
河 南	Henan	29195	21296	7899	8112278	1.27
湖 北	Hubei	5616	5611	5	5235908	1.33
湖 南	Hunan	10694	10589	105	4151019	0.91
广 东	Guangdong	200	130	71	2599650	0.35
广 西	Guangxi	1038	1037	1	4387456	1.35
海 南	Hainan	944	944	0	722397	1.17
重 庆	Chongqing	8544	8472	72	2369847	1.16
四 川	Sichuan	10363	10351	12	6725168	1.22
贵 州	Guizhou	4809	4697	112	4518768	1.89
云 南	Yunnan	16009	16008	1	6213315	1.94
西 藏	Tibet	279	273	6	443957	1.98
陕 西	Shaanxi	3054	3047	7	3982887	1.56
甘 肃	Gansu	9936	9931	6	5376953	3.07
青 海	Qinghai	1758	1758	0	590142	1.48
宁 夏	Ningxia	3399	3398	2	1289950	2.84
新 疆	Xinjiang	30964	26695	4269	5239622	3.21

八、林业

Forestry

8-1 全国造林情况(2000-2018年)
Area of Afforestation (2000-2018)

单位: 万公顷 (10 000 hectares)

年 份 Year	造林总面积 Total Area of Afforestation	人工造林 Manual Planting	飞播造林 Airplane Planting	新封山育林 New Closing Hillsides for Afforestation
2000	510.5	434.5	76.0	
2001	495.3	397.7	97.6	
2002	777.1	689.6	87.5	
2003	911.9	843.2	68.6	
2004	679.5	501.9	57.9	119.7
2005	540.4	323.2	41.6	175.6
2006	383.9	244.6	27.2	112.1
2007	390.8	273.9	11.9	105.1
2008	535.4	368.5	15.4	151.5
2009	626.2	415.6	22.6	188.0
2010	591.0	387.3	19.6	184.1
2011	599.7	406.6	19.7	173.4
2012	559.6	382.1	13.6	163.9
2013	610.0	421.0	15.4	173.6
2014	555.0	405.3	10.8	138.9
2015	768.4	436.3	12.8	215.3
2016	720.4	382.4	16.2	195.4
2017	768.1	429.6	14.1	165.7
2018	729.9	367.8	13.5	178.5

注: 自2015年起造林面积包括人工造林、飞播造林、新封山育林、退化林修复和人工更新。
Note: Since 2015, total area of afforestation includes that of manual planting, airplane planting, new closing hillsides for affordstation, restoration of degraded forest, artificial regeneration.

8-2 各地区森林资源情况
Forest Resources by Region

地 区 Region	林业用地面 积 (万公顷) Area of Afforested Land (10 000 hectares)	森林面积 (万公顷) Forest Aera (10 000 hectares)	#人工林 Artifical Forest	森 林 覆盖率 (%) Forest Coverage Rate (%)	活 立 木 总蓄积量 (万立方米) Total Standing Forest Stock (10 000 cu.m)	森 林 蓄积量 (万立方米) Stock Volume of Forest (10 000 cu.m)
全 国 National Total	32591.12	22044.62	8003.10	22.96	1900713.20	1756022.99
北 京 Beijing	107.10	71.82	43.48	43.77	3000.81	2437.36
天 津 Tianjin	20.39	13.64	12.98	12.07	620.56	460.27
河 北 Hebei	775.64	502.69	263.54	26.78	15920.34	13737.98
山 西 Shanxi	787.25	321.09	167.63	20.50	14778.65	12923.37
内蒙古 Inner Mongolia	4499.17	2614.85	600.01	22.10	166271.98	152704.12
辽 宁 Liaoning	735.92	571.83	315.32	39.24	30888.53	29749.18
吉 林 Jilin	904.79	784.87	175.94	41.49	105368.45	101295.77
黑龙江 Heilongjiang	2453.77	1990.46	243.26	43.78	199999.41	184704.09
上 海 Shanghai	10.19	8.90	8.90	14.04	664.32	449.59
江 苏 Jiangsu	174.98	155.99	150.83	15.20	9609.62	7044.48
浙 江 Zhejiang	659.77	604.99	244.65	59.43	31384.86	28114.67
安 徽 Anhui	449.33	395.85	232.91	28.65	26145.10	22186.55
福 建 Fujian	924.40	811.58	385.59	66.80	79711.29	72937.63
江 西 Jiangxi	1079.90	1021.02	368.70	61.16	57564.29	50665.83
山 东 Shandong	349.34	266.51	256.11	17.51	13040.49	9161.49
河 南 Henan	520.74	403.18	245.78	24.14	26564.48	20719.12
湖 北 Hubei	876.09	736.27	197.42	39.61	39579.82	36507.91
湖 南 Hunan	1257.59	1052.58	501.51	49.69	46141.03	40715.73
广 东 Guangdong	1080.29	945.98	615.51	53.52	50063.49	46755.09
广 西 Guangxi	1629.50	1429.65	733.53	60.17	74433.24	67752.45
海 南 Hainan	217.50	194.49	140.40	57.36	16347.14	15340.15
重 庆 Chongqing	421.71	354.97	95.93	43.11	24412.17	20678.18
四 川 Sichuan	2454.52	1839.77	502.22	38.03	197201.77	186099.00
贵 州 Guizhou	927.96	771.03	315.45	43.77	44464.57	39182.90
云 南 Yunnan	2599.44	2106.16	507.68	55.04	213244.99	197265.84
西 藏 Tibet	1798.19	1490.99	7.84	12.14	230519.15	228254.42
陕 西 Shaanxi	1236.79	886.84	310.53	43.06	51023.42	47866.70
甘 肃 Gansu	1046.35	509.73	126.56	11.33	28386.88	25188.89
青 海 Qinghai	819.16	419.75	19.10	5.82	5556.86	4864.15
宁 夏 Ningxia	179.52	65.60	43.55	12.63	1111.14	835.18
新 疆 Xinjiang	1371.26	802.23	121.42	4.87	46490.95	39221.50

注：1.本表为第九次全国森林资源清查(2014-2018)资料。

　　2.全国总计数包括台湾省和香港、澳门特别行政区数据。

Notes: a) Data in the table are the figures of the Ninth National Forestry Survey (2014-2018).

　　b) Data of national total include forest resources in Taiwan Province and Hong Kong SAR and Macao SAR.

8-3　各地区造林情况(2018年)
Area of Afforestation by Region (2018)

单位: 公顷　　　　　　　　　　　　　　　　　　　　　　　　　　　　　　　　　　　　(hectare)

地　区 Region		造　林 总面积 Total Area of Afforestation	按造林方式分　By Approach				
			人工造林 Manual Planting	飞播造林 Airplane Planting	新封山育林 New Closing Hillsides for Afforestation	退化林修复 Restoration of Degraded Forest	人工更新 Artificial Regeneration
全　国	**National Total**	**7299473**	**3677952**	**135429**	**1785067**	**1329166**	**371859**
北　京	Beijing	29979	18427		10001	744	807
天　津	Tianjin	8648	8648				
河　北	Hebei	600956	359045	14934	223827	238	2912
山　西	Shanxi	340148	308020		32128		
内蒙古	Inner Mongolia	599979	317967	61146	107537	92497	20832
辽　宁	Liaoning	167978	62353	13333	55334	25673	11285
吉　林	Jilin	122657	48260			62685	11712
黑龙江	Heilongjiang	96639	45678		30863	19692	406
上　海	Shanghai	3183	3183				
江　苏	Jiangsu	43356	41283			124	1949
浙　江	Zhejiang	63643	7462		1798	46964	7419
安　徽	Anhui	138493	55718		39965	38815	3995
福　建	Fujian	193393	6517		112846	18882	55148
江　西	Jiangxi	308143	88556		70193	144835	4559
山　东	Shandong	147481	118745			3188	25548
河　南	Henan	173596	137272	13336	18890	4098	
湖　北	Hubei	330657	143803		63178	119578	4098
湖　南	Hunan	584316	188114		168002	223819	4381
广　东	Guangdong	270462	85178		99798	63696	21790
广　西	Guangxi	247800	46828		29421	6085	165466
海　南	Hainan	10496	2657				7839
重　庆	Chongqing	270003	110058		62225	89521	8199
四　川	Sichuan	436816	257961		70746	96135	11974
贵　州	Guizhou	346676	205917		84347	56412	
云　南	Yunnan	374796	261079		67692	45937	88
西　藏	Tibet	75039	39883		35156		
陕　西	Shaanxi	348094	160912	27004	75220	84958	
甘　肃	Gansu	392765	296021	667	85410	10667	
青　海	Qinghai	205904	70031		135873		
宁　夏	Ningxia	100055	44828		14939	40288	
新　疆	Xinjiang	243788	134881	5009	89678	12768	1452
大兴安岭	Daxinganling	23534	2667			20867	

资料来源: 国家林业和草原局(以下各表同)。

注: 自2015年起造林面积包括人工造林、飞播造林、新封山育林、退化林修复和人工更新。

Source: National Forestry and Grassland Administration (the same as in the following tables).

Note: Since 2015, total area of afforestation includes that of manual planting, airplane planting, new closing hillsides for afforestation, restoration of degraded forest, artificial regeneration.

8-4　各地区天然林资源保护情况(2018年)
Natural Forest Protection by Region (2018)

地　区　Region	木材产量 (立方米) Timber Output (cu.m)	林业投资 完成额 (万元) Investment Completed (10 000 yuan)	#国家投资 State Investment	森林管护 面　积 (公顷) Area of Management and Protection of Forests (hectare)	#国有林 Stateowned forests
全　国　**National Total**	**5202328**	**3956762**	**3870733**	**115079115**	**71063681**
北　京　Beijing					
天　津　Tianjin					
河　北　Hebei					
山　西　Shanxi	67095	98677	94696	5184097	1665426
内蒙古　Inner Mongolia	62047	657174	657104	20618059	13696968
辽　宁　Liaoning					
吉　林　Jilin	286675	407542	406115	3960797	3960797
黑龙江　Heilongjiang	14206	953218	953218	9621022	9621022
上　海　Shanghai					
江　苏　Jiangsu					
浙　江　Zhejiang					
安　徽　Anhui		4304	3406	30118	8298
福　建　Fujian					
江　西　Jiangxi					
山　东　Shandong					
河　南　Henan	213210	11426	11426	1689959	195367
湖　北　Hubei	190854	82228	82228	3322614	782038
湖　南　Hunan					
广　东　Guangdong					
广　西　Guangxi					
海　南　Hainan		16656	16529	373333	373333
重　庆　Chongqing	193113	73668	71362	3098438	449153
四　川　Sichuan	2301076	416503	416503	17683468	12168333
贵　州　Guizhou	1265955	113421	102991	4603601	318639
云　南　Yunnan	571675	221751	204434	10499978	4018251
西　藏　Tibet		19507	19507	1276667	1276667
陕　西　Shaanxi	24571	233436	193187	10992391	3498594
甘　肃　Gansu	11851	138769	134985	4928665	3446115
青　海　Qinghai		57633	57633	3678170	2816971
宁　夏　Ningxia		33484	29044	1185126	435097
新　疆　Xinjiang		66910	65910	4233813	4233813
大兴安岭　Daxinganling		350455	350455	8098799	8098799

8-4 续表 continued

单位: 公顷   (hectare)

| 地 区 | Region | 当年造林面积
Area of
Afforestation
in the Year | 按造林方式分　by Approach | | | |
			人工造林 Manual Planting	飞播造林 Airplane Planting	新封山育林 New Closing Hillsides for Afforestation	退化林修复 Restoration of Degraded Forest
全　国	**National Total**	**400601**	**92425**	**60494**	**129253**	**118429**
北　京	Beijing					
天　津	Tianjin					
河　北	Hebei					
山　西	Shanxi	27793	12462		15331	
内蒙古	Inner Mongolia	74103	21866	28481	3001	20755
辽　宁	Liaoning					
吉　林	Jilin	55563				55563
黑龙江	Heilongjiang	18479	2809			15670
上　海	Shanghai					
江　苏	Jiangsu					
浙　江	Zhejiang					
安　徽	Anhui					
福　建	Fujian					
江　西	Jiangxi					
山　东	Shandong					
河　南	Henan	4407	3745		662	
湖　北	Hubei	10000	2000		8000	
湖　南	Hunan					
广　东	Guangdong					
广　西	Guangxi					
海　南	Hainan					
重　庆	Chongqing	17464	1799		15665	
四　川	Sichuan	29670	4671		24999	
贵　州	Guizhou	6667	3333		3334	
云　南	Yunnan	26987	11188		12799	3000
西　藏	Tibet	1466	133		1333	
陕　西	Shaanxi	59975	6734	27004	23663	2574
甘　肃	Gansu	8410	6811		1599	
青　海	Qinghai	23470	7936		15534	
宁　夏	Ningxia	7334	4001		3333	
新　疆	Xinjiang	5279	270	5009		
大兴安岭	Daxinganling	23534	2667			20867

8-5　各地区退耕还林情况(2018年)
The Conversion of Cropland to Forest Program by Region (2018)

地　区　Region	当　年 造林面积 (公顷) Area of Afforestation in the Year (hectare)	退 耕 地 造林面积 Area of Cropland Converted to Forest	荒山荒地 造林面积 Area of Plantation of Barren Mountains & Wasteland	新封山(沙) 育林面积 Area of New Closing Hillsides for Afforestation	林业投资 完 成 额 (万元) Investment Completed (10 000 yuan)	#国家投资 State Investment
全　国　National Total	**723500**	**719810**	**1824**	**1866**	**2254055**	**2048106**
北　京　Beijing					309	253
天　津　Tianjin					242	242
河　北　Hebei					28914	23249
山　西　Shanxi	130002	128471	1531		225281	222727
内蒙古　Inner Mongolia	51560	51560			146457	146457
辽　宁　Liaoning	866	866			37434	36674
吉　林　Jilin					21261	21261
黑龙江　Heilongjiang					15715	14191
上　海　Shanghai						
江　苏　Jiangsu						
浙　江　Zhejiang						
安　徽　Anhui	333			333	20716	18857
福　建　Fujian						
江　西　Jiangxi					19558	16896
山　东　Shandong						
河　南　Henan	3072	3072			26478	16770
湖　北　Hubei	4666	4666			48418	39358
湖　南　Hunan	1533			1533	49875	40687
广　东　Guangdong						
广　西　Guangxi	2160	1867	293		22370	19749
海　南　Hainan					3074	2410
重　庆　Chongqing	100000	100000			217222	194272
四　川　Sichuan	34639	34639			156475	156475
贵　州　Guizhou	6400	6400			235765	218830
云　南　Yunnan	151895	151895			312588	290619
西　藏　Tibet	2414	2414			4215	4215
陕　西　Shaanxi	53598	53598			176208	134294
甘　肃　Gansu	106712	106712			282504	247639
青　海　Qinghai	8621	8621			18909	
宁　夏　Ningxia	2000	2000			44234	43957
新　疆　Xinjiang	63029	63029			139833	138024

8-6　三北、长江流域等重点防护林体系工程建设情况(2018年)
Key Shelterbelt Programs in North China and Changjiang River Basin (2018)

单位: 公顷 (hectare)

地　区　　Region	当年造林面积 Area of Afforestation in the Year	人工造林 Manual Planting	飞播造林 Airplane Planting	新封山育林 New Closing Hillsides for Afforestation	退化林修复 Restoration of Degraded Forest	人工更新 Artificial Regeneration	林业投资完成额(万元) Investment Completed (10 000 yuan)	#国家投资 State Investment
全　国　National Total	893855	433823	23667	379160	54603	2602	575427	441992
北　京　Beijing	667	667					5000	5000
天　津　Tianjin								
河　北　Hebei	69825	46638	5668	17399	120		39405	32875
山　西　Shanxi	34164	22034		12130			21998	21788
内蒙古　Inner Mongolia	106117	44920	17999	40198	3000		32984	32984
辽　宁　Liaoning	67733	32732		35001			32500	29800
吉　林　Jilin	15889	12163			3726		10038	10038
黑龙江　Heilongjiang	51329	23651		27438	240		20119	18191
上　海　Shanghai								
江　苏　Jiangsu	8205	8081				124	37132	4790
浙　江　Zhejiang								
安　徽　Anhui	37765	7478		26216	4071		20040	17591
福　建　Fujian	4078	17		1940	1266	855	3247	3247
江　西　Jiangxi	61747	24627		33120	4000		27712	23377
山　东　Shandong	14651	14025			200	426	11760	11165
河　南　Henan	40088	23819		16269			19863	18724
湖　北　Hubei	23834	13002		9499	1333		16008	13823
湖　南　Hunan	35242	12442		16998	5802		27630	19374
广　东　Guangdong	1163	179		617		367	6297	3294
广　西　Guangxi	5980	3985			1491	504	7448	3955
海　南　Hainan	189	126				63		
重　庆　Chongqing	2664	2664					2005	2005
四　川　Sichuan								
贵　州　Guizhou	9067	7734			1333		7448	7236
云　南　Yunnan	7665	4798			2867		4555	4392
西　藏　Tibet	10095	4142		5953			4000	4000
陕　西　Shaanxi	36000	12268		23332	400		13936	13161
甘　肃　Gansu	49371	17369		32002			16500	16350
青　海　Qinghai	39281	20214		19067			8500	8500
宁　夏　Ningxia	42274	19239		9479	13556		22913	22893
新　疆　Xinjiang	118772	54809		52502	11198	263	156389	93439

8-7 京津风沙源治理工程建设情况(2018年)
Desertification Control Program in the Vicinity of Beijing and Tianjin (2018)

单位: 公顷   (hectare)

地 区	Region	当年造林面积 Area of Afforestation in the Year	人工造林 Manual Planting	飞播造林 Airplane Planting	新封山育林 New Closing Hillsides for Afforestation	退化林修复 Restoration of Degraded Forest
全 国	National Total	**177838**	**95615**	**14666**	**67557**	
北 京	Beijing	11601	1600		10001	
天 津	Tianjin	1849	1849			
河 北	Hebei	44210	28210		16000	
山 西	Shanxi	23611	18944		4667	
内蒙古	Inner Mongolia	84293	39558	14666	30069	
陕 西	Shaanxi	12274	5454		6820	

8-7 续表 continued

单位: 公顷   (hectare)

地 区	Region	草地治理面积 Improved Area of Grass Land	小流域治理面积 Improved Area of Small Drainage Areas	水利设施(处) Water Conservancy Facilities (unit)	投资完成额(万元) Investment Completed (10000 yuan)	#国家投资 State Investment
全 国	National Total	**29865**	**60688**	**5643**	**123900**	**112997**
北 京	Beijing				14368	14368
天 津	Tianjin				1760	1760
河 北	Hebei	8200	15500	1195	29726	26626
山 西	Shanxi	1933	12300	1733	23307	21858
内蒙古	Inner Mongolia	19732	32888	2715	48706	45436
陕 西	Shaanxi				6033	2949

九、自然灾害及突发事件

Natural Disasters & Environmental Accidents

9-1 全国自然灾害情况(2000-2018年)
Natural Disasters (2000-2018)

年 份 Year	地质灾害 Geological Disasters			地震灾害 Earthquake Disasters		
	灾害起数 (处) Number of Geological Disasters (unit)	人员伤亡 (人) Casualties (person)	直接经济损失 (万元) Direct Economic Loss (10 000 yuan)	灾害次数 (次) Number of Earthquake Disasters (time)	人员伤亡 (人) Casualties (person)	直接经济损失 (万元) Direct Economic Loss (10 000 yuan)
2000	19653	27697	494201	10	2855	142244
2001	5793	1675	348699	12		
2002	40246	2759	509740	5	362	13100
2003	15489	1333	504325	21	7465	466040
2004	13555	1407	408828	11	696	94959
2005	17751	1223	357678	13	882	262811
2006	102804	1227	431590	10	229	79962
2007	25364	1123	247528	3	422	201922
2008	26580	1598	326936	17	446293	85949594
2009	10580	845	190109	8	407	273782
2010	30670	3445	638509	12	13795	2361077
2011	15804	410	413151	18	540	6020873
2012	14675	636	625253	12	1279	828757
2013	15374	929	1043568	14	15965	9953631
2014	10937	637	567027	20	3666	3326078
2015	8355	422	250528	14	1192	1791918
2016	10997	593	354290	16	104	668693
2017	7521	523	359477	12	676	1476600
2018	2966	185	147128	11	85	302716

9-1 续表 continued

年 份 Year	海洋灾害 Marine Disasters			森林火灾 Forest Fires		
	发生次数 (次) Number of Marine Disasters (time)	死亡、失踪人数 (人) Deaths and Missing People (person)	直接经济损失 (亿元) Direct Economic Loss (100 million yuan)	灾害次数 (次) Number of Forest Fires (time)	人员伤亡 (人) Casualties (person)	其他损失折款 (万元) Economic Loss (10 000 yuan)
2000		79	120.8	5934	178	3069
2001		401	100.1	4933	58	7409
2002	126	124	65.9	7527	98	3610
2003	172	128	80.5	10463	142	37000
2004	155	140	54.2	13466	252	20213
2005	176	371	332.4	11542	152	15029
2006	180	492	218.5	8170	102	5375
2007	163	161	88.4	9260	94	12416
2008	128	152	206.1	14144	174	12594
2009	132	95	100.2	8859	110	14511
2010	113	137	132.8	7723	108	11611
2011	114	76	62.1	5550	91	20173
2012	138	68	155.0	3966	21	10802
2013	115	121	163.5	3929	55	6062
2014	100	24	136.1	3703	112	42513
2015	79	30	72.7	2936	26	6371
2016	123	60	46.5	2034	36	4136
2017	25	17	64.0	3223	46	4624
2018	28	73	47.8	2478	39	20445

9-2 各地区自然灾害损失情况(2018年)
Loss Caused by Natural Disasters by Region (2018)

单位: 千公顷 　　　　　　　　　　　　　　　　　　　　　　　　　　　　　　　　(1 000 hectares)

地 区　　　Region	农作物受灾面积合计 Total		旱 灾 Drought	
	受灾 Area Affected	绝收 Total Crop Failure	受灾 Area Affected	绝收 Total Crop Failure
全 国　　**National Total**	**20814.3**	**2585.0**	**7711.8**	**922.4**
北 京　　Beijing	4.7	0.4		
天 津　　Tianjin	14.4	0.8		
河 北　　Hebei	557.0	80.3	44.0	13.0
山 西　　Shanxi	830.8	185.6	150.0	8.7
内蒙古　　Inner Mongolia	2629.8	559.2	1427.0	388.9
辽 宁　　Liaoning	1467.3	277.7	1167.5	239.1
吉 林　　Jilin	1319.7	131.8	1086.0	104.3
黑龙江　　Heilongjiang	4155.0	275.7	2294.0	14.5
上 海　　Shanghai	7.3			
江 苏　　Jiangsu	380.0	34.7	5.8	0.2
浙 江　　Zhejiang	168.6	1.7		
安 徽　　Anhui	863.2	111.5		
福 建　　Fujian	78.7	3.5	23.9	0.5
江 西　　Jiangxi	530.7	60.4	309.7	29.7
山 东　　Shandong	983.8	97.2	22.9	0.3
河 南　　Henan	1167.7	86.1	4.3	0.8
湖 北　　Hubei	1076.1	89.0	515.1	54.2
湖 南　　Hunan	625.6	60.9	342.9	30.9
广 东　　Guangdong	547.8	27.1		
广 西　　Guangxi	150.0	10.2	6.9	0.6
海 南　　Hainan	32.4	2.5		
重 庆　　Chongqing	70.9	12.2	1.7	0.2
四 川　　Sichuan	484.0	65.4	98.7	7.8
贵 州　　Guizhou	291.7	56.3	132.2	24.3
云 南　　Yunnan	274.8	46.1		
西 藏　　Tibet	9.7	3.1	0.3	
陕 西　　Shaanxi	382.4	70.0	4.2	
甘 肃　　Gansu	764.2	159.4	50.1	4.4
青 海　　Qinghai	51.9	5.4	14.6	
宁 夏　　Ningxia	148.1	17.5		
新 疆　　Xinjiang	746.0	53.3	10.0	

资料来源: 应急管理部。

注: 农作物受灾面积合计、受灾人口、死亡人口(含失踪)和直接经济损失含地震、森林、海洋等灾害。

Source: Ministry of Emergency Management.

Note: The total area affected, total area of crop failuer, population affected, deaths (including missing) and direct economic loss
　　　include earthquake disasters, forest disasters and marine disasters.

9-2 续表 1 continued 1

单位: 千公顷 (1 000 hectares)

地 区	Region	洪涝、地质灾害和台风 Flood, Geophysical Disaster, and Typhoon		风雹灾害 Wind and Hail	
		受灾 Area Affected	绝收 Total Crop Failure	受灾 Area Affected	绝收 Total Crop Failure
全 国	**National Total**	**7283.1**	**1009.9**	**2406.8**	**196.6**
北 京	Beijing	2.6	0.4	1.6	
天 津	Tianjin	14.3	0.7	0.1	0.1
河 北	Hebei	252.2	23.7	139.7	6.2
山 西	Shanxi	140.7	21.3	23.0	1.3
内蒙古	Inner Mongolia	672.6	146.0	204.7	15.0
辽 宁	Liaoning	242.9	34.7	56.9	3.9
吉 林	Jilin	71.1	10.2	162.6	17.3
黑龙江	Heilongjiang	1090.2	227.2	384.5	18.0
上 海	Shanghai	7.3			
江 苏	Jiangsu	258.1	31.5	99.4	2.8
浙 江	Zhejiang	46.0	1.5	3.4	
安 徽	Anhui	559.4	99.8	36.9	0.5
福 建	Fujian	43.5	3.0	0.8	
江 西	Jiangxi	167.0	28.1	19.4	0.9
山 东	Shandong	851.2	85.3	103.2	7.8
河 南	Henan	829.8	56.8	99.1	3.6
湖 北	Hubei	147.1	10.6	19.2	3.7
湖 南	Hunan	90.0	9.7	37.3	4.4
广 东	Guangdong	537.4	26.5		
广 西	Guangxi	138.7	8.7	4.4	0.9
海 南	Hainan	32.4	2.5		
重 庆	Chongqing	30.5	7.2	33.9	4.7
四 川	Sichuan	357.7	56.0	27.3	1.5
贵 州	Guizhou	39.8	6.4	98.3	24.7
云 南	Yunnan	171.1	34.1	33.5	5.7
西 藏	Tibet	9.4	3.1		
陕 西	Shaanxi	91.6	18.1	51.2	8.6
甘 肃	Gansu	257.5	41.1	90.4	17.5
青 海	Qinghai	25.3	4.0	10.8	0.8
宁 夏	Ningxia	69.9	6.1	21.5	4.7
新 疆	Xinjiang	35.8	5.6	643.7	42.0

9-2 续表 2 continued 2

地 区	Region	低温冷冻和雪灾(千公顷) Low-temperature, Freezing and Snow Disaster (1 000 hectares)		人口受灾 Population		直接经济损失 (亿元) Direct Economic Loss (100 million yuan)
		受灾 Area Affected	绝收 Total Crop Failure	受灾人口 (万人次) Population Affected (10 000 person-times)	死亡人口 (含失踪)(人) Deaths (including missing) (person)	
全 国	**National Total**	**3412.6**	**456.1**	**13553.9**	**589**	**2644.6**
北 京	Beijing	0.5		15.7		18.8
天 津	Tianjin			10.9		1.0
河 北	Hebei	121.1	37.4	503.9	4	41.3
山 西	Shanxi	517.1	154.3	619.1	13	109.2
内蒙古	Inner Mongolia	325.5	9.3	484.2	25	144.5
辽 宁	Liaoning			680.3		90.2
吉 林	Jilin			383.7		88.5
黑龙江	Heilongjiang	386.3	16.0	362.3	4	87.5
上 海	Shanghai			40.8		0.9
江 苏	Jiangsu	16.7	0.2	348.3	17	41.3
浙 江	Zhejiang	119.2	0.2	139.9	2	36.8
安 徽	Anhui	266.9	11.2	728.3	35	138.2
福 建	Fujian	10.5		115.1	8	38.1
江 西	Jiangxi	34.6	1.7	621.1	37	58.8
山 东	Shandong	6.5	3.8	889.3	39	289.6
河 南	Henan	234.5	24.9	1332.3	15	63.5
湖 北	Hubei	394.7	20.5	1026.3	11	81.1
湖 南	Hunan	155.4	15.9	698.5	26	64.5
广 东	Guangdong	10.4	0.6	675.2	26	258.6
广 西	Guangxi			224.6	36	14.5
海 南	Hainan			60.2	1	6.0
重 庆	Chongqing	4.8	0.1	148.2	26	18.6
四 川	Sichuan	0.3	0.1	836.8	34	340.5
贵 州	Guizhou	21.4	0.9	508.2	9	39.1
云 南	Yunnan	70.2	6.3	480.2	64	162.9
西 藏	Tibet			23.5	12	7.7
陕 西	Shaanxi	235.4	43.3	330.7	13	64.1
甘 肃	Gansu	366.2	96.4	922.8	73	249.8
青 海	Qinghai	1.2	0.6	72.9	16	28.2
宁 夏	Ningxia	56.7	6.7	42.6	1	7.3
新 疆	Xinjiang	56.5	5.7	228.0	42	53.5

9-3　地质灾害及防治情况(2018年)
Occurrence and Prevention of Geological Disasters(2018)

地　区	Region	发生地质灾害起数(处) Geological Disasters (unit)	#滑　坡 Land-slide	#崩　塌 Collapse	#泥石流 Mud-rock Flow	#地面塌陷 Land Subside	直接经济损失(万元) Direct Economic Loss (10 000 yuan)	人员伤亡(人) Casualties (person)	#死亡人数 Deaths
全　国	National Total	2966	1631	858	339	122	147128	185	105
北　京	Beijing	21	2	19			458		
天　津	Tianjin	1		1			10	2	2
河　北	Hebei	10	4	6			10	1	
山　西	Shanxi	10	1	8		1	293	10	10
内蒙古	Inner Mongolia	2		2			6		
辽　宁	Liaoning	1		1			1		
吉　林	Jilin	6		6			14	1	1
黑龙江	Heilongjiang	3	1	2			100		
上　海	Shanghai								
江　苏	Jiangsu	8	3	3		2	830		
浙　江	Zhejiang	32	12	16	3	1	445		
安　徽	Anhui	109	38	67	3	1	433		
福　建	Fujian	29	10	18		1	199	6	6
江　西	Jiangxi	133	89	23	6	15	555	2	
山　东	Shandong	7	3	3		1	272		
河　南	Henan	7	2	2		2	894		
湖　北	Hubei	39	20	14		5	1328	6	5
湖　南	Hunan	276	208	31	4	29	6565	20	9
广　东	Guangdong	230	59	157	4	8	2626	11	10
广　西	Guangxi	130	24	70	2	34	2179	19	10
海　南	Hainan								
重　庆	Chongqing	157	53	97	3	4	4263	21	14
四　川	Sichuan	563	238	199	125	1	37955	24	6
贵　州	Guizhou	22	17	3		2	1612	1	
云　南	Yunnan	235	183	14	33	3	18214	23	8
西　藏	Tibet	67	18	9	39	1	3787	5	4
陕　西	Shaanxi	258	215	24	15	3	9874	6	5
甘　肃	Gansu	479	351	41	75	6	48692	22	12
青　海	Qinghai	100	76	15	9		5047	4	3
宁　夏	Ningxia	3	1	1		1	60		
新　疆	Xinjiang	28	3	6	18	1	406	1	

资料来源：自然资源部。
Source: Ministry of Natural Resources.

9-4　地震灾害情况(2018年)
Earthquake Disasters (2018)

地　区	Region	地震灾害次数 (次) Number of Earth-quakes (time)	5.0–5.9级 5.0-5.9 Richter Scale	6.0–6.9级 6.0-6.9 Richter Scale	7.0级以上 Over 7.0 Richter Scale	人员伤亡 (人) Casualties (person)	#死亡人数 Deaths	经济损失 (万元) Direct Economic Loss (10 000 yuan)
全　国	**National Total**	**11**	**7**			**85**		**302716**
吉　林	Jilin	2	1			2		39921
湖　北	Hubei	1						1636
四　川	Sichuan	3	2			23		32461
云　南	Yunnan	3	2			60		178640
青　海	Qinghai	1	1					11754
新　疆	Xinjiang	1	1					38304

资料来源：中国地震局。
Source: China Seismological Administration.

9-5　海洋灾害情况(2018年)
Marine Disasters (2018)

灾　种	Disaster Categories	发生次数 (次) Number of Disasters (time)	死亡、失踪人数 (人) Deaths and Missing People (person)	直接经济损失 (亿元) Direct Economic Loss (100 million yuan)
合　计	**Total**	**28**	**73**	**47.77**
风暴潮	Stormy Tides	9	3	44.56
赤　潮	Red Tides			
海　浪	Sea Wave	18	70	0.35
海　冰	Sea Ice	1		0.01
海岸侵蚀	Coastal Erosion			2.85

资料来源：自然资源部。
Source: Ministry of Natural Resources.

9-6 各地区森林火灾情况(2018年)
Forest Fires by Region(2018)

地 区 Region	森林火灾次数(次) Forest Fires (time)	一般火灾 Ordinary Fires	较大火灾 Major Fires	重大火灾 Severe Fires	特别重大火灾 Especially Severe Fires	火场总面积(公顷) Total Fire-affected Area (hectare)
全 国 **National Total**	**2478**	**1579**	**894**	**3**	**2**	**28595**
北 京 Beijing	1	1				1
天 津 Tianjin	1		1			11
河 北 Hebei	25	21	4			295
山 西 Shanxi	12	6	6			670
内蒙古 Inner Mongolia	105	30	73	1	1	6641
辽 宁 Liaoning	40	17	23			750
吉 林 Jilin	83	64	19			265
黑龙江 Heilongjiang	44	28	15		1	2616
上 海 Shanghai						
江 苏 Jiangsu	16	16				19
浙 江 Zhejiang	45	17	28			289
安 徽 Anhui	42	38	4			48
福 建 Fujian	89	14	75			807
江 西 Jiangxi	58	24	34			804
山 东 Shandong	20	14	6			266
河 南 Henan	41	37	4			126
湖 北 Hubei	153	108	45			1078
湖 南 Hunan	290	185	105			1526
广 东 Guangdong	266	161	105			1896
广 西 Guangxi	574	394	180			4142
海 南 Hainan	29	17	12			62
重 庆 Chongqing	13	10	3			52
四 川 Sichuan	229	201	26	2		3589
贵 州 Guizhou	29	14	15			321
云 南 Yunnan	60	24	36			1390
西 藏 Tibet	1		1			
陕 西 Shaanxi	125	72	53			696
甘 肃 Gansu	9	6	3			31
青 海 Qinghai	21	10	11			168
宁 夏 Ningxia	15	14	1			13
新 疆 Xinjiang	42	36	6			24

资料来源：应急管理部。
Source: Ministry of Emergency Management.

9-6 续表 continued

地 区	Region	受害森林面积 （公顷） Destructed Forest Area (hectare)	公益林 Non-commercial Forest	商品林 Commercial Forest	伤亡人数 （人） Casualties (person)	#死亡 人数 Deaths	其他损失折款 （万元） Economic Loss (10 000 yuan)
全　国	**National Total**	**16309.1**	**11656.6**	**4652.5**	**39**	**23**	**20444.7**
北　京	Beijing						
天　津	Tianjin	3.1	3.1				
河　北	Hebei	66.9	22.0	44.8			7.6
山　西	Shanxi	201.1	201.1		3	2	41.5
内蒙古	Inner Mongolia	6120.1	5667.5	452.7			342.5
辽　宁	Liaoning	370.5	228.5	142.0			348.3
吉　林	Jilin	84.9	14.8	70.1	1		145.4
黑龙江	Heilongjiang	2406.8	2369.7	37.1			5.0
上　海	Shanghai						
江　苏	Jiangsu	3.3	3.3				5.4
浙　江	Zhejiang	117.2	38.3	78.8			173.8
安　徽	Anhui	17.2	6.1	11.1			2.2
福　建	Fujian	577.5	128.0	449.5	5	3	48.9
江　西	Jiangxi	478.7	104.6	374.1	1	1	472.3
山　东	Shandong	141.3	123.7	17.6			8.2
河　南	Henan	4.9	3.4	1.5	1		67.8
湖　北	Hubei	194.2	32.8	161.4	2	2	24.4
湖　南	Hunan	649.1	127.4	521.7	1	1	178.3
广　东	Guangdong	969.5	279.3	690.2	1		489.2
广　西	Guangxi	1232.5	177.1	1055.4	9	9	606.2
海　南	Hainan	38.7	3.3	35.4	1	1	28.5
重　庆	Chongqing	35.6	21.1	14.6			42.1
四　川	Sichuan	1540.2	1408.4	131.8	2	1	16286.2
贵　州	Guizhou	74.8	32.2	42.6			5.0
云　南	Yunnan	562.5	256.2	306.2	10	2	861.9
西　藏	Tibet						
陕　西	Shaanxi	280.8	274.8	6.0			3.2
甘　肃	Gansu	19.5	19.5		1		51.5
青　海	Qinghai	97.2	97.2				144.9
宁　夏	Ningxia	8.0	7.4	0.6			48.8
新　疆	Xinjiang	13.2	5.8	7.5	1	1	5.9

9-7 各地区森林有害生物防治情况(2018年)
Prevention of Forest Biological Disasters by Region (2018)

单位: 公顷, % (hectare, %)

地 区	Region	合 计 Total			森林病害 Forest Diseases		
		发生面积 Area of Occurrence	防治面积 Area of Prevention	防治率 Prevention Rate	发生面积 Area of Occurrence	防治面积 Area of Prevention	防治率 Prevention Rate
全 国	National Total	12195249	9489279	77.8	1768711	1345403	76.1
北 京	Beijing	29117	29117	100.0	1338	1338	100.0
天 津	Tianjin	51061	51060	100.0	6663	6662	100.0
河 北	Hebei	468626	440897	94.1	20979	20230	96.4
山 西	Shanxi	239252	195324	81.6	16635	8735	52.5
内蒙古	Inner Mongolia	1019762	604445	59.3	148851	81434	54.7
辽 宁	Liaoning	560063	514272	91.8	49997	42950	85.9
吉 林	Jilin	231911	222046	95.7	22444	20825	92.8
黑龙江	Heilongjiang	414260	327000	78.9	28901	18499	64.0
上 海	Shanghai	12649	12037	95.2	1181	1155	97.8
江 苏	Jiangsu	150963	145756	96.6	6415	6414	100.0
浙 江	Zhejiang	211376	197982	93.7	58291	54536	93.6
安 徽	Anhui	419769	385033	91.7	71532	61060	85.4
福 建	Fujian	176530	168980	95.7	9865	9832	99.7
江 西	Jiangxi	310731	289043	93.0	104973	99701	95.0
山 东	Shandong	485020	472815	97.5	77573	74159	95.6
河 南	Henan	570725	515386	90.3	107424	97631	90.9
湖 北	Hubei	535294	393540	73.5	132520	94425	71.3
湖 南	Hunan	422763	278534	65.9	31243	20040	64.1
广 东	Guangdong	346139	221322	63.9	104015	88267	84.9
广 西	Guangxi	345649	56033	16.2	56370	19831	35.2
海 南	Hainan	22708	6594	29.0	94	12	12.8
重 庆	Chongqing	413677	413108	99.9	146610	146513	99.9
四 川	Sichuan	692552	451131	65.1	87966	47798	54.3
贵 州	Guizhou	205010	195699	95.5	19253	18784	97.6
云 南	Yunnan	452459	446919	98.8	72339	71280	98.5
西 藏	Tibet	376046	72577	19.3	84645	16336	19.3
陕 西	Shaanxi	411905	318271	77.3	81724	52312	64.0
甘 肃	Gansu	393778	282624	71.8	69911	46451	66.4
青 海	Qinghai	267760	221260	82.6	26630	23638	88.8
宁 夏	Ningxia	303243	163506	53.9	9531	8764	92.0
新 疆	Xinjiang	1517200	1375105	90.6	91566	83951	91.7
大兴安岭	Daxinganling	137251	21863	15.9	21232	1840	8.7

资料来源: 国家林业和草原局。
Source: National Forestry and Grassland Administration.

9-7 续表 continued

单位: 公顷，% (hectare, %)

地 区	Region	森林虫害 Forest Pest Plague			森林鼠害 Forest Rat Plague			有害植物 Harmful Plants		
		发生面积 Area of Occurrence	防治面积 Area of Prevention	防治率 Prevention Rate	发生面积 Area of Occurrence	防治面积 Area of Prevention	防治率 Prevention Rate	发生面积 Area of Occurrence	防治面积 Area of Prevention	防治率 Prevention Rate
全 国	**National Total**	**8404058**	**6652490**	**79.2**	**1843971**	**1386034**	**75.2**	**178509**	**105352**	**59.0**
北 京	Beijing	27779	27779	100.0						
天 津	Tianjin	44398	44398	100.0						
河 北	Hebei	409547	387284	94.6	38100	33383	87.6			
山 西	Shanxi	166340	138342	83.2	54678	46742	85.5	1599	1505	94.1
内蒙古	Inner Mongolia	673247	411138	61.1	197664	111873	56.6			
辽 宁	Liaoning	498567	462510	92.8	11499	8812	76.6			
吉 林	Jilin	164773	156743	95.1	44694	44478	99.5			
黑龙江	Heilongjiang	211112	160921	76.2	174247	147580	84.7			
上 海	Shanghai	11468	10882	94.9						
江 苏	Jiangsu	143117	137985	96.4				1431	1357	94.8
浙 江	Zhejiang	153085	143446	93.7						
安 徽	Anhui	348237	323973	93.0						
福 建	Fujian	166665	159148	95.5						
江 西	Jiangxi	205757	189341	92.0				1	1	100.0
山 东	Shandong	407447	398656	97.8						
河 南	Henan	463301	417755	90.2						
湖 北	Hubei	311471	253011	81.2	3855	3558	92.3	87448	42546	48.7
湖 南	Hunan	391063	258041	66.0	120	120	100.0	337	333	98.8
广 东	Guangdong	206665	105644	51.1				35459	27411	77.3
广 西	Guangxi	283877	31499	11.1	178	178	100.0	5224	4525	86.6
海 南	Hainan	9303	5311	57.1				13311	1271	9.5
重 庆	Chongqing	237055	236616	99.8	29879	29846	99.9	133	133	100.0
四 川	Sichuan	567774	373348	65.8	36791	29964	81.4	21	21	100.0
贵 州	Guizhou	172759	166004	96.1	3782	3565	94.3	9216	7346	79.7
云 南	Yunnan	355117	351654	99.0	7079	7000	98.9	17924	16985	94.8
西 藏	Tibet	237356	45811	19.3	53426	10311	19.3	619	119	19.2
陕 西	Shaanxi	243893	204407	83.8	86288	61552	71.3			
甘 肃	Gansu	188283	137600	73.1	135584	98573	72.7			
青 海	Qinghai	108562	84755	78.1	126782	111068	87.6	5786	1799	31.1
宁 夏	Ningxia	119541	54569	45.6	174171	100173	57.5			
新 疆	Xinjiang	847915	767152	90.5	577719	524002	90.7			
大兴安岭	Daxinganling	28584	6767	23.7	87435	13256	15.2			

9-8　各地区突发环境事件情况(2018年)
Environmental Emergencies by Region (2018)

单位: 次 (time)

地　区	Region	突发环境 事件次数 Number of Environmental Emergencies	特别重大 环境事件 Extraordinarily Serious Environmental Emergencies	重大 环境事件 Serious Environmental Emergencies	较大 环境事件 Comparatively Serious Environmental Emergencies	一般 环境事件 Ordinary Environmental Emergencies
全　国	**National Total**	**286**		**2**	**6**	**278**
北　京	Beijing	29				29
天　津	Tianjin	2				2
河　北	Hebei	6				6
山　西	Shanxi	12				12
内蒙古	Inner Mongolia	1				1
辽　宁	Liaoning	10				10
吉　林	Jilin	4				4
黑龙江	Heilongjiang					
上　海	Shanghai	1				1
江　苏	Jiangsu	5				5
浙　江	Zhejiang	11				11
安　徽	Anhui	4				4
福　建	Fujian	11			1	10
江　西	Jiangxi	4			1	3
山　东	Shandong	1				1
河　南	Henan	12			1	11
湖　北	Hubei	17			1	16
湖　南	Hunan	16				16
广　东	Guangdong	37				37
广　西	Guangxi	10				10
海　南	Hainan	1				1
重　庆	Chongqing	7				7
四　川	Sichuan	20			1	19
贵　州	Guizhou	8			1	7
云　南	Yunnan					
西　藏	Tibet					
陕　西	Shaanxi	27				27
甘　肃	Gansu	5		1		4
青　海	Qinghai	1				1
宁　夏	Ningxia	23		1		22
新　疆	Xinjiang	1				1

资料来源: 生态环境部。
Source: Ministry of Ecology and Environment.

十、环境投资

Environmental Investment

10-1　全国环境污染治理投资情况(2001-2018年)

Investment in the Treatment of Environmental Pollution (2001-2018)

单位：亿元　　　　　　　　　　　　　　　　　　　　　　　　　　　　　　　　　　　　　(100 million yuan)

年 份 Year	环境污染治理投资总额 Total Investment in Treatment of Environmental Pollution	城镇环境基础设施建设投资 Investment in Urban Environment Infrastructure Facilities	燃气 Gas Supply	集中供热 Central Heating	排水 Sewerage Projects	园林绿化 Gardening & Greening	市容环境卫生 Sanitation
2001	1166.7	655.8	81.7	90.3	244.9	181.4	57.5
2002	1456.5	878.4	98.9	134.6	308.0	261.5	75.4
2003	1750.1	1194.8	147.4	164.3	419.8	352.4	110.9
2004	2057.5	1288.9	163.4	197.7	404.8	400.5	122.5
2005	2565.2	1466.9	164.3	250.0	431.5	456.3	164.8
2006	2779.5	1528.4	179.2	252.5	403.6	475.2	217.9
2007	3668.8	1749.0	187.0	272.4	517.1	601.6	171.0
2008	4937.0	2247.7	199.2	328.2	637.2	823.9	259.2
2009	5258.4	3245.1	219.2	441.5	1035.5	1137.6	411.2
2010	7612.2	5182.2	357.9	557.5	1172.7	2670.6	423.5
2011	7114.0	4557.2	444.1	593.3	971.6	1991.9	556.2
2012	8253.5	5062.7	551.8	798.1	934.1	2380.0	398.6
2013	9037.2	5223.0	607.9	819.5	1055.0	2234.9	505.7
2014	9575.5	5463.9	574.0	763.0	1196.1	2338.5	592.2
2015	8806.4	4946.8	463.1	687.8	1248.5	2075.4	472.0
2016	9219.8	5412.0	532.0	662.5	1485.5	2170.9	561.1
2017	9539.0	6085.7	566.7	778.3	1727.5	2390.2	623.0
2018		5893.2	398.6	578.6	1897.5	2413.4	605.1

10-1　续表　continued

单位: 亿元 　　　　　　　　　　　　　　　　　　　　　　　(100 million yuan)

年 份 Year	工业污染源治理投资 Investment in Treatment of Industrial Pollution Sources	治理废水 Treatment of Waste water	治理废气 Treatment of Waste Gas	治理固体废物 Treatment of Solid Waste	治理噪声 Treatment of Noise Pollution	治理其他 Treatment of Other Pollution	当年完成环保验收项目环保投资 Environmental Protection Investment in the Environmental Protection Acceptance Projects in the Year	环境污染治理投资占GDP比重 (%) Investment in Anti-pollution Projects as Percentage of GDP (%)
2001	174.5	72.9	65.8	18.7	0.6	16.5	336.4	1.05
2002	188.4	71.5	69.8	16.1	1.0	29.9	389.7	1.20
2003	221.8	87.4	92.1	16.2	1.0	25.1	333.5	1.27
2004	308.1	105.6	142.8	22.6	1.3	35.7	460.5	1.27
2005	458.2	133.7	213.0	27.4	3.1	81.0	640.1	1.37
2006	483.9	151.1	233.3	18.3	3.0	78.3	767.2	1.27
2007	552.4	196.1	275.3	18.3	1.8	60.7	1367.4	1.36
2008	542.6	194.6	265.7	19.7	2.8	59.8	2146.7	1.55
2009	442.6	149.5	232.5	21.9	1.4	37.4	1570.7	1.51
2010	397.0	129.6	188.2	14.3	1.4	62.0	2033.0	1.85
2011	444.4	157.7	211.7	31.4	2.2	41.4	2112.4	1.46
2012	500.5	140.3	257.7	24.7	1.2	76.5	2690.4	1.53
2013	849.7	124.9	640.9	14.0	1.8	68.1	2964.5	1.52
2014	997.7	115.2	789.4	15.1	1.1	76.9	3113.9	1.49
2015	773.7	118.4	521.8	16.1	2.8	114.5	3085.8	1.28
2016	819.0	108.2	561.5	46.7	0.6	102.0	2988.8	1.24
2017	681.5	76.4	446.3	12.7	1.3	144.9	2771.7	1.15
2018	621.3	64.0	393.1	18.4	1.5	144.2		

10-2　各地区城镇环境基础设施建设投资情况(2018年)
Investment in Urban Environment Infrastructure by Region (2018)

单位：亿元 　　　　　　　　　　　　　　　　　　　　　　　　　　　　　　　　(100 million yuan)

地　区　Region	投资总额 Total Investment	燃气 Gas Supply	集中供热 Central Heating	排水 Sewerage Projects	园林绿化 Gardening & Greening	市容环境卫生 Sanitation
全　国　National Total	**5893.22**	**398.59**	**578.59**	**1897.52**	**2413.45**	**605.07**
北　京　Beijing	545.80	22.67	52.35	118.99	291.31	60.48
天　津　Tianjin	47.01	5.68	7.43	29.88	3.67	0.35
河　北　Hebei	245.71	34.16	69.32	47.73	80.78	13.73
山　西　Shanxi	157.93	9.57	50.86	20.80	59.91	16.79
内蒙古　Inner Mongolia	141.13	6.09	41.81	25.37	54.86	13.00
辽　宁　Liaoning	91.67	17.18	26.74	39.37	6.94	1.44
吉　林　Jilin	61.10	3.05	20.52	12.24	22.84	2.45
黑龙江　Heilongjiang	69.74	8.52	32.20	15.90	7.06	6.06
上　海　Shanghai	186.82	25.41		133.78	6.57	21.06
江　苏　Jiangsu	444.06	32.55	0.13	158.46	209.92	42.99
浙　江　Zhejiang	307.85	17.43	0.01	87.92	161.75	40.75
安　徽　Anhui	340.99	22.17	6.77	124.34	161.32	26.40
福　建　Fujian	225.49	11.17		104.63	80.66	29.04
江　西　Jiangxi	305.12	11.06		64.27	197.08	32.71
山　东　Shandong	527.85	42.06	101.45	123.60	203.87	56.88
河　南　Henan	422.89	22.37	51.67	77.80	234.89	36.16
湖　北　Hubei	253.58	7.66	1.05	161.54	56.52	26.81
湖　南　Hunan	109.27	9.97		48.91	34.67	15.72
广　东　Guangdong	201.54	16.02		129.06	16.28	40.18
广　西　Guangxi	114.75	9.34		45.63	45.05	14.74
海　南　Hainan	30.84	0.72		12.17	11.87	6.09
重　庆　Chongqing	159.07	9.57		47.26	85.61	16.62
四　川　Sichuan	317.74	17.65	0.45	102.93	162.58	34.13
贵　州　Guizhou	84.15	0.93	1.54	30.07	40.67	10.94
云　南　Yunnan	112.43	8.02		37.32	60.36	6.73
西　藏　Tibet	27.13	0.14	21.78	4.52	0.14	0.54
陕　西　Shaanxi	139.94	14.33	20.01	36.44	59.10	10.06
甘　肃　Gansu	76.85	3.09	27.28	24.79	17.02	4.66
青　海　Qinghai	9.99	0.38	1.31	2.81	4.07	1.42
宁　夏　Ningxia	34.23	0.89	21.74	5.70	5.50	0.40
新　疆　Xinjiang	100.55	8.74	22.17	23.31	30.59	15.73

资料来源：住房和城乡建设部。
Source: Ministry of Housing and Urban-Rural Development.

10-3　各地区工业污染治理投资完成情况(2018年)
Completed Investment in Treatment of
Industrial Pollution by Region (2018)

单位: 万元 (10 000 yuan)

地　区	Region	污染治理项目本年完成投资 Investment Completed in Pollution Treatment Projects	治理废水 Treatment of Waste water	治理废气 Treatment of Waste Gas	治理固体废物 Treatment of Solid Waste	治理噪声 Treatment of Noise Pollution	治理其他 Treatment of Other Pollution
全　国	National Total	6212736	640082	3931104	184249	15181	1442119
北　京	Beijing	19384	2421	4913	13	6	12031
天　津	Tianjin	72449	1819	56879	36	200	13516
河　北	Hebei	987539	9471	896930	5444	22	75672
山　西	Shanxi	387185	44741	247104	16843	20	78477
内蒙古	Inner Mongolia	341327	60691	190143	860	608	89025
辽　宁	Liaoning	69238	11842	38569	2023	258	16545
吉　林	Jilin	28298	4732	22973	475		118
黑龙江	Heilongjiang	73141	927	55512			16702
上　海	Shanghai	80827	10009	27692	15	158	42952
江　苏	Jiangsu	811733	72904	453183	3903	995	280748
浙　江	Zhejiang	353080	71385	170627	6314	647	104108
安　徽	Anhui	199045	24563	100795	6267	122	67297
福　建	Fujian	164162	3753	93706	61084	1	5618
江　西	Jiangxi	205246	35432	120122	2863	810	46020
山　东	Shandong	675118	98737	414990	3050	3025	155316
河　南	Henan	338292	17776	189346	7077	173	123921
湖　北	Hubei	137434	22807	88293	35	1172	25128
湖　南	Hunan	70505	11565	54695		2755	1489
广　东	Guangdong	273490	71486	167849	11803	410	21942
广　西	Guangxi	58273	4025	14370	35761		4119
海　南	Hainan	3576	73	232		515	2757
重　庆	Chongqing	49057	3255	22676	180	970	21977
四　川	Sichuan	163097	15438	115219	1465	1335	29640
贵　州	Guizhou	66125	4061	47522	884	238	13419
云　南	Yunnan	98665	5685	37349	12291	311	43030
西　藏	Tibet	718	718				
陕　西	Shaanxi	167776	4719	115808	983	172	46093
甘　肃	Gansu	67193	665	26378	3430	248	36471
青　海	Qinghai	23118	7373	12657			3089
宁　夏	Ningxia	79088	2690	49401	230	10	26757
新　疆	Xinjiang	148555	14318	95173	922		38142

资料来源: 生态环境部。
Source: Ministry of Ecology and Environment.

10-4　各地区林业投资完成情况(2018年)
Completed Investment for Forestry by Region(2018)

单位: 万元　　　　　　　　　　　　　　　　　　　　　　　　　　　　　　　　　　　　　　　(10 000 yuan)

地　区	Region	本年完成投资 Completed Investment During the Year	#国家投资 State Investment	林业投资 Investment for Forestry			
				生态建设与保护 Ecological Construction and Protection	林业支撑与保障 Forestry Bracing and Indemnification	林业产业发展 Forestry Industry Development	其他 Others
全　国	**National Total**	**48171343**	**24324902**	**21257493**	**6084415**	**19263251**	**1566184**
北　京	Beijing	2448559	2409673	1965703	278446	40854	163556
天　津	Tianjin	135079	127205	120530	14451	98	
河　北	Hebei	1861822	1095039	1428411	226564	163244	43603
山　西	Shanxi	1117541	908478	878722	168094	58259	12466
内蒙古	Inner Mongolia	1612360	1558025	1312389	254195	13390	32386
辽　宁	Liaoning	419546	395950	264336	128868	25034	1308
吉　林	Jilin	884136	790145	623826	137821	89249	33240
黑龙江	Heilongjiang	1414502	1382890	1175065	163834	27064	48539
上　海	Shanghai	164947	164947	131023	26176	3389	4359
江　苏	Jiangsu	867269	453634	516943	71717	253197	25412
浙　江	Zhejiang	796396	597899	302641	316504	116459	60792
安　徽	Anhui	1021252	516373	554984	143988	300493	21787
福　建	Fujian	1539947	348834	243762	92682	1194342	9161
江　西	Jiangxi	1149215	621891	389464	300186	314228	145337
山　东	Shandong	3045469	693032	715093	419388	1890948	20040
河　南	Henan	750687	537759	484120	121211	143168	2188
湖　北	Hubei	1966414	506061	657741	155098	1122312	31263
湖　南	Hunan	3233334	942342	850945	428409	1905204	48776
广　东	Guangdong	867790	810223	477463	307529	49415	33383
广　西	Guangxi	9629216	677181	1254190	403705	7669727	301594
海　南	Hainan	143945	143101	98450	38376	3159	3960
重　庆	Chongqing	819216	625064	424090	177869	200761	16496
四　川	Sichuan	2790807	1130728	946125	149219	1643333	52130
贵　州	Guizhou	2535121	1011309	1155027	167043	1124933	88118
云　南	Yunnan	1383232	1323988	952081	324940	78648	27563
西　藏	Tibet	347444	324744	189808	80283	10182	67171
陕　西	Shaanxi	1372268	1088798	889436	161058	292660	29114
甘　肃	Gansu	1384743	1012607	716295	289111	367574	11763
青　海	Qinghai	430816	392331	291804	56397	8506	74109
宁　夏	Ningxia	201418	194811	164455	17465	12075	7423
新　疆	Xinjiang	1093882	803255	650638	210456	138766	94022
局直属单位 (含大兴安岭)	Units under the Bureau (including Daxinganling)	742970	736585	431933	253332	2580	55125

资料来源: 国家林业和草原局。
Source: National Forestry and Grassland Administration.

十一、城市环境

Urban Environment

11-1 全国城市环境情况(2000-2018年)
Urban Environment (2000-2018)

年 份 Year	城区面积 (万平方公里) Urban Area (10 000 sq.km)	人均日生活 用水量 (升) Daily Household Water Consump- tion per Capita (liter)	城市用水 普及率 (%) Water Access Rate (%)	城市污水 排放量 (亿立方米) Waste Water Discharged (100 million cu.m)	城市污水 处理率 (%) Waste Water Treatment Rate (%)
2000	87.8	220.2	63.9	331.8	34.3
2001	60.8	216.0	72.3	328.6	36.4
2002	46.7	213.0	77.9	337.6	40.0
2003	39.9	210.9	86.2	349.2	42.1
2004	39.5	210.8	88.9	356.5	45.7
2005	41.3	204.1	91.1	359.5	52.0
2006	16.7	188.3	86.1	362.5	55.7
2007	17.6	178.4	93.8	361.0	62.9
2008	17.8	178.2	94.7	364.9	70.2
2009	17.5	176.6	96.1	371.2	75.3
2010	17.9	171.4	96.7	378.7	82.3
2011	18.4	170.9	97.0	403.7	83.6
2012	18.3	171.8	97.2	416.8	87.3
2013	18.3	173.5	97.6	427.5	89.3
2014	18.4	173.7	97.6	445.3	90.2
2015	19.2	174.5	98.1	466.6	91.9
2016	19.8	176.9	98.4	480.3	93.4
2017	19.8	178.9	98.3	492.4	94.5
2018	20.1	179.7	98.4	521.1	95.5

注：2006年起住房和城乡建设部《城市建设统计制度》修订，统计范围、口径及部分指标计算方法都有所调整，故不能与2005年直接比较。

Note: Urban Construction Statistical System had been amended by Ministry of Housing and Urban-Rural Development in 2006. Scope, caliber and calculated method of some indicators are adjusted,so it can not be directly compared with data of 2005.

11-1　续表　continued

年　份 Year	城市燃气 普及率 (%) Gas Access Rate (%)	城市生活 垃圾清运量 （万吨） Volume of Garbage Disposal (10 000 tons)	城市生活垃圾 无害化处理率 (%) Proportion of Harmless Treated Garbage (%)	供热面积 （万平方米） Heated Area (10 000 sq.m)	建成区 绿化覆盖率 (%) Green Covered Area as % of Completed Area (%)	人均公园 绿地面积 （平方米） Park Green Land per Capita (sq.m)
2000	45.4	11819		110766	28.2	3.7
2001	59.7	13470	58.2	146329	28.4	4.6
2002	67.2	13650	54.2	155567	29.8	5.4
2003	76.7	14857	50.8	188956	31.2	6.5
2004	81.5	15509	52.1	216266	31.7	7.4
2005	82.1	15577	51.7	252056	32.5	7.9
2006	79.1	14841	52.2	265853	35.1	8.3
2007	87.4	15215	62.0	300591	35.3	9.0
2008	89.6	15438	66.8	348948	37.4	9.7
2009	91.4	15734	71.4	379574	38.2	10.7
2010	92.0	15805	77.9	435668	38.6	11.2
2011	92.4	16395	79.7	473784	39.2	11.8
2012	93.2	17081	84.8	518368	39.6	12.3
2013	94.3	17239	89.3	571677	39.7	12.6
2014	94.6	17860	91.8	611246	40.2	13.1
2015	95.3	19142	94.1	672205	40.1	13.4
2016	95.8	20362	96.6	738663	40.3	13.7
2017	96.3	21521	97.7	830858	40.9	14.0
2018	96.7	22802	99.0	878050	41.1	14.1

11-2　环保重点城市空气质量指标(2018年)
Ambient Air Quality in Key Cities of Environmental Protection (2018)

城　　市	City	二氧化硫年平均浓度(微克/立方米) Annual Average Concentration of SO₂ (μg/m³)	二氧化氮年平均浓度(微克/立方米) Annual Average Concentration of NO₂ (μg/m³)	可吸入颗粒物(PM₁₀)年平均浓度(微克/立方米) Annual Average Concentration of PM₁₀ (μg/m³)	一氧化碳日均值第95百分位浓度(毫克/立方米) 95th Percentile Daily Average Concentration of CO (μg/m³)	臭氧(O₃)最大8小时第90百分位浓度(微克/立方米) 90th Percentile Daily Maximum 8 Hours Average Concentration of O₃(μg/m³)	细颗粒物(PM₂.₅)年平均浓度(微克/立方米) Annual Average Concentration of PM₂.₅ (μg/m³)	空气质量达到及好于二级的天数(天) Days of Air Quality Equal to or Above Grade II (day)
北　　京	Beijing	6	42	78	1.7	192	51	227
天　　津	Tianjin	12	47	82	1.9	201	52	207
石　家　庄	Shijiazhuang	23	50	131	2.6	211	72	151
唐　　山	Tangshan	34	56	110	3.3	197	60	202
秦　皇　岛	Qinhuangdao	21	45	77	2.5	164	38	285
邯　　郸	Handan	22	43	133	2.8	201	69	161
保　　定	Baoding	21	47	114	2.4	210	67	159
太　　原	Taiyuan	29	52	135	1.9	191	59	170
大　　同	Datong	31	29	82	3.1	153	36	288
阳　　泉	Yangquan	32	45	108	2.2	184	59	203
长　　治	Changzhi	22	31	98	2.4	189	54	213
临　　汾	Linfen	46	40	117	3.6	217	69	138
呼和浩特	Hohhot	20	41	86	2.2	150	36	272
包　　头	Baotou	24	39	84	2.3	156	39	268
赤　　峰	Chifeng	20	27	69	1.5	127	30	331
沈　　阳	Shenyang	26	39	72	1.8	163	41	282
大　　连	Dalian	12	27	55	1.3	157	30	317
鞍　　山	Anshan	22	34	76	2.1	158	41	299
抚　　顺	Fushun	21	32	72	1.6	164	43	278
本　　溪	Benxi	21	31	65	2.2	137	34	331
锦　　州	Jinzhou	39	35	75	1.8	152	46	276
长　　春	Changchun	16	35	61	1.3	133	33	322
吉　　林	Jilin	15	27	63	1.5	149	37	304
哈　尔　滨	Harbin	20	37	65	1.3	136	39	310
齐齐哈尔	Qiqihar	15	18	53	1.1	121	28	338
牡　丹　江	Mudanjiang	7	25	58	1.3	125	30	342
上　　海	Shanghai	10	42	51	1.1	160	36	295
南　　京	Nanjing	10	44	75	1.3	181	43	251
无　　锡	Wuxi	12	43	75	1.6	179	43	258
徐　　州	Xuzhou	17	42	104	1.6	184	62	205
常　　州	Changzhou	15	49	77	1.6	194	53	225
苏　　州	Suzhou	8	48	65	1.2	173	42	268
南　　通	Nantong	17	36	62	1.2	160	41	291
连　云　港	Lianyungang	15	31	67	1.5	169	44	274
扬　　州	Yangzhou	13	38	87	1.5	180	49	235
镇　　江	Zhenjiang	10	38	74	1.3	177	54	230
杭　　州	Hangzhou	10	43	68	1.3	181	40	269
宁　　波	Ningbo	9	36	52	1.2	152	33	320

资料来源：生态环境部。
Source: Ministry of Ecology and Environment.

11-2 续表 1 continued 1

城 市 City	二氧化硫年平均浓度(微克/立方米)Annual Average Concentration of SO_2 ($\mu g/m^3$)	二氧化氮年平均浓度(微克/立方米)Annual Average Concentration of NO_2 ($\mu g/m^3$)	可吸入颗粒物(PM_{10})年平均浓度(微克/立方米)Annual Average Concentration of PM_{10} ($\mu g/m^3$)	一氧化碳日均值第95百分位浓度(毫克/立方米)95th Percentile Daily Average Concentration of CO ($\mu g/m^3$)	臭氧(O_3)最大8小时第90百分位浓度(微克/立方米)90th Percentile Daily Maximum 8 Hours Average Concentration of O_3($\mu g/m^3$)	细颗粒物($PM_{2.5}$)年平均浓度(微克/立方米)Annual Average Concentration of $PM_{2.5}$ ($\mu g/m^3$)	空气质量达到及好于二级的天数(天)Days of Air Quality Equal to or Above Grade II (day)
温 州 Wenzhou	9	37	58	1.0	141	30	347
湖 州 Huzhou	13	38	60	1.3	189	36	259
绍 兴 Shaoxing	9	31	66	1.4	171	42	284
合 肥 Hefei	7	43	72	1.4	169	48	260
芜 湖 Wuhu	11	42	68	1.5	179	50	238
马 鞍 山 Maanshan	15	38	76	1.7	185	45	250
福 州 Fuzhou	7	26	48	0.9	151	25	337
厦 门 Xiamen	9	31	46	0.9	127	25	360
泉 州 Quanzhou	10	25	53	0.8	150	27	341
南 昌 Nanchang	11	36	64	1.5	144	30	327
九 江 Jiujiang	13	29	68	1.2	152	43	291
济 南 Jinan	18	46	111	1.8	201	55	188
青 岛 Qingdao	10	35	74	1.4	151	35	308
淄 博 Zibo	27	43	105	2.3	202	57	182
枣 庄 Zaozhuang	20	35	117	1.4	195	59	182
烟 台 Yantai	12	28	67	1.3	162	30	303
潍 坊 Weifang	18	36	106	1.7	188	53	210
济 宁 Jinin	20	38	101	1.8	194	50	212
泰 安 Taian	18	36	100	1.8	188	52	207
日 照 Rizhao	11	35	80	1.4	162	42	268
郑 州 Zhengzhou	15	50	106	1.8	194	63	168
开 封 Kaifeng	17	36	105	1.9	187	64	182
洛 阳 Luoyang	19	43	104	2.1	190	59	181
平 顶 山 Pingdingshan	18	38	101	1.7	182	65	187
安 阳 Anyang	22	44	123	2.9	196	74	160
焦 作 Jiaozuo	18	41	116	2.6	200	67	168
三 门 峡 Sanmenxia	15	39	100	1.8	171	57	211
武 汉 Wuhan	9	47	73	1.6	164	49	249
宜 昌 Yichang	11	34	77	1.6	143	53	274
荆 州 Jingzhou	15	34	86	1.8	157	49	273
长 沙 Changsha	10	34	61	1.3	161	48	278
株 洲 Zhuzhou	18	33	71	1.4	148	45	288
湘 潭 Xiangtan	16	35	68	1.3	153	49	275
岳 阳 Yueyang	10	23	72	1.4	155	45	283
常 德 Changde	11	25	62	1.4	151	44	296
张 家 界 Zhangjiajie	7	22	58	1.4	130	32	340
广 州 Guangzhou	10	50	54	1.2	174	35	294
韶 关 Shaoguan	15	29	49	1.4	148	36	330

11-2　续表 2　continued 2

城　　市　　City	二氧化硫年平均浓度（微克/立方米）Annual Average Concentration of SO_2 ($\mu g/m^3$)	二氧化氮年平均浓度（微克/立方米）Annual Average Concentration of NO_2 ($\mu g/m^3$)	可吸入颗粒物(PM$_{10}$)年平均浓度（微克/立方米）Annual Average Concentration of PM_{10} ($\mu g/m^3$)	一氧化碳日均值第95百分位浓度（毫克/立方米）95th Percentile Daily Average Concentration of CO ($\mu g/m^3$)	臭氧(O$_3$)最大8小时第90百分位浓度（微克/立方米）90th Percentile Daily Maximum 8 Hours Average Concentration of O_3($\mu g/m^3$)	细颗粒物(PM$_{2.5}$)年平均浓度（微克/立方米）Annual Average Concentration of $PM_{2.5}$ ($\mu g/m^3$)	空气质量达到及好于二级的天数（天）Days of Air Quality Equal to or Above Grade Ⅱ (day)
深　圳　Shenzhen	7	29	44	0.9	137	26	345
珠　海　Zhuhai	7	30	43	1.0	162	27	325
汕　头　Shantou	12	19	44	1.0	152	27	337
湛　江　Zhanjiang	9	14	39	0.9	150	27	336
南　宁　Nanning	11	35	57	1.3	128	34	340
柳　州　Liuzhou	15	24	62	1.4	127	41	322
桂　林　Guilin	12	23	55	1.3	136	38	324
北　海　Beihai	9	15	46	1.3	138	27	343
海　口　Haikou	5	14	35	0.8	116	18	356
重　庆　Chongqing	9	44	64	1.3	166	40	295
成　都　Chengdu	9	48	81	1.4	167	51	251
自　贡　Zigong	13	31	78	1.4	172	54	234
攀枝花　Panzhihua	40	39	64	2.5	140	36	357
泸　州　Luzhou	15	35	59	1.0	149	39	305
德　阳　Deyang	8	32	77	1.2	155	42	276
绵　阳　Mianyang	6	31	72	1.1	152	45	279
南　充　Nanchong	9	33	73	1.2	151	48	292
宜　宾　Yibin	16	36	75	1.4	159	52	260
贵　阳　Guiyang	11	25	57	1.0	118	32	357
遵　义　Zunyi	12	26	47	1.1	123	28	359
昆　明　Kunming	13	34	55	1.2	130	30	361
曲　靖　Qujing	14	19	53	1.4	128	30	364
玉　溪　Yuxi	12	22	55	2.2	128	26	364
拉　萨　Lhasa	7	21	55	0.9	136	20	358
西　安　Xi'an	15	55	111	2.2	180	61	187
铜　川　Tongchuan	21	37	89	2.0	168	49	234
宝　鸡　Baoji	10	41	96	1.5	150	52	253
咸　阳　Xianyang	16	50	121	2.1	198	69	157
渭　南　Weinan	13	51	120	1.9	170	59	178
延　安　Yan'an	26	46	84	2.6	144	36	315
兰　州　Lanzhou	21	55	103	2.7	168	47	213
金　昌　Jinchang	21	16	76	0.9	146	22	308
西　宁　Xining	20	39	91	2.8	138	46	282
银　川　Yinchuan	27	37	87	2.1	166	38	249
石嘴山　Shizuishan	41	32	89	1.7	157	39	250
乌鲁木齐　Urumqi	11	45	98	3.0	134	54	255
克拉玛依　Karamay	7	21	60	1.5	129	28	327

11-3 各地区城市市政设施情况(2018年)
Urban Municipal Facilities by Region (2018)

地 区	Region	道路长度 (公里) Length of Roads (km)	道路面积 (万平方米) Area of Roads (10 000 sq.m)	桥梁 (座) Number of Bridges (unit)	#立交桥 Inter-section Bridges	道路照明灯 (千盏) Number of Road Lamps (1 000 units)	排水管道长度 (公里) Length of Drainage Pipes (km)	#污水管道 Sewers
全 国	**National Total**	**432231**	**854268**	**73432**	**5343**	**27383.4**	**683485**	**296930**
北 京	Beijing	8332	14098	2336	447	302.7	17646	8401
天 津	Tianjin	8242	15131	1009	117	376.9	21369	10118
河 北	Hebei	17281	37605	1725	189	1020.7	20655	8580
山 西	Shanxi	8622	19478	1314	212	514.9	8396	3179
内蒙古	Inner Mongolia	9894	21251	442	64	589.6	14002	7803
辽 宁	Liaoning	19279	34325	1699	237	1195.2	21617	5798
吉 林	Jilin	9220	16831	902	104	473.3	11601	4509
黑龙江	Heilongjiang	12726	21062	1164	255	686.0	12278	3539
上 海	Shanghai	5317	11092	2855	50	606.9	21975	8572
江 苏	Jiangsu	47973	85212	15678	409	3443.3	80649	40209
浙 江	Zhejiang	23689	45946	11569	196	1610.3	48525	24383
安 徽	Anhui	15018	36927	1739	290	978.8	30978	12738
福 建	Fujian	13325	26995	1747	52	850.1	16760	7821
江 西	Jiangxi	11222	23263	944	91	807.6	17331	6897
山 东	Shandong	45633	93397	5708	257	2008.1	64169	27321
河 南	Henan	14538	36673	1465	149	972.4	25027	10266
湖 北	Hubei	20612	38831	2159	197	858.4	27903	10356
湖 南	Hunan	13192	29355	1209	122	819.4	18529	8519
广 东	Guangdong	45100	77290	7596	821	3016.5	82172	32188
广 西	Guangxi	10441	22861	1253	116	593.3	13254	4204
海 南	Hainan	4595	6158	218	10	182.3	4736	2088
重 庆	Chongqing	9520	20378	1798	249	725.4	18911	9426
四 川	Sichuan	17832	37968	2845	273	1444.1	33011	14342
贵 州	Guizhou	4969	10575	701	64	604.0	8251	4096
云 南	Yunnan	6954	13587	801	49	559.9	13775	6916
西 藏	Tibet	781	1352	40	1	28.1	719	267
陕 西	Shaanxi	8643	19735	845	178	748.1	10415	5119
甘 肃	Gansu	5092	11561	648	51	340.9	6955	3350
青 海	Qinghai	1176	3124	211	4	133.2	2223	946
宁 夏	Ningxia	2404	6798	202	6	235.9	2036	455
新 疆	Xinjiang	10611	15411	610	83	657.0	7614	4526

资料来源：住房和城乡建设部(以下各表同)。

Source: Ministry of Housing and Urban-Rural Development(the same as in the following tables).

11-4 各地区城市供水和用水情况(2018年)
Urban Water Supply and Use by Region (2018)

单位: 万立方米   (10 000 cu.m)

地 区	Region	供水总量 Total Water Supply	生产运营用水 Production & Operation	公共服务用水 Public Service	居民家庭用水 Household Use	其他用水 Other
全 国	National Total	**6146355**	**1619551**	**875465**	**2412450**	**278530**
北 京	Beijing	191981	24696	57329	77657	10494
天 津	Tianjin	92374	28040	13238	33940	3069
河 北	Hebei	165810	52488	20525	62672	6730
山 西	Shanxi	98313	28895	8149	50527	2176
内蒙古	Inner Mongolia	82424	29731	8921	24180	6697
辽 宁	Liaoning	279443	62392	45396	79119	22663
吉 林	Jilin	105505	24681	17433	31504	3134
黑龙江	Heilongjiang	139710	39499	26359	37202	3679
上 海	Shanghai	305508	46020	73911	105941	17641
江 苏	Jiangsu	560242	203467	63547	199660	23980
浙 江	Zhejiang	371711	127201	44948	144806	10806
安 徽	Anhui	200824	54497	25438	86209	3561
福 建	Fujian	175159	31863	31505	68668	8568
江 西	Jiangxi	130712	25047	16563	58012	8208
山 东	Shandong	394788	166016	43535	124770	15457
河 南	Henan	216305	59921	28382	90161	5907
湖 北	Hubei	305003	76176	42053	124758	6345
湖 南	Hunan	218678	34374	12224	115251	13087
广 东	Guangdong	938248	227849	163801	356758	51259
广 西	Guangxi	177234	37240	24773	87004	2174
海 南	Hainan	42881	2748	6105	19525	8203
重 庆	Chongqing	149304	31645	19631	69883	8182
四 川	Sichuan	258676	47732	22013	141912	7871
贵 州	Guizhou	80560	11285	11947	39216	1808
云 南	Yunnan	98722	27319	8473	38609	5206
西 藏	Tibet	10266	2082	558	4796	166
陕 西	Shaanxi	141972	56752	7145	60947	4118
甘 肃	Gansu	53878	15000	8613	23016	2779
青 海	Qinghai	26959	10083	1378	10470	1344
宁 夏	Ningxia	29956	7044	7013	8631	4478
新 疆	Xinjiang	103208	27771	14558	36647	8737

11-4　续表　continued

地　　区	Region	用水人口 （万人） Population with Access to Water Supply (10 000 persons)	人均日生活用水量 （升） Daily Household Water Consumption per Capita (liter)	用水普及率 （%） Water Access Rate (%)
全　　国	**National Total**	**50310.9**	**179.7**	**98.4**
北　京	Beijing	1863.4	198.7	100.0
天　津	Tianjin	1296.8	100.4	100.0
河　北	Hebei	1896.9	120.4	99.7
山　西	Shanxi	1155.2	139.3	99.7
内蒙古	Inner Mongolia	926.9	97.8	99.2
辽　宁	Liaoning	2279.7	151.9	99.2
吉　林	Jilin	1144.7	117.5	93.9
黑龙江	Heilongjiang	1395.6	125.5	98.5
上　海	Shanghai	2423.8	203.3	100.0
江　苏	Jiangsu	3380.9	214.0	100.0
浙　江	Zhejiang	2545.5	204.4	100.0
安　徽	Anhui	1604.8	190.7	99.8
福　建	Fujian	1307.0	210.1	99.7
江　西	Jiangxi	1180.7	174.6	98.3
山　东	Shandong	3673.1	126.6	99.4
河　南	Henan	2431.9	134.8	96.6
湖　北	Hubei	2269.4	202.2	99.4
湖　南	Hunan	1667.3	210.7	96.4
广　东	Guangdong	5614.7	254.4	97.3
广　西	Guangxi	1151.3	266.1	97.8
海　南	Hainan	355.6	197.6	97.0
重　庆	Chongqing	1481.8	165.5	98.3
四　川	Sichuan	2483.8	181.4	95.7
贵　州	Guizhou	756.7	185.9	96.7
云　南	Yunnan	930.1	139.0	96.6
西　藏	Tibet	95.1	163.0	85.9
陕　西	Shaanxi	1143.9	163.4	95.5
甘　肃	Gansu	632.1	137.2	97.9
青　海	Qinghai	191.0	178.5	99.0
宁　夏	Ningxia	291.6	147.3	98.4
新　疆	Xinjiang	739.8	191.4	97.7

11-5 各地区城市节约用水情况(2018年)
Urban Water Saving by Region (2018)

地　区　Region	实际用水量(万立方米) Actual Quantity of Water Used (10 000 cu.m)					
	合　计 Total	#工业 Industry	新水取用量 New Water Source Used	#工业 Industry	重复利用量 Recycled Use	#工业 Industry
全　国　**National Total**	**11422630**	**9492925**	**2290261**	**936661**	**9132368**	**8556264**
北　京　Beijing	350309	30406	242676	23996	107633	6410
天　津　Tianjin	469416	455977	38812	26004	430604	429973
河　北　Hebei	242396	231837	29929	20197	212466	211641
山　西　Shanxi	296002	255220	56891	20524	239111	234696
内蒙古　Inner Mongolia	193240	181632	32236	20877	161004	160755
辽　宁　Liaoning	976976	943531	74814	46922	902162	896609
吉　林　Jilin	143473	137082	30609	24410	112864	112672
黑龙江　Heilongjiang	152126	115661	71243	35063	80883	80598
上　海　Shanghai	93019	39776	93019	39776		
江　苏　Jiangsu	2110255	1676015	321934	178202	1788320	1497813
浙　江　Zhejiang	809237	701977	159527	95624	649710	606352
安　徽　Anhui	527525	497884	51965	24667	475560	473218
福　建　Fujian	91103	53781	43291	6864	47812	46917
江　西　Jiangxi	28372	10667	12377	4373	15995	6294
山　东　Shandong	1166977	1000022	188953	99144	978023	900878
河　南　Henan	735527	704139	65126	36398	670400	667741
湖　北　Hubei	581794	514377	101284	53063	480510	461314
湖　南　Hunan	61042	38264	37011	17869	24031	20395
广　东　Guangdong	1269917	1003233	357650	90968	912267	912265
广　西　Guangxi	471345	407341	78651	17043	392694	390298
海　南　Hainan	4913	312	4737	162	177	150
重　庆　Chongqing	723	190	501	121	222	69
四　川　Sichuan	129253	84398	48837	10337	80415	74061
贵　州　Guizhou	44043	19151	26822	4130	17220	15021
云　南　Yunnan	91636	76715	24992	10489	66644	66226
西　藏　Tibet	958		958			
陕　西　Shaanxi	46403	17393	36128	7581	10275	9812
甘　肃　Gansu	233044	214779	31616	13351	201428	201428
青　海　Qinghai	2393	994	892	496	1501	498
宁　夏　Ningxia	85209	78612	13746	7149	71463	71463
新　疆　Xinjiang	14005	1557	13031	861	974	696

11-5 续表 continued

地 区	Region	节约用水量 （万立方米） Water Saved (10 000 cu.m)	#工 业 Industry	重复利用率 （%） Reuse Rate (%)	#工业用水 重复利用率 Reuse Rate for Industrial Purpose
全 国	**National Total**	**508437**	**329704**	**79.9**	**90.1**
北 京	Beijing	8315	648	30.7	21.1
天 津	Tianjin			91.7	94.3
河 北	Hebei	8029	6735	87.7	91.3
山 西	Shanxi	13774	10740	80.8	92.0
内蒙古	Inner Mongolia	1288	1218	83.3	88.5
辽 宁	Liaoning	24717	15936	92.3	95.0
吉 林	Jilin	12498	11474	78.7	82.2
黑龙江	Heilongjiang	13323	10183	53.2	69.7
上 海	Shanghai	20409	15098		
江 苏	Jiangsu	59621	45037	84.7	89.4
浙 江	Zhejiang	36302	27716	80.3	86.4
安 徽	Anhui	15676	9750	90.1	95.0
福 建	Fujian	7137	4227	52.5	87.2
江 西	Jiangxi	906	751	56.4	59.0
山 东	Shandong	39876	26965	83.8	90.1
河 南	Henan	24067	14086	91.1	94.8
湖 北	Hubei	49309	46485	82.6	89.7
湖 南	Hunan	10190	6852	39.4	53.3
广 东	Guangdong	109106	51506	71.8	90.9
广 西	Guangxi	14417	7488	83.3	95.8
海 南	Hainan	272	152	3.6	48.0
重 庆	Chongqing	161	36	30.7	36.3
四 川	Sichuan	14648	8356	62.2	87.8
贵 州	Guizhou	4742	4043	39.1	78.4
云 南	Yunnan	3784	116	72.7	86.3
西 藏	Tibet				
陕 西	Shaanxi	1333	950	22.1	56.4
甘 肃	Gansu	7900	1544	86.4	93.8
青 海	Qinghai	253	253	62.7	50.1
宁 夏	Ningxia	1161	553	83.9	90.9
新 疆	Xinjiang	5224	806	7.0	44.7

11-6 各地区城市污水排放和处理情况(2018年)
Urban Waste Water Discharged and Treated by Region (2018)

地 区	Region	城市污水排放量 （万立方米） Waste Water Discharged (10 000 cu.m)	污水处理厂 （座） Waste Water Treatment Plants (unit)	#二、三级处理 Secondary & Tertiary Treatment	污水处理厂污水处理能力 （万立方米/日） Treatment Capacity (10 000 cu.m/day)	#二、三级处理 Secondary & Tertiary Treatment	污水处理厂污水处理量 （万立方米） Volume of Waste Water Treated (10 000 cu.m)
全 国	National Total	5211249	2321	2179	16880.5	16022.6	4864773
北 京	Beijing	193202	67	67	670.6	670.6	185948
天 津	Tianjin	104090	40	40	283.2	283.2	96757
河 北	Hebei	175787	90	88	632.8	625.8	172596
山 西	Shanxi	82697	40	34	267.2	245.8	78169
内蒙古	Inner Mongolia	66703	44	44	240.6	240.6	64982
辽 宁	Liaoning	269395	107	80	999.5	861.5	250924
吉 林	Jilin	117670	50	33	400.8	333.7	110048
黑龙江	Heilongjiang	113831	68	67	381.3	361.3	100583
上 海	Shanghai	229842	48	48	813.0	813.0	212818
江 苏	Jiangsu	437033	206	206	1372.6	1372.6	385392
浙 江	Zhejiang	321885	94	88	1072.9	1023.0	298189
安 徽	Anhui	171689	73	71	561.8	547.8	162995
福 建	Fujian	128366	48	47	392.5	387.5	118520
江 西	Jiangxi	99678	52	46	286.0	271.5	94629
山 东	Shandong	340919	196	196	1209.7	1209.7	331513
河 南	Henan	200389	101	97	791.3	749.8	194902
湖 北	Hubei	238456	92	88	663.3	647.1	221918
湖 南	Hunan	208481	74	57	605.8	510.2	194028
广 东	Guangdong	755197	286	262	2270.3	1967.5	714360
广 西	Guangxi	133654	52	52	364.2	364.2	108080
海 南	Hainan	31404	24	24	102.1	102.1	28013
重 庆	Chongqing	125650	63	60	366.1	352.5	119412
四 川	Sichuan	224160	137	130	677.5	671.5	204036
贵 州	Guizhou	71588	68	68	253.6	253.6	69499
云 南	Yunnan	90854	45	43	244.0	242.0	85902
西 藏	Tibet	8703	8	8	28.1	28.1	7844
陕 西	Shaanxi	119477	49	46	390.3	373.3	111369
甘 肃	Gansu	41386	25	24	153.1	152.4	39854
青 海	Qinghai	18288	11	11	47.8	47.8	14911
宁 夏	Ningxia	27424	20	20	100.0	100.0	26179
新 疆	Xinjiang	63348	43	34	238.7	213.1	60404

11-6 续表 continued

地 区　　Region	污水处理装置 Waste Water Treatment Equipments		污水处理总能力（万立方米/日）Total Treatment Capacity	污水处理总量（万立方米）Total Volume of Waste Water Treated	污水再生利用量（万立方米）Total Volume of Waste Water Recycled & Reused	城市污水处理率（%）Waste Water Treatment Rate	#污水处理厂集中处理率 Waste Water Treatment Concentration Rate
	处理能力（万立方米/日）Treatment Capacity	处理量（万立方米）Volume of Treatment					
	(10 000 cu.m/day)	(10 000 cu.m)	(10 000 cu.m/day)	(10 000 cu.m)	(10 000 cu.m)	(%)	
全　国　**National Total**	**1264.7**	**111353**	**18145.2**	**4976126**	**854507**	**95.5**	**93.4**
北　京　Beijing	22.2	4548	692.8	190497	107633	98.6	96.2
天　津　Tianjin	2.8	871	286.0	97628	29105	93.8	93.0
河　北　Hebei	0.3	17	633.1	172613	48579	98.2	98.2
山　西　Shanxi	4.0		271.2	78169	18000	94.5	94.5
内蒙古　Inner Mongolia			240.6	64982	20708	97.4	97.4
辽　宁　Liaoning	26.2	5544	1025.7	256467	23044	95.2	93.1
吉　林　Jilin	3.2	55	404.0	110103	1905	93.6	93.5
黑龙江　Heilongjiang	20.3	2990	401.6	103573	7755	91.0	88.4
上　海　Shanghai		5943	813.0	218760		95.2	92.6
江　苏　Jiangsu	498.3	32457	1870.9	417849	90276	95.6	88.2
浙　江　Zhejiang	55.3	10018	1128.3	308207	24479	95.8	92.6
安　徽　Anhui	50.1	4783	611.9	167779	20364	97.7	94.9
福　建　Fujian	23.5	1657	416.0	120177	18177	93.6	92.3
江　西　Jiangxi	3.8	833	289.8	95462		95.8	94.9
山　东　Shandong	13.3	704	1223.1	332217	122581	97.4	97.2
河　南　Henan	2.5	53	793.8	194955	54896	97.3	97.3
湖　北　Hubei	27.7	5539	691.0	227457	28659	95.4	93.1
湖　南　Hunan	31.9	6130	637.7	200159	11991	96.0	93.1
广　东　Guangdong	27.4	1856	2297.7	716216	186902	94.8	94.6
广　西　Guangxi	409.1	18912	773.3	126992	17	95.0	80.9
海　南　Hainan			102.1	28013	2538	89.2	89.2
重　庆　Chongqing	1.0	238	367.1	119650	1156	95.2	95.0
四　川　Sichuan	31.3	5734	708.8	209770	9511	93.6	91.0
贵　州　Guizhou			253.6	69499	2359	97.1	97.1
云　南　Yunnan	8.8	1244	252.8	87146	1400	95.9	94.5
西　藏　Tibet			28.1	7844		90.1	90.1
陕　西　Shaanxi			390.3	111369	5993	93.2	93.2
甘　肃　Gansu	0.2	26	153.3	39880	3608	96.4	96.3
青　海　Qinghai		1127	47.8	16038	1884	87.7	81.5
宁　夏　Ningxia			100.0	26179	3119	95.5	95.5
新　疆　Xinjiang	1.5	73	240.2	60477	7867	95.5	95.4

11-7 各地区城市市容环境卫生情况（2018年）
Urban Environmental Sanitation by Region (2018)

地 区	Region	道路清扫保洁面积（万平方米）Area under Cleaning Program (10 000 sq.m)	生活垃圾清运量（万吨）Volume of Garbage Disposal (10 000 tons)	无害化处理厂（座）Number of Harmless Treatment Plants/Grounds (unit)	卫生填埋 Sanitary Landfill	焚烧 Incineration	其他 Others
全 国	**National Total**	**869329**	**22801.8**	**1091**	**663**	**331**	**97**
北 京	Beijing	14443	975.1	28	13	7	8
天 津	Tianjin	12180	294.8	9	4	5	
河 北	Hebei	34756	755.7	53	39	10	4
山 西	Shanxi	19488	478.9	27	19	6	2
内蒙古	Inner Mongolia	21516	349.3	28	25	3	
辽 宁	Liaoning	44927	872.2	38	32	3	3
吉 林	Jilin	17910	470.6	30	22	6	2
黑龙江	Heilongjiang	25695	524.9	35	28	6	1
上 海	Shanghai	20855	784.7	15	5	9	1
江 苏	Jiangsu	63905	1718.0	72	28	35	9
浙 江	Zhejiang	46411	1474.6	72	22	38	12
安 徽	Anhui	37349	612.0	39	16	18	5
福 建	Fujian	19589	874.9	30	11	14	5
江 西	Jiangxi	21514	448.8	24	17	7	
山 东	Shandong	76721	1700.8	88	34	40	14
河 南	Henan	39207	1019.6	45	37	7	1
湖 北	Hubei	34970	954.2	49	32	11	6
湖 南	Hunan	31280	824.5	37	29	6	2
广 东	Guangdong	112966	3035.4	99	54	37	8
广 西	Guangxi	23202	466.5	27	19	8	
海 南	Hainan	7371	222.4	13	6	5	2
重 庆	Chongqing	19251	549.2	25	18	6	1
四 川	Sichuan	38499	1013.1	48	29	16	3
贵 州	Guizhou	14799	338.5	25	13	10	2
云 南	Yunnan	14102	435.8	30	20	10	
西 藏	Tibet	1739	53.9	6	5	1	
陕 西	Shaanxi	15521	650.2	25	24		1
甘 肃	Gansu	11756	281.2	27	22	4	1
青 海	Qinghai	3085	113.5	8	7		1
宁 夏	Ningxia	8438	117.7	13	9	2	2
新 疆	Xinjiang	15883	390.7	26	24	1	1

11-7 续表 1 continued 1

地 区	Region	无害化处理量 (万吨) Amount of Harmless Treated (10 000 tons)	卫生填埋 Sanitary Landfill	焚烧 Incineration	其他 Others	市容环卫专用 车辆设备(台) City Sanitation Special Vehicles (unit)
全 国	National Total	**22565.4**	**11706.0**	**10184.9**	**674.4**	**252484**
北 京	Beijing	975.1	393.8	399.7	181.6	12638
天 津	Tianjin	278.5	142.0	136.5		5438
河 北	Hebei	754.2	386.1	343.3	24.8	10763
山 西	Shanxi	478.1	345.5	122.6	10.1	5857
内蒙古	Inner Mongolia	348.6	255.5	93.1		5192
辽 宁	Liaoning	868.4	734.3	67.2	67.0	10357
吉 林	Jilin	410.5	270.3	132.2	8.0	7162
黑龙江	Heilongjiang	456.4	349.3	100.5	6.6	8454
上 海	Shanghai	784.7	394.3	386.0	4.4	8579
江 苏	Jiangsu	1718.0	348.9	1328.7	40.5	17757
浙 江	Zhejiang	1474.6	454.8	981.3	38.5	8776
安 徽	Anhui	612.0	179.5	420.3	12.2	7053
福 建	Fujian	873.9	254.3	585.3	34.3	5057
江 西	Jiangxi	448.8	335.0	113.8		4435
山 东	Shandong	1700.8	499.4	1116.4	85.0	18087
河 南	Henan	1016.6	807.7	207.5	1.4	16424
湖 北	Hubei	954.0	501.6	409.3	43.1	11838
湖 南	Hunan	824.1	508.9	311.5	3.7	6779
广 东	Guangdong	3031.6	1739.4	1241.7	50.4	23213
广 西	Guangxi	466.5	313.0	153.5		8087
海 南	Hainan	222.4	80.7	133.7	8.0	7287
重 庆	Chongqing	549.1	292.1	256.9		4113
四 川	Sichuan	1006.0	439.7	558.2	8.0	8833
贵 州	Guizhou	325.3	184.8	130.4	10.0	4993
云 南	Yunnan	427.8	175.2	252.6		4617
西 藏	Tibet	51.8	23.3	28.5		504
陕 西	Shaanxi	644.1	642.8		1.3	5277
甘 肃	Gansu	280.5	159.4	109.0	12.1	5248
青 海	Qinghai	109.0	90.7		18.3	713
宁 夏	Ningxia	116.9	64.4	49.9	2.6	2177
新 疆	Xinjiang	357.2	339.3	15.5	2.5	6776

11-7 续表 2 continued 2

地 区 Region	无 害 化处 理 能 力(吨／日)Harmless Treatment Capacity (ton/day)	卫生填埋 Sanitary Landfill	焚烧 Incineration	其他 Others	生活垃圾无害化处理率(%)Proportion of Harmless Treated Garbage (%)
全 国 National Total	766195	373498	364595	28102	99.0
北 京 Beijing	28591	10991	12050	5550	100.0
天 津 Tianjin	10600	5100	5500		94.5
河 北 Hebei	25342	13942	10650	750	99.8
山 西 Shanxi	13887	10012	3577	298	99.8
内蒙古 Inner Mongolia	12954	9604	3350		99.8
辽 宁 Liaoning	26622	22442	2780	1400	99.6
吉 林 Jilin	15234	9154	5500	580	87.2
黑龙江 Heilongjiang	18831	13888	4600	343	86.9
上 海 Shanghai	29150	15350	13300	500	100.0
江 苏 Jiangsu	60665	14935	44210	1520	100.0
浙 江 Zhejiang	63626	16626	44585	2415	100.0
安 徽 Anhui	24595	8735	15110	750	100.0
福 建 Fujian	24896	6246	16350	2300	99.9
江 西 Jiangxi	17318	12356	4962		100.0
山 东 Shandong	57515	18653	36100	2762	100.0
河 南 Henan	25265	17865	7350	50	99.7
湖 北 Hubei	31397	14847	12350	4200	100.0
湖 南 Hunan	26647	16222	10300	125	100.0
广 东 Guangdong	107304	51668	53872	1764	99.9
广 西 Guangxi	15896	9796	6100		100.0
海 南 Hainan	6438	2230	3908	300	100.0
重 庆 Chongqing	17697	7047	10500	150	100.0
四 川 Sichuan	25441	9731	14810	900	99.3
贵 州 Guizhou	15821	7656	7750	415	96.1
云 南 Yunnan	12409	4479	7930		98.2
西 藏 Tibet	1501	801	700		96.0
陕 西 Shaanxi	19388	19288		100	99.1
甘 肃 Gansu	10244	6294	3600	350	99.8
青 海 Qinghai	1779	1659		120	96.0
宁 夏 Ningxia	4830	2670	2000	160	99.3
新 疆 Xinjiang	14312	13212	800	300	91.4

11-7 续表 3 continued 3

地 区 Region	公厕数 （座） Number of Public Lavatories （unit）	#三类以上 Better than Grade Ⅲ	每 万 人 拥有公厕 （座） Number of Public Lavatories per 10 000 Population （unit）
全 国 National Total	147466	117986	2.88
北 京 Beijing	5270	5250	2.83
天 津 Tianjin	1384	926	1.07
河 北 Hebei	6044	3996	3.18
山 西 Shanxi	2459	1805	2.12
内蒙古 Inner Mongolia	7612	4471	8.15
辽 宁 Liaoning	4138	2325	1.80
吉 林 Jilin	3828	2617	3.14
黑龙江 Heilongjiang	5788	2310	4.08
上 海 Shanghai	6061	3456	2.50
江 苏 Jiangsu	13965	12929	4.13
浙 江 Zhejiang	8075	6520	3.17
安 徽 Anhui	3826	3236	2.38
福 建 Fujian	4824	3407	3.68
江 西 Jiangxi	2581	2149	2.15
山 东 Shandong	7086	6673	1.92
河 南 Henan	9851	9405	3.92
湖 北 Hubei	5596	4933	2.45
湖 南 Hunan	4331	2739	2.50
广 东 Guangdong	10812	10304	1.87
广 西 Guangxi	1645	1464	1.40
海 南 Hainan	986	766	2.69
重 庆 Chongqing	4242	3045	2.81
四 川 Sichuan	6116	4974	2.36
贵 州 Guizhou	2240	2154	2.86
云 南 Yunnan	6158	5858	6.40
西 藏 Tibet	436	61	3.94
陕 西 Shaanxi	6323	6078	5.28
甘 肃 Gansu	1999	1706	3.10
青 海 Qinghai	712	163	3.69
宁 夏 Ningxia	786	736	2.65
新 疆 Xinjiang	2292	1530	3.03

11-8 各地区城市燃气情况(2018年)
Supply of Gas in Cities by Region (2018)

地 区	Region	人工煤气 Coal Gas				
		生产能力 （万立方米/日） Production Capacity (10 000 cu.m/day)	管道长度 （公里） Length of Pipeline (km)	供气总量 （万立方米） Total Gas Supply (10 000 cu.m)	#家庭用量 Domestic Consumption	用气人口 （万人） Population Covered (10 000 persons)
全 国	**National Total**	**1333.6**	**13124.0**	**297893**	**78957**	**778.79**
北 京	Beijing					
天 津	Tianjin					
河 北	Hebei	11.8	1481.1	55238	5383	50.60
山 西	Shanxi	130.0	1509.7	54027	15372	66.25
内蒙古	Inner Mongolia		496.0	4446	2346	27.35
辽 宁	Liaoning	213.2	5259.8	44139	29645	399.27
吉 林	Jilin		345.0	3426	2600	40.00
黑龙江	Heilongjiang		317.3	3501	2193	30.80
上 海	Shanghai					
江 苏	Jiangsu					
浙 江	Zhejiang	1.5	111.7	426	395	4.30
安 徽	Anhui					
福 建	Fujian	10.0	156.0	1712	1260	9.03
江 西	Jiangxi	12.0	455.2	15040	1309	10.80
山 东	Shandong	340.0	10.0	48302		
河 南	Henan	224.5	241.6	33624	24	0.21
湖 北	Hubei					
湖 南	Hunan					
广 东	Guangdong		651.5	6140	1966	2.84
广 西	Guangxi		497.5	3588	2590	34.37
海 南	Hainan					
重 庆	Chongqing					
四 川	Sichuan		692.7	17230	7294	59.66
贵 州	Guizhou					
云 南	Yunnan		453.9	2910	2781	20.42
西 藏	Tibet					
陕 西	Shaanxi			4	1	0.20
甘 肃	Gansu	345.6	384.6	2383	2041	16.00
青 海	Qinghai					
宁 夏	Ningxia					
新 疆	Xinjiang	45.0	60.5	1757	1756	6.69

11-8 续表 1 continued 1

地 区	Region	天然气 Natural Gas			
		管道长度 （公里） Length of Pipeline (km)	供气总量 （万立方米） Total Gas Supply (10 000 cu.m)	#家庭用量 Domestic Consumption	用气人口 （万人） Population Covered (10 000 persons)
全 国	**National Total**	**698042.7**	**14439538**	**3135097**	**36902.1**
北 京	Beijing	28241.3	1915978	141076	1434.8
天 津	Tianjin	27953.2	501030	61050	1242.1
河 北	Hebei	27401.9	511224	149846	1598.2
山 西	Shanxi	22114.7	380672	77956	1018.1
内蒙古	Inner Mongolia	9837.1	206893	70433	656.9
辽 宁	Liaoning	27088.0	320901	66369	1487.1
吉 林	Jilin	10979.2	174481	35488	820.6
黑龙江	Heilongjiang	10307.8	158565	37325	928.2
上 海	Shanghai	31233.4	892863	161292	1804.5
江 苏	Jiangsu	81809.1	1238706	244109	2918.0
浙 江	Zhejiang	43453.5	625647	86350	1591.4
安 徽	Anhui	25665.4	342510	106238	1421.7
福 建	Fujian	11045.7	242393	18192	631.2
江 西	Jiangxi	14483.0	145718	44054	763.2
山 东	Shandong	60745.2	981325	212263	3203.0
河 南	Henan	24719.1	543823	157917	1977.1
湖 北	Hubei	35151.4	482853	126851	1737.3
湖 南	Hunan	20466.0	259348	100526	1108.6
广 东	Guangdong	35676.3	1330152	189044	2588.8
广 西	Guangxi	6384.1	73588	30461	545.4
海 南	Hainan	3764.1	29818	11483	256.4
重 庆	Chongqing	22931.2	492502	203411	1390.6
四 川	Sichuan	53888.7	847233	341841	2254.8
贵 州	Guizhou	6882.2	82932	23074	368.5
云 南	Yunnan	6992.0	37632	13452	473.9
西 藏	Tibet	3458.6	3206	1187	30.8
陕 西	Shaanxi	18835.4	473502	175069	1082.2
甘 肃	Gansu	3597.2	235059	41449	476.3
青 海	Qinghai	2313.1	157322	34370	161.4
宁 夏	Ningxia	6414.1	222697	44009	241.0
新 疆	Xinjiang	14211.1	528964	128911	690.3

11-8　续表 2　continued 2

地　区	Region	液化石油气　Liquefied Petroleum Gas				燃气普及率 (%)
		管道长度 (公里) Length of Pipeline (km)	供气总量 (吨) Total Gas Supply (ton)	#家庭用量 Domestic Consumption	用气人口 (万人) Population Covered (10 000 persons)	Gas Access Rate (%)
全　国	**National Total**	**4841.4**	**10153298**	**5447936**	**11782.5**	**96.7**
北　京	Beijing	230.5	480641	140480	428.6	100.0
天　津	Tianjin		57326	38990	54.7	100.0
河　北	Hebei	215.9	156663	85410	240.2	99.3
山　西	Shanxi	151.0	74579	58149	54.6	98.3
内蒙古	Inner Mongolia	116.1	53681	43031	200.9	94.8
辽　宁	Liaoning	356.2	683963	180953	355.7	97.5
吉　林	Jilin	62.8	157114	59795	273.6	93.0
黑龙江	Heilongjiang	19.2	198967	85576	309.3	89.5
上　海	Shanghai	263.2	313578	174862	619.3	100.0
江　苏	Jiangsu	200.6	575121	344335	457.1	99.8
浙　江	Zhejiang	790.6	730574	502913	949.8	100.0
安　徽	Anhui	136.9	156494	96224	164.0	98.6
福　建	Fujian	183.2	320141	176062	648.4	98.3
江　西	Jiangxi	93.3	202716	160136	395.7	97.4
山　东	Shandong	157.8	316551	208580	462.5	99.2
河　南	Henan	14.2	213694	174614	445.8	96.3
湖　北	Hubei	138.2	324048	162100	492.6	97.6
湖　南	Hunan	26.6	241126	206961	511.7	93.6
广　东	Guangdong	1002.6	3789653	1832639	2986.1	96.7
广　西	Guangxi	2.1	306242	234011	575.6	98.2
海　南	Hainan	1.9	87221	74617	98.1	96.7
重　庆	Chongqing		64503	39218	77.7	97.4
四　川	Sichuan	394.4	192033	93654	117.6	93.7
贵　州	Guizhou	92.3	113379	89495	314.4	87.2
云　南	Yunnan	75.4	149198	59639	250.0	77.3
西　藏	Tibet	1.8	6475	5196	30.1	55.0
陕　西	Shaanxi	2.7	52737	27102	69.9	96.2
甘　肃	Gansu	110.0	41432	25366	94.7	90.9
青　海	Qinghai		8528	5514	21.3	94.7
宁　夏	Ningxia	0.7	7619	6566	37.2	93.8
新　疆	Xinjiang	1.4	77302	55749	45.5	98.0

11-9 各地区城市集中供热情况(2018年)
Central Heating in Cities by Region (2018)

地 区	Region	供热能力 Heating Capacity		供热总量 Total Heating Supply	
		蒸 汽 (吨／小时) Steam (ton/hour)	热 水 (兆瓦) Hot Water (megawatts)	蒸 汽 (万吉焦) Steam (10 000 gigajoules)	热 水 (万吉焦) Hot Water (10 000 gigajoules)
全 国	National Total	92322	578244	57731	323665
北 京	Beijing		87982		20350
天 津	Tianjin	2445	29256	908	16517
河 北	Hebei	5142	46799	6594	27624
山 西	Shanxi	4434	32941	3395	18062
内蒙古	Inner Mongolia	1824	46267	1371	30048
辽 宁	Liaoning	18456	69692	12536	49605
吉 林	Jilin	2110	45107	1545	26376
黑龙江	Heilongjiang	4550	52234	2261	40921
上 海	Shanghai				
江 苏	Jiangsu				
浙 江	Zhejiang				
安 徽	Anhui	2422	370	1191	120
福 建	Fujian				
江 西	Jiangxi				
山 东	Shandong	26500	58438	15584	34084
河 南	Henan	6903	21298	4082	10874
湖 北	Hubei	1204	100	693	3
湖 南	Hunan				
广 东	Guangdong				
广 西	Guangxi				
海 南	Hainan				
重 庆	Chongqing				
四 川	Sichuan				
贵 州	Guizhou		216		121
云 南	Yunnan		225		112
西 藏	Tibet		64		48
陕 西	Shaanxi	9174	21039	2868	9958
甘 肃	Gansu	1000	16562	738	10363
青 海	Qinghai		4739		5275
宁 夏	Ningxia	2925	7363	1605	5357
新 疆	Xinjiang	3233	37551	2359	17848

11-9 续表 continued

地 区 Region	管道长度(公里) Length of Pipelines (km)	供热面积 (万平方米) Heated Area (10 000 sq.m)	#住 宅 Housing
全 国 National Total	371120	878050	640320
北 京 Beijing	60549	62932	43460
天 津 Tianjin	29272	49452	37794
河 北 Hebei	33956	83185	65383
山 西 Shanxi	18179	55161	30660
内蒙古 Inner Mongolia	14428	58293	36638
辽 宁 Liaoning	55118	126747	91802
吉 林 Jilin	27748	62633	43883
黑龙江 Heilongjiang	19992	76652	54257
上 海 Shanghai			
江 苏 Jiangsu			
浙 江 Zhejiang			
安 徽 Anhui	704	2673	1104
福 建 Fujian			
江 西 Jiangxi			
山 东 Shandong	68273	133997	110812
河 南 Henan	11076	43421	35751
湖 北 Hubei	299	1471	963
湖 南 Hunan			
广 东 Guangdong			
广 西 Guangxi			
海 南 Hainan			
重 庆 Chongqing			
四 川 Sichuan			
贵 州 Guizhou	25	211	135
云 南 Yunnan	435	300	165
西 藏 Tibet	30	150	50
陕 西 Shaanxi	3288	35227	29242
甘 肃 Gansu	5924	23460	15692
青 海 Qinghai	1968	7924	5602
宁 夏 Ningxia	6283	14683	10293
新 疆 Xinjiang	13575	39478	26635

11-10 各地区城市园林绿化情况(2018年)
Area of Parks & Green Land in Cities by Region (2018)

单位: 公顷 (hectare)

地 区	Region	绿化覆盖面积 Green Covered Area	#建成区 Completed Area	绿 地 面 积 Area of Green Land	#建成区 Completed Area	公园绿地面积 Park Green Land
全 国	**National Total**	**3494594**	**2419918**	**3047108**	**2197122**	**723740**
北 京	Beijing	90635	90635	85286	85286	32619
天 津	Tianjin	51432	40987	46498	37314	12158
河 北	Hebei	104964	89907	91424	82122	27075
山 西	Shanxi	56871	48719	48235	43603	14223
内蒙古	Inner Mongolia	72393	51563	67203	47365	17300
辽 宁	Liaoning	196690	106585	122259	98965	27686
吉 林	Jilin	79563	57921	69260	51492	16393
黑龙江	Heilongjiang	78421	65776	70669	59914	17495
上 海	Shanghai	151444	44856	139427	42687	20578
江 苏	Jiangsu	328556	196610	293765	181118	49580
浙 江	Zhejiang	186930	120239	167370	108530	34958
安 徽	Anhui	121802	89665	107515	81923	23606
福 建	Fujian	79556	70326	72103	64343	19173
江 西	Jiangxi	75471	71001	69708	66395	17620
山 东	Shandong	279143	215930	243368	195772	65179
河 南	Henan	121864	111943	107112	98987	31934
湖 北	Hubei	107963	96301	93148	85623	26201
湖 南	Hunan	84158	75611	72435	67317	19020
广 东	Guangdong	551956	265760	485418	238080	105810
广 西	Guangxi	101637	58922	92058	51329	15365
海 南	Hainan	19026	15419	17371	13890	3750
重 庆	Chongqing	71553	60410	64778	56287	25844
四 川	Sichuan	129331	120929	113537	107611	33668
贵 州	Guizhou	69684	40699	51561	37830	12137
云 南	Yunnan	52253	46299	46426	41314	11414
西 藏	Tibet	6386	6113	6020	5733	963
陕 西	Shaanxi	82703	52553	71285	47635	14087
甘 肃	Gansu	30930	29861	27222	26443	8816
青 海	Qinghai	6979	6864	6677	6438	2210
宁 夏	Ningxia	26142	19535	25115	18509	6041
新 疆	Xinjiang	78159	51978	72853	47267	10839

注: 公园绿地面积包括综合公园、社区公园、专类公园、带状公园和街旁绿地。
Note: Area of park green areas includes comprehensive park, community park, topic park, belt-shaped park and green area nearby street.

11-10 续表 continued

地 区	Region	人均公园绿地面积（平方米）Park Green Land per Capita (sq.m)	建成区绿化覆盖率 (%) Green Covered Area as % of Completed Area (%)	建成区绿地率 (%) Parks & Green Land as % of Completed Area (%)	公园个数 （个）Number of Parks (unit)	公园面积 （公顷）Area of Parks (hectare)
全 国	National Total	14.1	41.1	37.3	16735	494228
北 京	Beijing	16.3	48.4	46.2	311	32619
天 津	Tianjin	9.4	38.0	34.6	131	2817
河 北	Hebei	14.2	41.6	38.0	751	21113
山 西	Shanxi	12.3	41.3	36.9	316	11143
内蒙古	Inner Mongolia	18.5	40.6	37.3	305	15115
辽 宁	Liaoning	12.0	39.9	37.1	454	16967
吉 林	Jilin	13.4	37.6	33.5	344	13298
黑龙江	Heilongjiang	12.3	36.0	32.8	384	12480
上 海	Shanghai	8.5	36.2	34.5	250	2565
江 苏	Jiangsu	14.7	43.1	39.7	1133	30546
浙 江	Zhejiang	13.7	41.2	37.2	1340	20432
安 徽	Anhui	14.7	42.5	38.8	475	15893
福 建	Fujian	14.6	44.3	40.5	675	15379
江 西	Jiangxi	14.7	45.9	42.9	519	11511
山 东	Shandong	17.6	41.8	37.9	1214	40554
河 南	Henan	12.7	40.0	35.4	443	15787
湖 北	Hubei	11.5	38.4	34.1	449	14785
湖 南	Hunan	11.0	41.2	36.6	368	13344
广 东	Guangdong	18.3	44.0	39.4	3414	82505
广 西	Guangxi	13.1	39.9	34.8	294	11716
海 南	Hainan	10.2	40.6	36.6	97	2665
重 庆	Chongqing	17.1	40.4	37.6	428	14818
四 川	Sichuan	13.0	40.5	36.1	629	18238
贵 州	Guizhou	15.5	38.6	35.9	192	11575
云 南	Yunnan	11.9	39.8	35.5	823	9364
西 藏	Tibet	8.7	37.3	35.0	105	808
陕 西	Shaanxi	11.8	38.8	35.1	284	8464
甘 肃	Gansu	13.7	33.5	29.7	172	5472
青 海	Qinghai	11.5	33.9	31.8	48	11923
宁 夏	Ningxia	20.4	40.5	38.4	96	3313
新 疆	Xinjiang	14.3	39.6	36.0	291	7021

11-11　各地区城市公共交通情况(2018年)
Urban Public Transportation by Region (2018)

地 区　Region	公共汽电车 Bus and Trolley Bus			轨道交通 Subways, Light Rail, Streetcar		
	运营车数 (辆) Number of Bus in Operation (unit)	运营线路 总 长 度 (公里) Length of Lines in Operation (km)	客运总量 (万人次) Total Passenger Traffic (10 000 person-times)	配属车辆数 (辆) Number of Attached Vehicles (unit)	运营里程 (公里) Length in Operation (km)	客运总量 (万人次) Total Passenger Traffic (10 000 person-times)
全　国　**National Total**	**568516**	**876650**	**6356469**	**34012**	**5295**	**2127659**
北　京　Beijing	24076	19245	318976	5682	637	384842
天　津　Tianjin	13813	23920	109725	1130	227	40834
河　北　Hebei	24012	40819	175242	198	28	8760
山　西　Shanxi	10285	19364	128046			
内蒙古　Inner Mongolia	7992	16224	99378			
辽　宁　Liaoning	22231	28122	370355	1012	240	52642
吉　林　Jilin	12004	17188	153623	842	118	14200
黑龙江　Heilongjiang	16998	24198	228620	150	22	8269
上　海　Shanghai	17476	24504	206233	5302	705	370592
江　苏　Jiangsu	44186	79773	442019	2926	634	155924
浙　江　Zhejiang	36451	82863	345909	1176	189	65422
安　徽　Anhui	16675	18784	162782	324	53	15324
福　建　Fujian	17871	25985	195680	408	54	10252
江　西　Jiangxi	10175	20967	105037	294	49	14176
山　东　Shandong	49745	105166	350269	529	178	15388
河　南　Henan	27374	23395	241714	576	94	29341
湖　北　Hubei	21115	22549	306967	2068	300	103710
湖　南　Hunan	22026	21683	228450	348	69	25030
广　东　Guangdong	63882	110606	609703	5234	830	495175
广　西　Guangxi	10852	16555	101027	306	53	21361
海　南　Hainan	4197	7302	29403			
重　庆　Chongqing	12251	16394	235762	1806	313	85787
四　川　Sichuan	28910	34213	354906	1889	240	115756
贵　州　Guizhou	7178	11767	147304	186	34	744
云　南　Yunnan	11372	20532	142703	492	89	19958
西　藏　Tibet	708	1848	9615			
陕　西　Shaanxi	13567	12370	223316	1050	123	73930
甘　肃　Gansu	6519	9914	126406			
青　海　Qinghai	2375	3261	36807			
宁　夏　Ningxia	3393	5870	32154			
新　疆　Xinjiang	8807	11269	138341	84	17	244

资料来源：交通运输部。
Source: Ministry of Transport.

11-11 续表 continued

地 区	Region	出租汽车 Taxi		客运轮渡 Ferry	
		运营车数 (辆) Number of Taxi in Operation (unit)	客运总量 (万人次) Total Passenger Traffic (10 000 person-times)	运营船数 (艘) Number of Ferry in Operation (unit)	客运总量 (万人次) Total Passenger Traffic (10 000 person-times)
全 国	**National Total**	**1097237**	**2733570**	**246**	**7976**
北 京	Beijing	70035	34021		
天 津	Tianjin	31940	36860		
河 北	Hebei	54003	102604		
山 西	Shanxi	30487	78111		
内蒙古	Inner Mongolia	39044	94477		
辽 宁	Liaoning	81650	230415		
吉 林	Jilin	56351	150301		
黑龙江	Heilongjiang	63508	212778	32	248
上 海	Shanghai	41881	63760	41	1106
江 苏	Jiangsu	52559	104923	15	570
浙 江	Zhejiang	39036	90070	5	197
安 徽	Anhui	38911	120457		
福 建	Fujian	20191	52837	29	3026
江 西	Jiangxi	13545	46032		
山 东	Shandong	61722	110731	3	19
河 南	Henan	47517	105309		
湖 北	Hubei	37072	114830	42	880
湖 南	Hunan	26014	112229	6	75
广 东	Guangdong	64782	142342	62	1708
广 西	Guangxi	16402	28469		
海 南	Hainan	6994	15511		
重 庆	Chongqing	21993	98038	11	148
四 川	Sichuan	34552	133871		
贵 州	Guizhou	20265	86652		
云 南	Yunnan	19572	51804		
西 藏	Tibet	2365	10706		
陕 西	Shaanxi	25543	91722		
甘 肃	Gansu	24586	61377		
青 海	Qinghai	8637	25185		
宁 夏	Ningxia	12581	30054		
新 疆	Xinjiang	33499	97094		

11-12　环保重点城市道路交通噪声监测情况(2018年)
Monitoring of Urban Road Traffic Noise in Key Cities of Environmental Protection (2018)

城　市　City	路段总长度 (米) Total Length of Roads (m)	超标路段 (米) Roads with Excess Noise (m)	路段超标率 (%) Percentage of Roads with Excess Noise (%)	路段平均路宽 (米) Average Width of Roads (m)	平均车流量 (辆/小时) Average Traffic Volume (car/hour)	等效声级 dB(A) Average Noise Value dB(A)
北　京　Beijing	962668	350795	36.4	33	5313	69.0
天　津　Tianjin	499587	124125	24.8	29	951	67.3
石 家 庄　Shijiazhuang	399247	112651	28.2	19	1446	67.2
唐　山　Tangshan	111745	41635	37.3	39	2421	69.2
秦 皇 岛　Qinhuangdao	100281	10454	10.4	37	1101	64.1
邯　郸　Handan	135738	17717	13.1	28	2952	67.1
保　定　Baoding	202378	70166	34.7	43	924	69.1
太　原　Taiyuan	126061	61359	44.6	42	948	69.7
大　同　Datong	57450	18090	29.1	34	1119	68.2
阳　泉　Yangquan	51300	430	0.8	16	498	66.6
长　治　Changzhi	57608	1914	3.1	30	1002	66.6
临　汾　Linfen	54125	1000	1.8	28	849	64.4
呼和浩特　Hohhot	213988	63058	26.3	34	1248	68.7
包　头　Baotou	150137	7924	5.0	26	897	63.9
赤　峰　Chifeng	78376	20407	25.3	25	591	67.4
沈　阳　Shenyang	144000	67900	47.2	40	2016	69.8
大　连　Dalian	427451	159855	37.4	25	864	67.9
鞍　山　Anshan	180905	73196	40.5	22	1383	69.7
抚　顺　Fushun	146369	72466	49.5	22	792	69.6
本　溪　Benxi	67715	25490	37.6	19	204	68.7
锦　州　Jinzhou	135844	32984	24.3	19	852	68.8
长　春　Changchun	279749	103968	37.2	29	4590	69.6
吉　林　Jilin	151714	59302	39.1	37	1425	69.6
哈 尔 滨　Harbin	120200	107700	89.6	17	4248	73.9
齐齐哈尔　Qiqihar	77291	23818	30.6	42	654	68.2
牡 丹 江　Mudanjiang	84129	32273	38.4	21	2073	68.3
上　海　Shanghai	204821	92216	45.0	32	681	69.3
南　京　Nanjing	275011	31299	11.2	30	930	67.5
无　锡　Wuxi	145640	19700	13.5	26	1875	65.3
徐　州　Xuzhou	226690	91060	40.2	31	840	69.2
常　州　Changzhou	425500	94650	22.2	38	1020	66.9
苏　州　Suzhou	485502	81231	16.3	32	849	67.1
南　通　Nantong	210140	49400	23.5	41	690	67.6
连 云 港　Lianyungang	104120			58	2313	65.5
扬　州　Yangzhou	132380	550	0.4	50	1101	69.0
镇　江　Zhenjiang	324478	2883	0.9	33	678	66.7
杭　州　Hangzhou	693650	150410	21.2	36	807	67.8
宁　波　Ningbo	115078	39437	33.3	29	2055	68.6

资料来源：生态环境部(以下各表同)。
Source: Ministry of Ecology and Environment (the same as in the following tables).

11-12 续表 1 continued 1

城 市	City	路段总长度 (米) Total Length of Roads (m)	超标路段 (米) Roads with Excess Noise (m)	路段超标率 (%) Percentage of Roads with Excess Noise (%)	路段平均路宽 (米) Average Width of Roads (m)	平均车流量 (辆/小时) Average Traffic Volume (car/hour)	等效声级 dB(A) Average Noise Value dB(A)
温 州	Wenzhou	245090	65270	26.6	34	870	66.8
湖 州	Huzhou	207586	38890	18.7	30	831	68.0
绍 兴	Shaoxing	212500	63280	29.8	40	2256	68.7
合 肥	Hefei	591699	217120	36.7	35	1674	69.0
芜 湖	Wuhu	260541	33824	13.0	43	555	66.0
马 鞍 山	Maanshan	98530	31170	31.6	44	528	67.1
福 州	Fuzhou	335320	113650	33.9	27	945	69.3
厦 门	Xiamen	308514	22345	7.2	44	1155	66.4
泉 州	Quanzhou	516129	186998	36.2	34	1131	69.4
南 昌	Nanchang	252118	63165	25.1	38	1011	67.1
九 江	Jiujiang	96785	17730	18.3	32	1668	67.9
济 南	Jinan	172722	74925	43.2	53	1029	69.7
青 岛	Qingdao	516268	118737	23.0	29	1329	68.0
淄 博	Zibo	165628	32790	19.8	27	2028	67.7
枣 庄	Zaozhuang	23300			22	741	66.9
烟 台	Yantai	143110	31670	22.1	28	1017	67.2
潍 坊	Weifang	172350	24370	14.1	45	1137	67.7
济 宁	Jinin	54170			33	1170	67.9
泰 安	Taian	268914	59848	22.3	25	651	66.8
日 照	Rizhao	186200	6400	3.4	33	1527	61.4
郑 州	Zhengzhou	131325	35614	27.1	42	2952	68.0
开 封	Kaifeng	71750	18240	24.8	37	2043	68.7
洛 阳	Luoyang	160120	1720	1.1	41	4323	66.5
平 顶 山	Pingdingshan	45965	6560	14.3	35	3939	66.6
安 阳	Anyang	69134	18439	26.7	53	2316	68.0
焦 作	Jiaozuo	181005	11725	6.5	50	1701	65.6
三 门 峡	Sanmenxia	45690	11400	25.0	20	1713	67.7
武 汉	Wuhan	390656	184112	46.4	26	1176	70.1
宜 昌	Yichang	281158	106920	38.0	24	618	68.9
荆 州	Jingzhou	59320	21845	36.8	36	660	69.5
长 沙	Changsha	355660	185310	52.1	36	1377	69.9
株 洲	Zhuzhou	81063	1980	2.4	32	1155	64.8
湘 潭	Xiangtan	133050	14000	10.5	25	603	66.4
岳 阳	Yueyang	75192	36994	49.2	19	930	70.0
常 德	Changde	89590	21590	24.1	24	600	68.3
张 家 界	Zhangjiajie	62800	28900	46.0	30	621	69.8
广 州	Guangzhou	1018816	352443	34.4	28	1206	68.9
韶 关	Shaoguan	73500	10650	14.5	20	2778	67.3

11-12　续表 2　continued 2

城　市　City	路段总长度 (米) Total Length of Roads (m)	超标路段 (米) Roads with Excess Noise (m)	路段超标率 (%) Percentage of Roads with Excess Noise (%)	路段平均路宽 (米) Average Width of Roads (m)	平均车流量 (辆/小时) Average Traffic Volume (car/hour)	等效声级 dB(A) Average Noise Value dB(A)
深　圳　Shenzhen	400506	146627	36.6	51	1938	69.0
珠　海　Zhuhai	228720	29220	12.8	24	1269	67.8
汕　头　Shantou	282829	134760	45.9	39	1449	70.2
湛　江　Zhanjiang	186500	40800	21.9	40	1101	65.7
南　宁　Nanning	159709	33705	21.1	53	1059	68.2
柳　州　Liuzhou	211819	41790	19.7	29	1389	68.0
桂　林　Guilin	118265	26280	22.2	44	780	68.1
北　海　Beihai	49220	4350	8.8	53	561	65.6
海　口　Haikou	145350	43890	30.2	39	1719	69.1
重　庆　Chongqing	533890	74490	14.0	24	3648	67.1
成　都　Chengdu	214840	87747	40.8	41	2502	69.7
自　贡　Zigong	71360	49872	69.9	18	750	71.3
攀枝花　Panzhihua	143900	59400	41.3	14	744	69.7
泸　州　Luzhou	25350	13070	51.6	36	1458	70.6
德　阳　Deyang	33300			38	1041	66.2
绵　阳　Mianyang	83403	35806	42.9	27	1122	70.3
南　充　Nanchong	57100	4300	7.5	39	933	67.0
宜　宾　Yibin	120451	18628	15.5	26	861	67.5
贵　阳　Guiyang	285230	138422	48.5	44	1434	69.3
遵　义　Zunyi	124971	54345	43.5	24		69.7
昆　明　Kunming	289654	12684	4.3	35	1257	67.1
曲　靖　Qujing	109590			41	672	64.2
玉　溪　Yuxi	44689			30	462	64.0
拉　萨　Lhasa	52950	2700	5.1	20	798	67.0
西　安　Xi'an	202097	102942	50.9	38	4002	69.8
铜　川　Tongchuan	83905	22520	26.8	23	504	68.1
宝　鸡　Baoji	88926	36129	40.6	16	606	68.7
咸　阳　Xianyang	109600	17000	15.5	27	1896	67.6
渭　南　Weinan	48200			18	336	66.2
延　安　Yan'an	7700			30	2703	66.0
兰　州　Lanzhou	123326	13166	10.7	23	3252	68.5
金　昌　Jinchang	39589	450	1.1	40	477	64.0
西　宁　Xining	85680	18830	22.0	17	783	68.2
银　川　Yinchuan	198800	33670	16.9	37	1017	66.8
石嘴山　Shizuishan	52400	900	1.7	23	393	64.3
乌鲁木齐　Urumqi	378406	98175	25.9	27	1314	67.7
克拉玛依　Karamay	131000	9500	7.3	22	366	64.8

11-13 环保重点城市区域环境噪声监测情况(2018年)

Monitoring of Urban Area Environmental Noise in Key Cities of Environmental Protection (2018)

城 市	City	等效声级 dB(A) Average Noise Value dB(A)	城 市	City	等效声级 dB(A) Average Noise Value dB(A)	城 市	City	等效声级 dB(A) Average Noise Value dB(A)
北 京	Beijing	53.7	温 州	Wenzhou	54.9	深 圳	Shenzhen	57.2
天 津	Tianjin	54.3	湖 州	Huzhou	52.0	珠 海	Zhuhai	56.0
石 家 庄	Shijiazhuang	56.0	绍 兴	Shaoxing	52.3	汕 头	Shantou	57.1
唐 山	Tangshan	51.7	合 肥	Hefei	55.4	湛 江	Zhanjiang	55.4
秦 皇 岛	Qinhuangdao	51.5	芜 湖	Wuhu	54.9	南 宁	Nanning	56.6
邯 郸	Handan	54.3	马 鞍 山	Maanshan	57.0	柳 州	Liuzhou	55.3
保 定	Baoding	60.4	福 州	Fuzhou	57.6	桂 林	Guilin	53.8
太 原	Taiyuan	55.7	厦 门	Xiamen	55.3	北 海	Beihai	52.2
大 同	Datong	51.3	泉 州	Quanzhou	56.5	海 口	Haikou	56.1
阳 泉	Yangquan	55.4	南 昌	Nanchang	54.4	重 庆	Chongqing	53.2
长 治	Changzhi	53.2	九 江	Jiujiang	53.3	成 都	Chengdu	55.3
临 汾	Linfen	50.9	济 南	Jinan	53.3	自 贡	Zigong	59.3
呼 和 浩 特	Hohhot	54.4	青 岛	Qingdao	56.9	攀 枝 花	Panzhihua	51.5
包 头	Baotou	54.4	淄 博	Zibo	55.2	泸 州	Luzhou	52.8
赤 峰	Chifeng	55.5	枣 庄	Zaozhuang	54.7	德 阳	Deyang	52.5
沈 阳	Shenyang	54.7	烟 台	Yantai	54.6	绵 阳	Mianyang	56.8
大 连	Dalian	54.6	潍 坊	Weifang	55.5	南 充	Nanchong	51.2
鞍 山	Anshan	54.7	济 宁	Jinin	50.7	宜 宾	Yibin	54.8
抚 顺	Fushun	52.4	泰 安	Taian	55.0	贵 阳	Guiyang	58.2
本 溪	Benxi	54.8	日 照	Rizhao	49.5	遵 义	Zunyi	55.5
锦 州	Jinzhou	53.5	郑 州	Zhengzhou	55.6	昆 明	Kunming	54.4
长 春	Changchun	55.8	开 封	Kaifeng	52.3	曲 靖	Qujing	51.4
吉 林	Jilin	53.3	洛 阳	Luoyang	53.1	玉 溪	Yuxi	53.9
哈 尔 滨	Harbin	59.5	平 顶 山	Pingdingshan	54.9	拉 萨	Lhasa	49.1
齐 齐 哈 尔	Qiqihar	52.5	安 阳	Anyang	54.3	西 安	Xi'an	56.1
牡 丹 江	Mudanjiang	54.6	焦 作	Jiaozuo	54.6	铜 川	Tongchuan	55.1
上 海	Shanghai	54.6	三 门 峡	Sanmenxia	54.0	宝 鸡	Baoji	57.2
南 京	Nanjing	54.1	武 汉	Wuhan	56.4	咸 阳	Xianyang	58.6
无 锡	Wuxi	56.7	宜 昌	Yichang	52.0	渭 南	Weinan	56.6
徐 州	Xuzhou	55.8	荆 州	Jingzhou	55.7	延 安	Yan'an	57.2
常 州	Changzhou	55.6	长 沙	Changsha	53.9	兰 州	Lanzhou	54.7
苏 州	Suzhou	54.3	株 洲	Zhuzhou	55.3	金 昌	Jinchang	51.8
南 通	Nantong	56.2	湘 潭	Xiangtan	53.8	西 宁	Xining	52.1
连 云 港	Lianyungang	53.2	岳 阳	Yueyang	53.1	银 川	Yinchuan	53.0
扬 州	Yangzhou	54.1	常 德	Changde	55.9	石 嘴 山	Shizuishan	49.6
镇 江	Zhenjiang	54.1	张 家 界	Zhangjiajie	52.3	乌 鲁 木 齐	Urumqi	54.7
杭 州	Hangzhou	56.8	广 州	Guangzhou	55.5	克 拉 玛 依	Karamay	53.7
宁 波	Ningbo	56.1	韶 关	Shaoguan	56.6			

11-14 主要城市区域环境噪声声源构成情况(2018年)
Composition of Environmental Noises by Sources in Major Cities (2018)

单位: %，dB(A)　　　　　　　　　　　　　　　　　　　　　　　　　　　　　　　　(%, dB(A))

城　　市　　City		交通噪声 Traffic Noise		工业噪声 Industry Noise	
		所占比例 Percentage of Total	平均声级 Average Noise Value	所占比例 Percentage of Total	平均声级 Average Noise Value
北　　京	Beijing	21.6	57.4	3.8	55.9
天　　津	Tianjin	13.5	57.9	13.5	55.8
石 家 庄	Shijiazhuang	7.3	59.2	1.5	57.1
太　　原	Taiyuan	40.1	61.3	1.7	49.5
呼和浩特	Hohhot	18.2	60.2	4.5	53.6
沈　　阳	Shenyang	12.9	55.3	7.9	54.7
长　　春	Changchun	26.7	63.4	3.3	57.4
哈 尔 滨	Harbin	16.7	68.4	2.3	57.4
上　　海	Shanghai	16.5	57.8	9.2	56.0
南　　京	Nanjing	34.2	54.8	15.2	55.0
杭　　州	Hangzhou	21.6	55.7	5.2	59.1
合　　肥	Hefei	20.3	56.0	23.6	56.1
福　　州	Fuzhou	18.5	61.3	5.2	59.1
南　　昌	Nanchang	31.8	55.9	9.7	56.0
济　　南	Jinan	16.8	54.5	4.7	55.8
郑　　州	Zhengzhou	16.1	57.6	5.4	53.8
武　　汉	Wuhan	14.4	59.7	14.4	59.4
长　　沙	Changsha	19.4	57.2	5.6	55.0
广　　州	Guangzhou	23.2	58.6	13.8	56.4
南　　宁	Nanning	38.6	60.2	4.4	59.8
海　　口	Haikou	31.9	59.1	3.8	54.2
重　　庆	Chongqing	11.8	55.6	6.7	55.1
成　　都	Chengdu	10.3	60.6	4.8	57.0
贵　　阳	Guiyang	23.5	59.1	8.8	57.2
昆　　明	Kunming				
拉　　萨	Lhasa				
西　　安	Xi'an	18.5	58.3	11.5	56.0
兰　　州	Lanzhou	25.5	55.8	2.8	54.8
西　　宁	Xining	17.9	54.4	0.4	51.9
银　　川	Yinchuan	34.6	53.5	8.4	52.9
乌鲁木齐	Urumqi	37.1	55.7	16.5	54.8

11-14 续表 continued

单位: %，dB(A) (%, dB(A))

城　市　City		施工噪声 Construction Noise		生活噪声 Household Noise	
		所占比例 Percentage of Total	平均声级 Average Noise Value	所占比例 Percentage of Total	平均声级 Average Noise Value
北　京	Beijing	2.2	50.8	72.4	52.6
天　津	Tianjin	0.9	58.3	72.1	53.3
石家庄	Shijiazhuang			91.3	55.7
太　原	Taiyuan	3.4	60.7	54.7	51.5
呼和浩特	Hohhot	8.3	60.3	68.9	52.2
沈　阳	Shenyang	2.5	61.6	76.7	54.4
长　春	Changchun	3.3	61.4	66.7	52.4
哈尔滨	Harbin	1.4	60.2	79.5	57.6
上　海	Shanghai	0.8	61.7	73.5	53.6
南　京	Nanjing	0.6	52.4	50.0	53.4
杭　州	Hangzhou	2.6	58.5	70.6	56.9
合　肥	Hefei	3.5	56.0	52.6	54.8
福　州	Fuzhou	3.9	62.8	72.4	56.2
南　昌	Nanchang	6.9	59.1	51.6	52.6
济　南	Jinan	1.9	55.1	76.6	52.9
郑　州	Zhengzhou	1.5	57.1	77.0	55.3
武　汉	Wuhan	4.0	58.2	67.2	55.0
长　沙	Changsha	10.5	56.5	64.5	52.4
广　州	Guangzhou	2.2	56.5	60.9	54.1
南　宁	Nanning	12.3	58.3	44.7	52.7
海　口	Haikou	4.3	60.2	60.0	54.4
重　庆	Chongqing	0.4	53.4	81.1	52.6
成　都	Chengdu	2.1	56.0	82.9	54.6
贵　阳	Guiyang	9.2	58.9	58.5	57.8
昆　明	Kunming				
拉　萨	Lhasa				
西　安	Xi'an	9.0	55.6	61.0	55.5
兰　州	Lanzhou	0.5	58.2	71.2	54.3
西　宁	Xining	1.3	53.0	80.4	51.5
银　川	Yinchuan	2.3	58.2	54.7	52.5
乌鲁木齐	Urumqi	5.4	57.0	41.1	53.6

十二、农村环境

Rural Environment

12-1 全国农村环境情况(2000-2018年)
Rural Environment (2000-2018)

年 份 Year	农村改水累计受益人口（万人）Accumulative Benefiting Population from Drinking Water Improvement Projects (10 000 persons)	农村改水累计受益率（%）Proportion of Benefiting Population from Drinking Water Improvement (%)	累计使用卫生厕所户数（万户）Households with Access to Sanitation Lavatory (10 000 households)	卫生厕所普及率（%）Sanitation Lavatory Access Rate (%)	农村沼气池产气量（亿立方米）Production of Methane in Rural Areas (100 million cu.m)	太阳能热水器（万平方米）Water Heaters Using Solar Energy (10 000 sq.m)	太阳灶（台）Solar Kitchen Ranges (unit)
2000	88112	92.4	9572	44.8	25.9	1107.8	332390
2001	86113	91.0	11405	46.1	29.8	1319.4	388599
2002	86833	91.7	12062	48.7	37.0	1621.7	478426
2003	87387	92.7	12624	50.9	47.5	2464.8	526177
2004	88616	93.8	13192	53.1	55.7	2845.9	577625
2005	88893	94.1	13740	55.3	72.9	3205.6	685552
2006	86629	91.1	13873	55.0	83.6	3941.0	865238
2007	87859	92.1	14442	57.0	101.7	4286.4	1118763
2008	89447	93.6	15166	59.7	118.4	4758.7	1356755
2009	90251	94.3	16056	63.2	130.8	4997.1	1484271
2010	90834	94.9	17138	67.4	139.6	5488.9	1617233
2011	89971	94.2	18019	69.2	152.8	6231.9	2139454
2012	91208	95.3	18628	71.7	157.6	6801.8	2207246
2013	89938	95.6	19401	74.1	157.8	7294.6	2264356
2014	91511	95.8	19939	76.1	155.0	7782.9	2299635
2015			20684	78.4	153.9	8232.6	2325927
2016			21460	80.3	144.9	8623.7	2279387
2017			21701	81.7	123.8	8723.5	2222666
2018					112.2	8805.4	2135756

12-2 各地区农村改厕情况(2017年)
Sanitation Lavatory Improvement in Rural Area by Region(2017)

单位: 万户 (10 000 households)

地 区 Region	农村总户数 Total Rural Households	累计使用卫生厕所户数 Accumulative Households Sanitary Toilets	累计使用卫生公厕户数 Accumulative Households Using Sanitary Public Lavatories	卫生厕所普及率(%) Access Rate to Sanitary Toilets (%)	无害化卫生厕所普及率(%) Access Rate to Harmless Sanitary Toilets (%)
全 国 **National Total**	**26549.7**	**21700.6**	**2997.7**	**81.7**	**62.5**
北 京 Beijing	103.7	101.7	13.3	98.1	98.1
天 津 Tianjin	131.4	122.4	14.9	93.2	93.2
河 北 Hebei	1570.2	1151.5	87.1	73.3	51.8
山 西 Shanxi	718.7	439.4	67.9	61.1	38.0
内蒙古 Inner Mongolia	442.6	344.7	99.4	77.9	33.5
辽 宁 Liaoning	681.1	539.5	49.4	79.2	45.2
吉 林 Jilin	424.9	346.3	41.3	81.5	27.9
黑龙江 Heilongjiang	584.2	421.8	76.7	72.3	15.8
上 海 Shanghai	99.9	99.1	18.9	99.2	99.1
江 苏 Jiangsu	1546.9	1514.4	82.5	97.9	92.5
浙 江 Zhejiang	1184.9	1168.7	168.4	98.6	96.7
安 徽 Anhui	1478.2	1091.4	248.7	73.8	45.3
福 建 Fujian	753.8	716.3	52.4	95.0	93.5
江 西 Jiangxi	858.1	805.4	147.1	93.9	77.7
山 东 Shandong	2031.9	1876.3	92.9	92.3	78.5
河 南 Henan	2052.0	1538.7	353.2	75.0	57.1
湖 北 Hubei	1127.3	939.4	134.2	83.3	58.9
湖 南 Hunan	1542.8	1273.7	33.0	82.6	43.8
广 东 Guangdong	1511.2	1441.0	87.2	95.4	93.0
广 西 Guangxi	1124.6	1029.6	85.1	91.6	86.5
海 南 Hainan	142.0	122.5	4.0	86.3	85.3
重 庆 Chongqing	619.1	409.6	182.7	66.2	66.2
四 川 Sichuan	2088.6	1741.8	322.5	83.4	66.6
贵 州 Guizhou	904.5	596.4	117.3	64.5	48.0
云 南 Yunnan	994.3	731.2	218.1	73.5	45.6
西 藏 Tibet	58.7	30.7		52.3	
陕 西 Shaanxi	706.1	332.9	39.9	47.2	29.2
甘 肃 Gansu	514.4	398.2	86.4	77.4	36.6
青 海 Qinghai	96.1	66.5	8.6	69.2	19.7
宁 夏 Ningxia	106.2	78.9	25.0	74.3	56.1
新 疆 Xinjiang	351.5	230.5	39.7	65.6	48.0

资料来源:国家卫生健康委员会。
Source: National Health Commission.

12-2 续表 continued

单位: 万元 (10 000 yuan)

地 区	Region	农村改厕投资 Investment of Sanitation Lavatory Improvement	国家 State Investment	集体 Collective Investment	个人 Personal Investment	其他 Other Investment
全 国	National Total	1905091	1171732	77109	601387	54864
北 京	Beijing	1306	1306			
天 津	Tianjin	2533	2053		480	
河 北	Hebei	27599	17427	1861	6073	2237
山 西	Shanxi	18833	9375	1717	4413	3328
内蒙古	Inner Mongolia	42037	24165	318	14099	3456
辽 宁	Liaoning	19281	14866	533	3265	617
吉 林	Jilin	84976	79636	156		5184
黑龙江	Heilongjiang	5639	855	751	3911	123
上 海	Shanghai	6385	1914	4062	175	234
江 苏	Jiangsu	23764	20000	3764		
浙 江	Zhejiang	62103	27780	9622	22937	1763
安 徽	Anhui	110301	79612	5497	23468	1724
福 建	Fujian	48243	29149	1355	17562	177
江 西	Jiangxi	70864	29331	4094	34432	3007
山 东	Shandong	419744	386239	13190	14650	5666
河 南	Henan	43149	12701	4101	24541	1806
湖 北	Hubei	63092	25650	6008	29675	1760
湖 南	Hunan	65287	41318	2160	20133	1675
广 东	Guangdong	72669	2923	2345	65578	1824
广 西	Guangxi	207257	100470	1293	103659	1834
海 南	Hainan	37211	3305		33907	
重 庆	Chongqing	28736	16246	196	9739	2555
四 川	Sichuan	107300	63690	3468	35485	4657
贵 州	Guizhou	149778	115835	1758	31517	668
云 南	Yunnan	93969	38189	4277	50436	1068
西 藏	Tibet					
陕 西	Shaanxi	27237	10368	1215	14759	896
甘 肃	Gansu	29097	4701	913	21250	2234
青 海	Qinghai					
宁 夏	Ningxia	10319	7571	365	1750	633
新 疆	Xinjiang	26382	5057	2091	13495	5738

12-3 各地区农村可再生能源利用情况(2018年)
Use of Renewable Energy in Rural Area by Region (2018)

地 区 Region	沼气池产气总量（万立方米）Total Production of Methane	#处理农业废弃物沼气工程 Methane Generating Projects of Disposing Agricultural Wastes	太阳能热水器（万平方米）Water Heaters Using Solar Energy	太阳房（万平方米）Solar Energy Houses	太阳灶（台）Solar Kitchen Ranges	生活污水净化沼气池（个）Household Waste Water Purification and Methane Generating Tanks(unit)
	(10 000 cu.m)		(10 000 sq.m)	(10 000 sq.m)	(unit)	
全 国 National	1121634.9	279598.6	8805.4	2529.8	2135756	181435
北 京 Beijing	1276.9	1276.9	87.5	115.3	90	
天 津 Tianjin	1912.5	1510.0	41.7			
河 北 Hebei	28079.4	10736.2	668.7	120.2	25923	97
山 西 Shanxi	4227.9	1310.6	294.2	0.2	64222	
内 蒙 Inner Mongolia	4143.0	2569.3	70.8	73.5	49370	1
辽 宁 Liaoning	8341.2	4340.7	128.6	514.9	906	
吉 林 Jilin	1377.0		68.4	289.4	403	3
黑龙江 Heilongjiang	4756.5	4082.2	81.7	540.4	507	
上 海 Shanghai	1492.2	1492.2	90.2	5.0		
江 苏 Jiangsu	29930.3	19847.2	884.4	0.8		28210
浙 江 Zhejiang	8098.1	6937.0	682.8		40	67049
安 徽 Anhui	22345.6	5558.6	604.5			1650
福 建 Fujian	24156.2	14166.8	34.3			763
江 西 Jiangxi	50052.6	11761.8	219.0	0.7		1940
山 东 Shandong	59133.2	21622.7	1349.5	7.4	2477	141
河 南 Henan	104313.8	33575.4	638.9	2.0		301
湖 北 Hubei	87692.0	16303.0	339.8			1204
湖 南 Hunan	77656.9	14182.9	246.4	0.6		2039
广 东 Guangdong	22843.0	21723.0	88.3			583
广 西 Guangxi	102339.8	5464.0	161.2			117
海 南 Hainan	34504.0	11737.6	389.2			
重 庆 Chongqing	36606.7	5575.6	70.6			11509
四 川 Sichuan	183975.4	35716.8	220.9	2.9	121239	65104
贵 州 Guizhou	39749.7	7051.1	89.1			441
云 南 Yunnan	134519.6	9848.8	506.0		264	155
西 藏 Tibet	687.3	642.0	150.1		391563	1
陕 西 Shaanxi	9485.1	3956.7	219.0	0.2	237377	102
甘 肃 Gansu	29948.2	4207.0	160.7	336.1	730866	25
青 海 Qinghai	2587.3	187.3	14.9	505.2	258259	
宁 夏 Ningxia	883.0	702.5	146.3	5.7	244879	
新 疆 Xinjiang	4520.6	1512.8	57.7	9.4	7371	

资料来源：农业农村部。

Source: Ministry of Agriculture and Rural Affairs.

12-4 各地区耕地灌溉面积和农用化肥施用情况(2018年)
Irrigated Area of Cultivated Land and Consumption of
Chemical Fertilizers by Region (2018)

地 区	Region	耕地灌溉面积 (千公顷) Irrigated Area of Cultivated Land (1 000 hectares)	化肥施用量 (万吨) Consumption of Chemical Fertilizers (10 000 tons)	氮 肥 Nitrogenous Fertilizer	磷 肥 Phosphate Fertilizer	钾 肥 Potash Fertilizer	复合肥 Compound Fertilizer
全 国	**National Total**	**68271.6**	**5653.4**	**2065.4**	**728.9**	**590.3**	**2268.8**
北 京	Beijing	109.7	7.3	3.0	0.4	0.4	3.5
天 津	Tianjin	304.7	16.9	5.6	2.0	1.3	8.0
河 北	Hebei	4492.3	312.4	114.5	23.9	24.0	150.0
山 西	Shanxi	1518.7	109.6	25.3	11.6	9.0	63.8
内蒙古	Inner Mongolia	3196.5	222.7	86.1	40.8	18.4	77.2
辽 宁	Liaoning	1619.3	145.0	54.8	10.0	11.8	68.4
吉 林	Jilin	1893.1	228.3	58.4	6.3	14.0	149.6
黑龙江	Heilongjiang	6119.6	245.6	83.6	49.5	34.7	77.9
上 海	Shanghai	190.8	8.4	3.8	0.6	0.3	3.8
江 苏	Jiangsu	4179.8	292.5	145.6	34.0	17.2	95.7
浙 江	Zhejiang	1440.8	77.8	40.1	8.6	6.1	22.9
安 徽	Anhui	4538.3	311.8	95.6	28.2	27.9	160.1
福 建	Fujian	1085.2	110.7	41.9	15.5	21.9	31.4
江 西	Jiangxi	2032.0	123.2	34.0	18.5	17.9	52.9
山 东	Shandong	5236.0	420.3	130.7	42.1	35.6	211.9
河 南	Henan	5288.7	692.8	201.7	96.3	57.4	337.3
湖 北	Hubei	2931.9	295.8	113.1	46.0	29.1	107.7
湖 南	Hunan	3164.0	242.6	94.1	25.5	41.6	81.4
广 东	Guangdong	1775.2	231.3	88.6	27.0	44.9	70.8
广 西	Guangxi	1706.9	255.0	73.8	30.0	56.0	95.3
海 南	Hainan	290.5	48.4	14.8	3.1	8.6	21.8
重 庆	Chongqing	696.9	93.2	45.9	16.6	5.3	25.4
四 川	Sichuan	2932.5	235.2	112.1	45.4	17.4	60.3
贵 州	Guizhou	1132.2	89.5	40.1	10.6	8.9	29.8
云 南	Yunnan	1898.1	217.4	105.0	31.3	24.6	56.5
西 藏	Tibet	264.5	5.2	1.5	0.9	0.4	2.4
陕 西	Shaanxi	1275.0	229.6	88.9	17.9	24.1	98.7
甘 肃	Gansu	1337.5	83.2	33.2	15.5	7.6	26.9
青 海	Qinghai	214.0	8.3	3.5	1.4	0.2	3.3
宁 夏	Ningxia	523.4	38.4	16.4	4.1	2.8	15.2
新 疆	Xinjiang	4883.5	255.0	109.9	65.1	20.9	59.1

资料来源：国家统计局(下表同)。
Source: National Bureau of Statistics (the same as in the following table).

12-5 各地区农用塑料薄膜和农药使用量情况(2018年)
Use of Agricultural Plastic Film and Pesticide by Region (2018)

地 区	Region	塑料薄膜使用量 (吨) Use of Agricultural Plastic Film (ton)	地膜使用量 (吨) Use of Plastic Film for Covering Plants (ton)	地膜覆盖面积 (公顷) Area Covered by Plastic Film (hectare)	农药使用量 (吨) Use of Pesticide (ton)
全 国	**National Total**	**2466795**	**1409446**	**17764665**	**1503553**
北 京	Beijing	8243	2079	10155	2574
天 津	Tianjin	9070	3178	46990	2190
河 北	Hebei	109833	52960	812312	61450
山 西	Shanxi	49067	31145	591970	26543
内蒙古	Inner Mongolia	93969	75707	1358116	29585
辽 宁	Liaoning	117976	39019	313713	55070
吉 林	Jilin	56216	30567	180782	50991
黑龙江	Heilongjiang	77431	28835	263186	74182
上 海	Shanghai	14781	3453	14003	3177
江 苏	Jiangsu	116064	44963	592749	69600
浙 江	Zhejiang	68731	28624	154577	43725
安 徽	Anhui	97828	43150	420717	94177
福 建	Fujian	60002	31412	135761	49143
江 西	Jiangxi	52218	32328	131206	77183
山 东	Shandong	276935	107536	1871482	129882
河 南	Henan	152838	68402	1005120	113603
湖 北	Hubei	63554	32049	375830	103317
湖 南	Hunan	85397	56357	719987	114155
广 东	Guangdong	44814	25050	137618	93684
广 西	Guangxi	47195	34594	435664	69714
海 南	Hainan	25539	14614	54945	23250
重 庆	Chongqing	44625	24367	253872	17191
四 川	Sichuan	120186	83476	966537	51276
贵 州	Guizhou	55031	28063	297982	11122
云 南	Yunnan	119685	96111	1096429	52591
西 藏	Tibet	1778	1592	3178	982
陕 西	Shaanxi	44147	20932	427697	12550
甘 肃	Gansu	161272	113432	1316617	42864
青 海	Qinghai	7556	5601	69160	1784
宁 夏	Ningxia	14975	11662	194369	2266
新 疆	Xinjiang	269839	238188	3511943	23732

附录一、资源环境
主要统计指标

APPENDIX I.
Main Indicators of Resource &
Environment Statistics

附录1 资源环境主要统计指标
Main Indicators of Resources & Environment Statistics

指　　标	Indicator	2016	2017	2018
1.土地资源	**Land Resource**			
耕地面积 （万公顷）	Cultivated Land （10 000 hectares）	13492.1	13488.1	
人均耕地面积 （亩）	Cultivated Land per Capita （mu）	1.46	1.46	
2.水资源	**Water Resource**			
水资源总量 （亿立方米）	Water Resources （100 million cu.m）	32466.4	28761.2	27462.5
人均水资源量 （立方米/人）	Per Capita Water Resources （cu.m/person）	2354.9	2074.5	1971.8
用水总量 （亿立方米）	Water Use （100 million cu.m）	6040.2	6043.4	6015.5
#工业用水量	Industry	1308.0	1277.0	1261.6
人均用水量 （立方米/人）	Per Capita Water Use （cu.m/person）	438.1	435.9	431.9
3.森林资源	**Forest Resource**			
森林面积 （万公顷）	Forest Area （10 000 hectares）	22044.6	22044.6	22044.6
森林覆盖率 （%）	Forest Coverage Rate （%）	22.96	22.96	22.96
活立木总蓄积量 （亿立方米）	Standing Forest Stock （100 million cu.m）	190.1	190.1	190.1
森林蓄积量 （亿立方米）	Stock Volume of Forest （100 million cu.m）	175.6	175.6	175.6
4.能源	**Energy**			
一次能源生产量 （万吨标准煤）	Primary Energy Production （10 000 tce）	345954	358867	378859
人均能源生产量(千克标准煤/人)	Per Capita Energy Production （kgce/person）	2509	2588	2720
能源消费总量 （万吨标准煤）	Total Energy Consumption （10 000 tce）	441492	455827	471925
人均能源消费量(千克标准煤/人)	Per Capita Energy Consumption （kgce/person）	3202	3288	3388
能源生产弹性系数	Elasticity Ratio of Energy Production		0.54	0.84
能源消费弹性系数	Elasticity Ratio of Energy Consumption	0.25	0.46	0.52
电力生产弹性系数	Elasticity Ratio of Electric Power Production	0.81	1.12	1.27
电力消费弹性系数	Elasticity Ratio of Electric Power Consumption	0.81	1.12	1.27
单位国内生产总值能源消费量 （吨标准煤/万元）	Energy Consumption/GDP （tce/10 000 yuan）	0.60	0.58	0.56
5.污染物排放	**Pollutant Discharge**			
化学需氧量排放量 （万吨）	COD Discharge （10 000 tons）	658.1	608.9	584.2
氨氮排放量 （万吨）	Ammonia Nitrogen Discharge （10 000 tons）	56.8	50.9	49.4
二氧化硫排放量 （万吨）	Sulphur Dioxide Emission （10 000 tons）	854.9	610.8	516.1
氮氧化物排放量 （万吨）	Nitrogen Oxides Emission （10 000 tons）	1503.3	1348.4	1288.4
一般工业固体废物综合利用量 （万吨）	Common Industry Solid Wastes Utilized （10 000 tons）	210994.6	206117.1	216859.7
城市生活垃圾清运量 （万吨）	Urban Garbage Disposal （10 000 tons）	20362	21521	22802

附录二、"十三五"规划资源环境指标

APPENDIX II.

Indicators on Resources & Environment in the 13th Five-year Plan

附录2 "十三五"规划资源环境主要指标
Indicators on Resources & Environment
in the 13th Five-year Plan

指 标 / Item		2015	2020	年均增速[累计] Annual Growth Rate [Cumulative]	属 性 Attribute
耕地保有量 （亿亩） Total Cultivated Land (100 million mu)		18.65	18.65	[0]	约束性 Obligatory
新增建设用地规模 （万亩） Area of New Construction Land (1 0000 mu)		—	—	[<3256]	约束性 Obligatory
万元GDP用水量下降 （%） Reduction of Water Use per unit GDP (%)		—	—	[23]	约束性 Obligatory
单位GDP能源消耗降低(%) Reduction of Energy Consumption per unit GDP （%）		—	—	[15]	约束性 Obligatory
非化石能源占一次能源消费比重 （%） Proportion of Consumption on Non-fossil Energy to Primary Energy （%）		12	15	[3]	约束性 Obligatory
单位GDP二氧化碳排放降低 （%） Reduction of CO$_2$ Emission per unit GDP （%）		—	—	[18]	约束性 Obligatory
森林发展 Forest Development	森林覆盖率(%) Forest Coverage Rate (%)	21.66	23.04	[1.38]	约束性
	森林蓄积量 Stock Volume of Forest （亿立方米） (100 million cu.m)	151	165	[14]	Obligatory
空气质量 Air Quality	地级及以上城市空气质量优良天数比率(%) Proportion of Good Air Quality Days in Cities at Prefecture Level or Above （%）	76.7	>80	—	
	细颗粒物(PM$_{2.5}$)未达标地级及以上城市浓度下降 （%） Reduction of PM$_{2.5}$ Concentration in Cities Fail the Standard at Prefecture Level or Above （%）	—	—	[18]	约束性 Obligatory
地表水质量 Surface Water Quality	达到或好于Ⅲ类水体比例 （%） Proportion of Water Quality Reach or Better than Grade Ⅲ （%）	66	>70	—	
	劣Ⅴ类水体比例 （%） Proportion of Water Quality Worse than Grade Ⅴ （%）	9.7	<5	—	约束性 Obligatory
主要污染物排放总量减少(%) Reduction of Total Major Pollutants Emission Volume （%）	化学需氧量 COD			[10]	
	氨氮 Ammonia Nitrogen			[10]	约束性
	二氧化硫 SO$_2$			[15]	Obligatory
	氮氧化物 NO$_x$			[15]	

注：国内生产总值按可比价格计算；[ ]内为五年累计数；PM$_{2.5}$未达标指年均值超过35微克/立方米。

Note: Figures of GDP is of 2015 price; those in [ ] are accumulative figures in five years; PM$_{2.5}$ fail the standard refers to annual average over 35mg/cu.m.

附录三、东中西部地区
主要环境指标

APPENDIX III .

Main Environmental Indicators

by Eastern, Central & Western

附录3-1　东中西部地区水资源情况(2018年)

Water Resources by Eastern,Central & Western (2018)

单位: 亿立方米　　　　　　　　　　　　　　　　　　　　　　　　　　　　　　　(100 million cu.m)

区　域 Area	地　区 Region	水资源 总　量 Total Amount of Water Resources	地表水 Surface Water Resources	地下水 Ground Water Resources	地表水与 地下水 重复量 Duplicated Measurement of Surface Water and Groundwater	人均水 资源量 (立方米/人) per Capita Water Resources (cu.m/person)
	全　国　National Total	27462.5	26323.2	8246.5	7107.2	1971.8
	东部小计　Eastern Total	4935.5	4574.0	1504.8	1143.3	921.5
	北　京　Beijing	35.5	14.3	28.9	7.7	164.2
	天　津　Tianjin	17.6	11.8	7.3	1.5	112.9
	河　北　Hebei	164.1	85.3	124.4	45.6	217.7
东　部	上　海　Shanghai	38.7	32.0	9.6	2.9	159.9
	江　苏　Jiangsu	378.4	274.9	119.7	16.2	470.6
Eastern	浙　江　Zhejiang	866.2	848.3	213.9	196.0	1520.4
	福　建　Fujian	778.5	777.0	245.7	244.2	1982.9
	山　东　Shandong	343.3	230.6	196.7	84.0	342.4
	广　东　Guangdong	1895.1	1885.2	460.6	450.7	1683.4
	海　南　Hainan	418.1	414.6	98.0	94.5	4495.7
	中部小计　Central Total	4646.5	4382.0	1381.7	1117.2	1255.6
	山　西　Shanxi	121.9	81.3	100.3	59.7	328.6
中　部	安　徽　Anhui	835.8	766.7	203.7	134.6	1328.9
	江　西　Jiangxi	1149.1	1129.9	298.5	279.3	2479.2
Central	河　南　Heinan	339.8	241.7	188.0	89.9	354.6
	湖　北　Hubei	857.0	825.9	257.7	226.6	1450.2
	湖　南　Hunan	1342.9	1336.5	333.5	327.1	1952.0
	西部小计　Western Total	16152.8	15893.8	4794.7	4535.7	4270.4
	内蒙古　Inner Mongolia	461.5	302.4	253.6	94.5	1823.0
	广　西　Guangxi	1831.0	1829.7	440.9	439.6	3732.5
	重　庆　Chongqing	524.2	524.2	104.0	104.0	1697.2
	四　川　Sichuan	2952.6	2951.5	635.1	634.0	3548.2
西　部	贵　州　Guizhou	978.7	978.7	252.7	252.7	2726.2
	云　南　Yunnan	2206.5	2206.5	772.8	772.8	4582.3
Western	西　藏　Tibet	4658.2	4658.2	1105.7	1105.7	136804.7
	陕　西　Shaanxi	371.4	347.6	125.0	101.2	964.8
	甘　肃　Gansu	333.3	325.7	165.6	158.0	1266.6
	青　海　Qinghai	961.9	939.5	424.2	401.8	16018.3
	宁　夏　Ningxia	14.7	12.0	18.1	15.4	214.6
	新　疆　Xinjiang	858.8	817.8	497.0	456.0	3482.6
	东北小计　Northeast Total	1728.0	1473.7	565.2	310.9	1591.8
东　北	辽　宁　Liaoning	235.4	209.3	79.8	53.7	539.4
Northeast	吉　林　Jilin	481.2	422.2	137.9	78.9	1775.3
	黑龙江　Heilongjiang	1011.4	842.2	347.5	178.3	2675.1

资料来源: 水利部。
Source:Ministry of Water Resource.

附录3-2 东中西部地区废水排放情况(2018年)

Discharge of Waste Water by Eastern, Central & Western (2018)

单位: 吨 (ton)

区域 Area	地区 Region		化学需氧量 排放总量 COD Discharged	工业 Industry	农业 Agriculture	生活 Household	集中式污染 治理设施 Centralized Pollution Control Facilities
	全 国	National Total	5842242	813894	245404	4768014	14930
	东部小计	Eastern Total	2344214	356307	78680	1904069	5158
	北 京	Beijing	45771	1463	3611	40562	136
	天 津	Tianjin	41727	3152	10886	27595	93
	河 北	Hebei	238104	16256	18986	202052	810
	上 海	Shanghai	62097	8179	2679	50841	398
东 部	江 苏	Jiangsu	488016	113750	12526	361225	515
Eastern	浙 江	Zhejiang	217482	52232	2531	161768	951
	福 建	Fujian	265208	30538	5562	227577	1530
	山 东	Shandong	292047	54401	9425	227962	259
	广 东	Guangdong	644257	69596	12446	561767	448
	海 南	Hainan	49507	6739	28	42720	20
	中部小计	Central Total	1643038	181520	49681	1408173	3665
	山 西	Shanxi	112776	10271	6116	94686	1704
	安 徽	Anhui	346137	28617	5911	310999	611
中 部	江 西	Jiangxi	316764	56976	18629	240241	918
Central	河 南	Heinan	270020	21005	4552	244272	191
	湖 北	Hubei	290363	19829	4420	265965	149
	湖 南	Hunan	306978	44822	10054	252011	92
	西部小计	Western Total	1484436	207687	108683	1162766	5300
	内 蒙 古	Inner Mongolia	65888	24462	2089	39117	220
	广 西	Guangxi	321709	25224	7605	288771	109
	重 庆	Chongqing	53631	17285	0	35707	639
	四 川	Sichuan	326261	41449	555	283398	859
	贵 州	Guizhou	122059	5850	1701	114366	142
西 部	云 南	Yunnan	107678	17117	702	88121	1739
Western	西 藏	Tibet	17646	1454	449	15589	154
	陕 西	Shaanxi	103173	12759	703	89124	587
	甘 肃	Gansu	67253	20545	1148	44940	620
	青 海	Qinghai	21984	2523	143	19249	70
	宁 夏	Ningxia	91807	16259	52241	23282	24
	新 疆	Xinjiang	185345	22762	41347	121101	136
	东北小计	Northeast Total	370554	68380	8360	293006	807
东 北	辽 宁	Liaoning	134615	29536	381	104077	621
Northeast	吉 林	Jilin	80633	18477	683	61350	124
	黑 龙 江	Heilongjiang	155305	20368	7296	127579	63

资料来源: 生态环境部（以下各表同）。

source: Ministry of Elology and Environment (the same as in the following tables).

附录3-2　续表　continued

单位: 吨 　　　　　　　　　　　　　　　　　　　　　　　　　　　　　　　　　　　　　(ton)

区 域 Area	地 区 Region		氨氮 排放总量 Ammona Nitrogen Discharged	工业 Industry	农业 Agriculture	生活 Household	集中式污染 治理设施 Centralized Pollution Control Facilities
	全　国	National Total	494357	39863	4810	447187	2497
	东部小计	**Eastern Total**	180654	16486	2055	161722	390
	北　京	Beijing	2993	35	48	2889	20
	天　津	Tianjin	1757	143	89	1521	4
	河　北	Hebei	20904	1087	231	19487	99
东　部	上　海	Shanghai	8054	570	58	7389	37
Eastern	江　苏	Jiangsu	35879	6625	505	28710	39
	浙　江	Zhejiang	14472	1248	357	12807	60
	福　建	Fujian	17413	1253	218	15891	50
	山　东	Shandong	24847	2634	95	22105	13
	广　东	Guangdong	49366	2543	451	46306	66
	海　南	Hainan	4971	348	3	4618	2
	中部小计	**Central Total**	137476	9818	1788	124960	910
	山　西	Shanxi	11517	592	37	10343	545
	安　徽	Anhui	20565	1178	115	19263	9
中　部	江　西	Jiangxi	26828	3244	1040	22313	230
Central	河　南	Heinan	22996	1015	117	21851	14
	湖　北	Hubei	24588	1128	224	23141	96
	湖　南	Hunan	30982	2661	255	28048	17
	西部小计	**Western Total**	141075	10138	862	128999	1075
	内 蒙 古	Inner Mongolia	4029	1334	13	2649	33
	广　西	Guangxi	24381	1090	138	23123	30
	重　庆	Chongqing	5332	724	0	4533	75
	四　川	Sichuan	33682	1874	10	31602	197
	贵　州	Guizhou	14302	565	49	13658	30
西　部	云　南	Yunnan	12478	779	18	11329	352
Western	西　藏	Tibet	2069	31	17	1988	34
	陕　西	Shaanxi	9979	623	46	9138	172
	甘　肃	Gansu	5478	495	3	4867	113
	青　海	Qinghai	3407	253	1	3143	11
	宁　夏	Ningxia	3808	692	203	2909	4
	新　疆	Xinjiang	22130	1679	365	20061	25
	东北小计	**Northeast Total**	35151	3420	105	31505	121
东　北	辽　宁	Liaoning	13603	1278	7	12243	74
Northeast	吉　林	Jilin	6721	1155	31	5506	30
	黑 龙 江	Heilongjiang	14828	988	66	13756	17

附录3-3 东中西部地区废气排放情况(2018年)

Emission of Waste Gas by Eastern,Central & Western (2018)

单位: 吨 (ton)

区 域 Area	地 区 Region		二氧化硫 排放总量 Total Volume of Sulphur Dioxide Emission	工业 Industrial	生活 Household	集中式污染 治理设施 Centralized Pollution Control Facilities
	全 国	National Total	5161169	4467324	687238	6606
东 部 Eastern	东部小计	Eastern Total	1388681	1232480	150988	5213
	北 京 Beijing		2672	1047	1625	0
	天 津 Tianjin		19027	16609	2356	63
	河 北 Hebei		343238	268124	72154	2960
	上 海 Shanghai		11103	10815	275	13
	江 苏 Jiangsu		316826	304170	12060	596
	浙 江 Zhejiang		86948	81952	3769	1227
	福 建 Fujian		108541	102433	6068	41
	山 东 Shandong		341254	295709	45478	67
	广 东 Guangdong		150979	143536	7203	240
	海 南 Hainan		8092	8086	0	5
中 部 Central	中部小计	Central Total	1166899	955083	211345	471
	山 西 Shanxi		281887	239358	42517	11
	安 徽 Anhui		162673	155618	6915	141
	江 西 Jiangxi		249420	231065	18210	145
	河 南 Heinan		122672	113707	8951	14
	湖 北 Hubei		120808	97072	23679	57
	湖 南 Hunan		229439	118263	111073	103
西 部 Western	西部小计	Western Total	2048756	1800918	246961	877
	内 蒙 古 Inner Mongolia		363324	309433	53889	2
	广 西 Guangxi		100645	100049	344	252
	重 庆 Chongqing		91741	85800	5921	20
	四 川 Sichuan		191690	179023	12576	92
	贵 州 Guizhou		325519	275531	49978	10
	云 南 Yunnan		247365	213307	33895	163
	西 藏 Tibet		3550	2106	1443	1
	陕 西 Shaanxi		147216	130030	17070	116
	甘 肃 Gansu		125510	99365	26143	2
	青 海 Qinghai		46471	42684	3600	187
	宁 夏 Ningxia		130635	126944	3686	6
	新 疆 Xinjiang		275089	236646	38415	28
东 北 Northeast	东北小计	Northeast Total	556833	478844	77944	45
	辽 宁 Liaoning		321171	293548	27605	18
	吉 林 Jilin		89586	81387	8186	12
	黑 龙 江 Heilongjiang		146077	103909	42153	16

附录3-3 续表 1 continued 1

单位: 吨 (ton)

区 域 Area	地 区 Region	氮氧化物 排放总量 Nitrogen Oxides Emission	工业 Industry	生活 Household	机动车 Motor Vehicle	集中式污染 治理设施 Centralized Pollution Control Facilities
	全 国 National Total	**12884376**	**5887366**	**531415**	**6445982**	**19613**
	东部小计 Eastern Total	**5065226**	**2178799**	**131710**	**2738495**	**16222**
	北 京 Beijing	104660	8182	8152	88285	40
	天 津 Tianjin	118573	41910	5296	71201	167
	河 北 Zhejiang	1155050	540773	53174	554592	6510
	上 海 Shanghai	157891	32654	3842	121040	354
东 部 Eastern	江 苏 Jiangsu	924033	478132	12580	428345	4976
	浙 江 Zhejiang	392779	146599	5412	237762	3006
	福 建 Fujian	301929	168493	3668	129572	196
	山 东 Shandong	1145150	455216	31984	657646	305
	广 东 Guangdong	716098	284414	7391	423662	631
	海 南 Hainan	49064	22428	210	26390	37
	中部小计 Central Total	**3048832**	**1305570**	**140460**	**1601346**	**1456**
	山 西 Shanxi	613120	355094	30656	227325	44
	安 徽 Anhui	587701	264435	8910	314038	318
中 部 Central	江 西 Jiangxi	421315	205368	9919	205721	307
	河 南 Heinan	655967	171015	10770	474135	46
	湖 北 Hubei	364846	142534	16650	205390	272
	湖 南 Hunan	405884	167124	63554	174737	469
	西部小计 Western Total	**3446221**	**1776129**	**159637**	**1508719**	**1735**
	内 蒙 古 Inner Mongolia	555774	342600	45516	167654	4
	广 西 Guangxi	374721	189950	543	183482	746
	重 庆 Chongqing	195658	79839	4631	111116	73
	四 川 Sichuan	490002	219437	13780	256507	279
	贵 州 Guizhou	261010	145609	14404	100972	25
西 部 Western	云 南 Yunnan	335320	164704	17238	153208	170
	西 藏 Tibet	39936	5785	445	33706	0
	陕 西 Shaanxi	339361	156094	14325	168619	323
	甘 肃 Gansu	224886	107978	15040	101865	4
	青 海 Qinghai	81765	44738	5238	31765	25
	宁 夏 Ningxia	169057	108536	2548	57954	18
	新 疆 Xinjiang	378731	210859	25931	141872	70
	东北小计 Northeast Total	**1324097**	**626868**	**99608**	**597422**	**199**
东 北 Northeast	辽 宁 Liaoning	703146	385713	31554	285811	69
	吉 林 Jilin	241876	101451	9757	130634	34
	黑 龙 江 Heilongjiang	379075	139704	58298	180977	96

附录3-3　续表 2　continued 2

单位: 吨　　　　　　　　　　　　　　　　　　　　　　　　　　　　　　　　　　　　　(ton)

区　域 Area	地　区 Region	颗粒物 排放总量 Particulate Matter Emission	工业 Industry	生活 Household	机动车 Motor Vehicle	集中式污染 治理设施 Centralized Pollution Control Facilities
	全　国　**National Total**	**11322554**	**9489037**	**1731412**	**99350**	**2755**
	东部小计　**Eastern Total**	**2863018**	**2436883**	**383741**	**40676**	**1718**
	北　京　Beijing	23648	15745	6902	1000	1
	天　津　Tianjin	34973	22424	11650	890	9
	河　北　Zhejiang	538256	350377	176173	10920	786
	上　海　Shanghai	18180	16228	776	1176	0
东　部	江　苏　Jiangsu	531487	481191	44933	4941	422
Eastern	浙　江　Zhejiang	273177	263735	5830	3275	337
	福　建　Fujian	423945	410581	11514	1822	29
	山　东　Shandong	385657	267415	107522	10680	40
	广　东　Guangdong	617715	593633	18423	5573	86
	海　南　Hainan	15979	15553	19	400	6
	中部小计　**Central Total**	**2488311**	**1938019**	**524616**	**25136**	**540**
	山　西　Shanxi	500500	379115	118743	2596	45
	安　徽　Anhui	480366	455031	21225	4056	55
中　部	江　西　Jiangxi	444400	408387	32895	2751	367
Central	河　南　Heinan	214854	182920	21600	10323	10
	湖　北　Hubei	315225	250949	61604	2625	47
	湖　南　Hunan	532967	261616	268549	2786	15
	西部小计　**Western Total**	**4345591**	**3836481**	**485458**	**23195**	**457**
	内 蒙 古　Inner Mongolia	933733	763138	166703	3891	1
	广　西　Guangxi	375397	372222	621	2472	82
	重　庆　Chongqing	161442	154032	5885	1518	7
	四　川　Sichuan	346371	322213	20836	3194	128
	贵　州　Guizhou	322441	314690	6057	1681	12
西　部	云　南　Yunnan	508986	431999	74247	2629	111
Western	西　藏　Tibet	54498	52620	1404	473	1
	陕　西　Shaanxi	312006	263802	45715	2401	87
	甘　肃　Gansu	532445	474073	56567	1803	2
	青　海　Qinghai	105866	93507	11886	464	10
	宁　夏　Ningxia	196419	189373	6262	775	9
	新　疆　Xinjiang	495987	404811	89275	1894	7
	东北小计　**Northeast Total**	**1625633**	**1277653**	**337597**	**10343**	**39**
东　北	辽　宁　Liaoning	814784	729199	79574	5997	13
Northeast	吉　林　Jilin	225970	190433	33995	1538	4
	黑 龙 江　Heilongjiang	584879	358021	224028	2808	22

附录3-4　东中西部地区固体废物产生和利用情况(2018年)

Generation and Utilization of Solid Wastes
by Eastern,Central & Western (2018)

单位: 万吨 (10 000 tons)

区　域 Area	地　区 Region		一般工业 固体废物 产生量 Common Industrial Solid Wastes Generated	一般工业 固体废物综合 利用量 Common Industrial Solid Wastes Utilized	一般工业 固体废物 处置量 Common Industrial Solid Wastes Disposed	危险废物 产生量 贮存量 Hazardous Wastes Generated	危险废物 综合利用 处置量 Hazardous Wastes Utilized and Disposed
	全　国	National Total	**407799**	**216860**	**103283**	**7470.0**	**6788.5**
	东部小计	**Eastern Total**	**103054**	**75999**	**11465**	**2830.8**	**2661.0**
	北　京	Beijing	694	463	226	17.9	17.8
	天　津	Tianjin	1874	1849	23	47.3	47.1
	河　北	Hebei	32100	17631	4802	243.8	223.9
	上　海	Shanghai	1792	1623	167	111.0	109.4
东　部	江　苏	Jiangsu	13023	11834	1206	599.7	565.8
Eastern	浙　江	Zhejiang	5720	5188	450	447.0	439.2
	福　建	Fujian	8254	6029	1770	115.4	100.1
	山　东	Shandong	29995	23831	1723	832.7	774.8
	广　东	Guangdong	9112	7283	885	409.8	375.7
	海　南	Hainan	490	269	213	6.1	7.3
	中部小计	**Central Total**	**113911**	**61007**	**36240**	**1501.0**	**1415.8**
	山　西	Shanxi	48294	16941	25601	247.3	241.0
	安　徽	Anhui	15470	13271	1175	136.9	130.4
中　部	江　西	Jiangxi	12129	6047	1219	187.5	162.8
Central	河　南	Heinan	20362	11755	5721	198.2	173.0
	湖　北	Hubei	11528	8437	1458	99.9	90.8
	湖　南	Hunan	6127	4555	1067	631.2	617.9
	西部小计	**Western Total**	**151326**	**61248**	**46103**	**2506.0**	**2247.7**
	内　蒙　古	Inner Mongolia	36671	9311	15366	687.7	653.0
	广　西	Guangxi	9769	4799	1761	259.2	248.4
	重　庆	Chongqing	2658	1894	356	73.3	68.9
	四　川	Sichuan	16708	6805	1737	349.3	345.1
	贵　州	Guizhou	12186	6808	1976	74.9	71.2
西　部	云　南	Yunnan	19767	8732	9739	340.4	290.1
Western	西　藏	Tibet	2624	90	174	0.7	0.6
	陕　西	Shaanxi	13619	4702	7175	151.6	120.5
	甘　肃	Gansu	6007	2215	1393	172.4	140.5
	青　海	Qinghai	13851	7970	345	63.1	23.9
	宁　夏	Ningxia	6091	2225	3276	81.6	73.6
	新　疆	Xinjiang	11375	5699	2805	251.9	212.0
	东北小计	**Northeast Total**	**39508**	**18605**	**9475**	**632.2**	**463.9**
东　北	辽　宁	Liaoning	22717	10793	5428	276.3	232.1
Northeast	吉　林	Jilin	6419	2661	1805	259.6	146.3
	黑　龙　江	Heilongjiang	10371	5152	2243	96.2	85.6

附录3-5 东中西部地区环境污染治理投资情况(2017年)

Investment in the Treatment of Evironmental Pollution
by Eastern,Central & Western (2017)

单位: 亿元   (100 million yuan)

区 域 Area	地 区 Region	环境污染治理投资总额 Total Investment in Treatment of Environ-mental Pollution	城市环境基础设施建设投资 Investment in Urban Environment Infrastructure Facilities	工业污染源治理投资 Investment in Treatment of Industrial Pollution Sources	当年完成环保验收项目环保投资 Environmental Protection Investment in the Environmental Protection Acceptance Projects in the Year	环境污染治理投资占GDP比重(%) Investment in Anti-pollution Projects as Percentage of GDP (%)
全 国	**National Total**	**9539.0**	**6085.7**	**681.5**	**2771.7**	**1.15**
东部小计	**Eastern Total**	**4264.5**	**2516.4**	**357.6**	**1390.6**	**0.98**
北 京	Beijing	665.4	640.0	15.7	9.7	2.23
天 津	Tianjin	71.2	44.3	7.8	19.0	0.57
河 北	Hebei	605.8	311.9	34.3	259.6	1.98
上 海	Shanghai	160.4	97.5	44.8	18.1	0.49
东 部 江 苏	Jiangsu	715.4	363.6	44.8	307.0	0.83
Eastern 浙 江	Zhejiang	452.9	284.1	36.9	131.9	0.86
福 建	Fujian	224.4	145.5	14.7	64.1	0.66
山 东	Shandong	948.8	442.5	113.1	393.2	1.51
广 东	Guangdong	366.2	146.8	42.0	177.4	0.40
海 南	Hainan	54.1	40.1	3.4	10.5	1.20
中部小计	**Central Total**	**2393.8**	**1705.8**	**164.6**	**523.5**	**1.33**
山 西	Shanxi	278.2	148.1	51.5	78.6	1.92
安 徽	Anhui	505.0	369.3	25.9	109.8	1.70
中 部 江 西	Jiangxi	315.5	239.3	10.6	65.7	1.56
Central 河 南	Heinan	641.3	483.1	50.5	107.7	1.43
湖 北	Hubei	434.5	304.5	17.5	112.6	1.17
湖 南	Hunan	219.3	161.5	8.6	49.2	0.65
西部小计	**Western Total**	**2435.3**	**1588.9**	**128.1**	**718.3**	**1.43**
内 蒙 古	Inner Mongolia	419.6	278.4	42.1	99.0	2.82
广 西	Guangxi	184.1	145.1	7.6	31.5	1.04
重 庆	Chongqing	222.1	143.4	6.1	72.7	1.11
四 川	Sichuan	308.2	220.3	12.7	75.2	0.81
贵 州	Guizhou	216.7	86.0	5.3	125.4	1.59
西 部 云 南	Yunnan	142.6	101.1	6.0	35.5	0.77
Western 西 藏	Tibet	27.2	26.8	0.1	0.3	2.01
陕 西	Shaanxi	314.5	213.2	17.2	84.1	1.46
甘 肃	Gansu	89.3	61.0	7.5	20.9	1.22
青 海	Qinghai	41.1	17.9	1.5	21.7	1.67
宁 夏	Ningxia	84.4	44.8	8.6	31.1	2.64
新 疆	Xinjiang	385.5	250.9	13.5	121.1	3.45
东北小计	**Northeast Total**	**442.1**	**274.7**	**31.2**	**136.2**	**0.98**
东 北 辽 宁	Liaoning	219.2	128.4	13.0	77.7	1.01
Northeast 吉 林	Jilin	91.6	61.8	9.1	20.7	0.84
黑 龙 江	Heilongjiang	131.4	84.5	9.1	37.7	1.07

资料来源: 生态环境部、住房和城乡建设部。
Source: Ministry of Ecology and Environment, Ministry of Housing and Urban-Rural Development.

附录3-6 东中西部地区城市环境情况(2018年)

Urban Environment by Eastern,Central & Western (2018)

区 域 Area		地 区 Region		城市污水 排放量 (万立方米) Volume of Municipal Sewage Discharge (10 000 cu.m)	城市污水 处理率 (%) Rate of Municipal Sewage Discharge (%)	城市燃气 普及率 (%) Gas Access Rate (%)	生活垃圾无 害化处理率 (%) Domestic Garbage Harmless Disposal Rate (%)
	全 国	National Total		4923895	94.5	96.3	97.7
	东部小计	Eastern Total		2717727	95.7	98.9	99.8
	北 京	Beijing		193202	98.6	100.0	100.0
	天 津	Tianjin		104090	93.8	100.0	94.5
	河 北	Hebei		175787	98.2	99.3	99.8
	上 海	Shanghai		229842	95.2	100.0	100.0
东 部	江 苏	Jiangsu		437033	95.6	99.8	100.0
Eastern	浙 江	Zhejiang		321885	95.8	100.0	100.0
	福 建	Fujian		128366	93.6	98.3	99.9
	山 东	Shandong		340919	97.4	99.2	100.0
	广 东	Guangdong		755197	94.8	96.7	99.9
	海 南	Hainan		31404	89.2	96.7	100.0
	中部小计	Central Total		1001391	96.3	96.8	99.9
	山 西	Shanxi		82697	94.5	98.3	99.8
	安 徽	Anhui		171689	97.7	98.6	100.0
中 部	江 西	Jiangxi		99678	95.8	97.4	100.0
Central	河 南	Heinan		200389	97.3	96.3	99.7
	湖 北	Hubei		238456	95.4	97.6	100.0
	湖 南	Hunan		208481	96.0	93.6	100.0
	西部小计	Western Total		991236	94.8	92.9	98.4
	内 蒙 古	Inner Mongolia		66703	97.4	94.8	99.8
	广 西	Guangxi		133654	95.0	98.2	100.0
	重 庆	Chongqing		125650	95.2	97.4	100.0
	四 川	Sichuan		224160	93.6	93.7	99.3
	贵 州	Guizhou		71588	97.1	87.2	96.1
西 部	云 南	Yunnan		90854	95.9	77.3	98.2
Western	西 藏	Tibet		8703	90.1	55.0	96.0
	陕 西	Shaanxi		119477	93.2	96.2	99.1
	甘 肃	Gansu		41386	96.4	90.9	99.8
	青 海	Qinghai		18288	87.7	94.7	96.0
	宁 夏	Ningxia		27424	95.5	93.8	99.3
	新 疆	Xinjiang		63348	95.5	98.0	91.4
	东北小计	Northeast Total		500895	93.9	94.1	92.9
东 北	辽 宁	Liaoning		269395	95.2	97.5	99.6
Northeast	吉 林	Jilin		117670	93.6	93.0	87.2
	黑 龙 江	Heilongjiang		113831	91.0	89.5	86.9

资料来源: 住房和城乡建设部。

Source:Ministry of Housing and Urban-Rural Derelopment.

附录3-7　东中西部地区农村环境情况(2017年)
Rural Environment by Eastern,Central & Western (2017)

区　域 Area	地　区 Region		卫生厕所 普及率 (%) Access Rate to Sanitary Lavatory (%)	无害化卫生 厕所普及率 (%) Access Rate to Harmless Sanitary Lavatory (%)	农村改厕投资 （万元） Investment of Sanitation Lavatory Improvement (10 000 yuan))
	全　国	National Total	**81.74**	**62.54**	**1905091**
	东部小计	**Eastern Total**	**91.60**	**83.07**	**701557**
	北　京	Beijing	98.11	98.11	1306
	天　津	Tianjin	93.17	93.17	2533
	河　北	Hebei	73.33	51.76	27599
	上　海	Shanghai	99.18	99.07	6385
东　部 Eastern	江　苏	Jiangsu	97.89	92.47	23764
	浙　江	Zhejiang	98.64	96.65	62103
	福　建	Fujian	95.02	93.54	48243
	山　东	Shandong	92.34	78.52	419744
	广　东	Guangdong	95.36	93.04	72669
	海　南	Hainan	86.27	85.28	37211
	中部小计	**Central Total**	**78.28**	**53.00**	**371526**
	山　西	Shanxi	61.14	38.03	18833
	安　徽	Anhui	73.83	45.34	110301
中　部 Central	江　西	Jiangxi	93.85	77.70	70864
	河　南	Heinan	74.98	57.11	43149
	湖　北	Hubei	83.33	58.94	63092
	湖　南	Hunan	82.56	43.79	65287
	西部小计	**Western Total**	**74.66**	**55.58**	**722112**
	内 蒙 古	Inner Mongolia	77.88	33.53	42037
	广　西	Guangxi	91.56	86.45	207257
	重　庆	Chongqing	66.16	66.16	28736
	四　川	Sichuan	83.40	66.59	107300
	贵　州	Guizhou	64.49	48.00	149778
西　部 Western	云　南	Yunnan	73.54	45.56	93969
	西　藏	Tibet	52.26		
	陕　西	Shaanxi	47.15	29.24	27237
	甘　肃	Gansu	77.42	36.60	29097
	青　海	Qinghai	69.17	19.66	
	宁　夏	Ningxia	74.33	56.14	10319
	新　疆	Xinjiang	65.58	48.03	26382
	东北小计	**Northeast Total**	**77.40**	**30.70**	**109897**
东　北 Northeast	辽　宁	Liaoning	79.22	45.21	19281
	吉　林	Jilin	81.51	27.92	84976
	黑 龙 江	Heilongjiang	72.30	15.80	5639

资料来源:国家卫生健康委员会。
Source: National Health Commission.

附录四、世界主要国家和地区环境统计指标

APPENDIX IV.

Main Environmental Indicators of the World's Major Countries and Regions

附录4-1　淡水资源(2014年)

国家或地区	Country or Area	淡水抽取量 (亿立方米) Total Freshwater Withdrawals (100 million m^3)	人均可再生淡水资源 （立方米） Renewable Internal Freshwater Resources per Capita (m^3)
阿富汗	Afghanistan	20.3	1491
阿尔巴尼亚	Albania	1.3	9296
阿尔及利亚	Algeria	8.4	289
美属萨摩亚	American Samoa		
安道尔	Andorra		4336
安哥拉	Angola	0.7	6109
安提瓜和巴布达	Antigua and Barbuda		572
阿根廷	Argentina	37.8	6794
亚美尼亚	Armenia	2.9	2282
荷兰	Aruba		
澳大利亚	Australia	19.8	20968
奥地利	Austria	3.7	6439
阿塞拜疆	Azerbaijan	12.0	851
巴哈马	Bahamas		1827
巴林	Bahrain	0.4	3
孟加拉国	Bangladesh	35.9	660
巴巴多斯	Barbados	0.1	282
白俄罗斯	Belarus	1.5	3585
比利时	Belgium	6.2	1068
伯利兹	Belize	0.1	43389
贝宁	Benin	0.1	972
百慕大	Bermuda		
不丹	Bhutan	0.3	101960
玻利维亚	Bolivia	2.1	28735
波黑	Bosnia and Herzegovina	0.3	9299
博茨瓦纳	Botswana	0.2	1081
巴西	Brazil	74.8	27470
文莱	Brunei Darussalam	0.1	20364
保加利亚	Bulgaria	6.1	2907
布基纳法索	Burkina Faso	0.8	711
布隆迪	Burundi	0.3	930
佛得角	Cabo Verde		584
柬埔寨	Cambodia	2.2	7868
喀麦隆	Cameroon	1.0	11988
加拿大	Canada	38.8	80183
开曼群岛	Cayman Islands		
中非	Central African Republic	0.1	29349
乍得	Chad	0.9	1104
海峡群岛	Channel Islands		
智利	Chile	35.4	49824
中国	China	554.1	2062
中国香港	Hong Kong SAR, China		
中国澳门	Macao SAR, China		
哥伦比亚	Colombia	11.8	44883
科摩罗	Comoros		1558
刚果民主共和国	Congo, Dem. Rep.	0.7	12020
刚果	Congo, Rep.		49279
哥斯达黎加	Costa Rica	2.4	23751
科特迪瓦	Cote d'Ivoire	1.5	3468
克罗地亚	Croatia	0.6	8895
古巴	Cuba	7.0	3350

资料来源：世界银行WDI数据库。

Source: World Bank WDI Database.

Freshwater (2014)

年度淡水抽取量 Freshwater Withdrawals			
占水资源总量的比重 (%) % of Internal Resources	农业用水 % for Agriculture	工业用水 % for Industry	生活用水 % for Domestic
43.0	99	1	1
4.9	39	18	43
74.9	59	5	36
0.5	21	34	45
22.1	16	22	63
12.9	74	11	15
42.9	39	4	30
4.0	66	13	22
6.6	3	79	18
147.5	84	19	4
8935.0	45	6	50
34.2	88	2	10
101.3	68	8	25
4.5	32	32	36
51.5	1	88	11
0.7	68	21	11
1.3	45	23	32
0.4	94	1	5
0.7	92	2	7
0.9		15	
8.1	41	18	41
1.3	60	17	23
1.1	6		
29.1	16	68	16
6.5	51	3	46
2.9	77	6	17
7.3	91	2	7
1.8	94	2	4
0.4	76	7	17
1.4	12	80	14
0.1	1	17	83
5.9	76	12	12
4.0	83	13	4
19.7	65	23	12
0.5	54	19	27
0.8	47	5	48
0.1	11	21	68
	9	22	70
2.1	57	11	32
2.0	38	21	41
1.7	1	14	85
18.3	65	11	24

附录4-1 续表 1

国家或地区	Country or Area	淡水抽取量 (亿立方米) Total Freshwater Withdrawals (100 million m³)	人均可再生淡水资源 (立方米) Renewable Internal Freshwater Resources per Capita (m³)
库拉索岛	Curacao		
塞浦路斯	Cyprus	0.2	676
捷克	Czech Republic	1.8	1249
丹麦	Denmark	0.7	1063
吉布提	Djibouti		342
多米尼加	Dominica		2765
多米尼加共和国	Dominican Republic	7.2	2258
厄瓜多尔	Ecuador	9.9	27819
埃及	Egypt, Arab Rep.	68.3	20
萨尔瓦多	El Salvador	2.1	2559
赤道几内亚	Equatorial Guinea		31673
厄立特里亚	Eritrea	0.6	635
爱沙尼亚	Estonia	1.6	9669
埃塞俄比亚	Ethiopia	5.6	1258
法罗群岛	Faroe Islands		
斐济	Fiji	0.1	32207
芬兰	Finland	6.6	19592
法国	France	33.1	3008
法属波利尼西亚	French Polynesia		38408
加蓬	Gabon	0.1	97175
冈比亚	Gambia	0.1	1556
格鲁吉亚	Georgia	1.8	15597
德国	Germany	33.0	1321
加纳	Ghana	1.0	1131
希腊	Greece	9.5	5325
格陵兰	Greenland		10662187
格林纳达	Grenada		1881
关岛	Guam		
危地马拉	Guatemala	3.3	6818
几内亚	Guinea	0.6	18411
几内亚比绍	Guinea-Bissau	0.2	8886
圭亚那	Guyana	1.4	315489
海地	Haiti	1.5	1231
洪都拉斯	Honduras	1.6	11387
匈牙利	Hungary	5.1	608
冰岛	Iceland	0.2	519265
印度	India	761.0	1116
印度尼西亚	Indonesia	113.3	7935
伊朗	Iran, Islamic Rep.	93.3	1644
伊拉克	Iraq	66.0	998
爱尔兰	Ireland	0.8	10612
马恩岛	Isle of Man		
以色列	Israel	2.0	91
意大利	Italy	53.8	3002
牙买加	Jamaica	0.8	3977
日本	Japan	81.5	3382
约旦	Jordan	0.9	92
哈萨克斯坦	Kazakhstan	21.1	3722
肯尼亚	Kenya	3.2	461
基里巴斯	Kiribati		
朝鲜	Korea, Dem. People's Rep.	8.7	2677
韩国	Korea, Rep.	29.2	1286

continued 1

年度淡水抽取量　Freshwater Withdrawals			
占水资源 总量的比重 (%) % of Internal Resources	农业用水 % for Agriculture	工业用水 % for Industry	生活用水 % for Domestic
23.6	86	3	10
14.0	2	63	35
10.9	25	20	55
6.3	16		84
10.0	5		95
30.5	80	8	12
2.2	81	6	13
3794.4	86	6	8
13.6	68	10	22
0.1	6	15	79
20.8	95		5
12.8		96	4
4.6	94		6
0.3	61	11	28
6.1	1	93	6
16.6	9	74	17
0.1	29	10	61
3.0	43	19	37
3.1	58	22	20
30.9	1	84	15
3.2	66	10	24
16.4	89	2	9
7.1	15		85
3.0	57	18	25
0.2	53	9	38
1.1	82	5	13
0.6	94	1	4
11.1	83	4	13
1.8	73	7	20
84.2	6	79	14
0.1	42	8	49
52.6	90	2	7
5.6	82	7	12
72.6	92	1	7
187.5	79	15	7
1.5	15	7	83
260.5	58	6	36
29.5	44	36	17
7.5	55	9	35
18.9	67	14	19
138.0	65	4	31
32.9	66	30	4
15.5	59	4	37
12.9	76	13	10
45.0	55	15	24

年度淡水抽取量　Freshwater Withdrawals

附录4-1 续表 2

国家或地区	Country or Area	淡水抽取量 (亿立方米) Total Freshwater Withdrawals (100 million m³)	人均可再生淡水资源 (立方米) Renewable Internal Freshwater Resources per Capita (m³)
科索沃	Kosovo		
科威特	Kuwait	0.9	
吉尔吉斯斯坦	Kyrgyz Republic	8.0	8385
老挝	Lao PDR	3.5	28463
拉脱维亚	Latvia	0.4	8396
黎巴嫩	Lebanon	1.3	855
莱索托	Lesotho		2480
利比里亚	Liberia	0.1	45490
利比亚	Libya	4.3	112
列支敦士登	Liechtenstein		
立陶宛	Lithuania	2.4	5272
卢森堡	Luxembourg		1798
马其顿	Macedonia, FYR	1.0	2602
马达加斯加	Madagascar	16.5	14297
马拉维	Malawi	1.4	967
马来西亚	Malaysia	11.2	19397
马尔代夫	Maldives		75
马里	Mali	5.2	3512
马耳他	Malta	0.1	118
马绍尔群岛	Marshall Islands		
毛里塔尼亚	Mauritania	1.4	101
毛里求斯	Mauritius	0.7	2182
墨西哥	Mexico	80.3	3262
密克罗尼西亚	Micronesia, Fed. Sts.		
摩尔多瓦	Moldova	1.1	456
摩纳哥	Monaco		
蒙古	Mongolia	0.6	11959
黑山	Montenegro	0.2	
摩洛哥	Morocco	10.4	855
莫桑比克	Mozambique	0.9	3685
缅甸	Myanmar	33.2	18770
纳米比亚	Namibia	0.3	2564
尼泊尔	Nepal	9.5	7035
荷兰	Netherlands	10.7	652
新喀里多尼亚	New Caledonia		
新西兰	New Zealand	5.2	72510
尼加拉瓜	Nicaragua	1.5	25973
尼日尔	Niger	1.0	183
尼日利亚	Nigeria	13.1	1245
北马里亚纳群岛	Northern Mariana Islands		
挪威	Norway	2.9	74359
阿曼	Oman	1.3	330
巴基斯坦	Pakistan	183.5	297
帕劳	Palau		
巴拿马	Panama	1.0	35320
巴布亚新几内亚	Papua New Guinea	0.4	107321
巴拉圭	Paraguay	2.4	17856
秘鲁	Peru	13.7	52981
菲律宾	Philippines	81.6	4832
波兰	Poland	11.5	1410
葡萄牙	Portugal	9.2	3653
波多黎各	Puerto Rico	1.0	2009
卡塔尔	Qatar	0.4	26

continued 2

	年度淡水抽取量 Freshwater Withdrawals		
占水资源 总量的比重 (%) % of Internal Resources	农业用水 % for Agriculture	工业用水 % for Industry	生活用水 % for Domestic
	54	2	44
16.4	93	4	3
1.8	91	5	4
2.5	13	49	38
27.3	60	11	29
0.8	9	46	46
0.1	9	36	54
618.0	83	3	14
15.4	3	90	7
4.5		8	91
19.0	12	67	21
4.9	98	1	1
8.4	86	4	11
1.9	22	43	35
19.7		5	95
8.6	98		2
106.7	35	1	64
337.5	91	2	7
26.4	68	3	30
19.6	77	9	14
65.7	3	83	14
			100
1.6	44	43	13
	1	39	60
36.0	88	2	10
0.9	78	3	19
3.3	89	1	10
4.7	70	5	25
4.8	98		2
97.0	1	87	11
1.6	62	23	16
1.0	77	5	19
28.1	67	3	30
5.9	54	15	31
0.8	29	43	28
94.4	88	1	10
333.6	94	1	5
0.8	43	1	56
		43	57
2.1	79	6	15
0.8	89	2	9
17.0	82	10	8
21.4	10	73	18
24.1	79	13	11
14.0	7	2	91
792.9	59	2	39

附录4-1　续表　3

国家或地区	Country or Area	淡水抽取量 (亿立方米) Total Freshwater Withdrawals (100 million m^3)	人均可再生淡水资源 (立方米) Renewable Internal Freshwater Resources per Capita (m^3)
罗马尼亚	Romania	6.9	2129
俄罗斯联邦	Russian Federation	66.2	29989
卢旺达	Rwanda	0.2	838
萨摩亚	Samoa		
圣马力诺	San Marino		
圣多美和普林西比	Sao Tome and Principe		11699
沙特阿拉伯	Saudi Arabia	23.7	78
塞内加尔	Senegal	2.2	1758
塞尔维亚	Serbia	4.1	1179
塞舌尔	Seychelles		
塞拉利昂	Sierra Leone	0.2	25334
新加坡	Singapore		110
圣马丁岛(荷兰部分)	Sint Maarten (Dutch part)		
斯洛伐克共和国	Slovak Republic	0.7	2325
斯洛文尼亚	Slovenia	0.9	9054
所罗门群岛	Solomon Islands		78123
索马里	Somalia	3.3	570
南非	South Africa	12.5	829
南苏丹	South Sudan	0.7	2183
西班牙	Spain	33.5	2392
斯里兰卡	Sri Lanka	13.0	2542
圣基茨岛和尼维斯	St. Kitts and Nevis		437
圣露西亚	St. Lucia		1634
圣马丁(法国部分)	St. Martin (French part)		
圣文森特和格林纳丁斯	St. Vincent and the Grenadines		914
苏丹	Sudan	26.9	102
苏里南	Suriname	0.6	183930
斯威士兰	Swaziland	1.0	2080
瑞典	Sweden	2.7	17636
瑞士	Switzerland	2.0	4934
叙利亚	Syrian Arab Republic	16.8	380
塔吉克斯坦	Tajikistan	11.5	7650
坦桑尼亚	Tanzania	5.2	1621
泰国	Thailand	57.3	3315
东帝汶	Timor-Leste	1.2	6777
多哥	Togo	0.2	1616
汤加	Tonga		
特立尼达和多巴哥	Trinidad and Tobago	0.4	2835
突尼斯	Tunisia	3.3	381
土耳其	Turkey	40.1	2928
土库曼斯坦	Turkmenistan	28.0	265
特克斯和凯科斯群岛	Turks and Caicos Islands		
图瓦卢	Tuvalu		
乌干达	Uganda	0.6	1032
乌克兰	Ukraine	14.9	1215
阿拉伯联合酋长国	United Arab Emirates	4.0	17
英国	United Kingdom	10.8	2244
美国	United States	478.4	8836
乌拉圭	Uruguay	3.7	26963
乌兹别克斯坦	Uzbekistan	56.0	531
瓦努阿图	Vanuatu		
委内瑞拉	Venezuela, RB	22.6	26227
越南	Vietnam	82.0	3961
维尔京群岛(美国)	Virgin Islands (U.S.)		
约旦河西岸和加沙	West Bank and Gaza	0.4	189
也门	Yemen, Rep.	3.6	80
赞比亚	Zambia	1.6	5101
津巴布韦	Zimbabwe	4.2	804

continued 3

| 年度淡水抽取量 Freshwater Withdrawals | | | |
占水资源总量的比重 (%) % of Internal Resources	农业用水 % for Agriculture	工业用水 % for Industry	生活用水 % for Domestic
16.2	17	61	22
1.5	20	60	20
1.6	68	8	24
0.3			
986.3	88	3	9
8.6	93	3	4
49.0	2	82	17
	7	28	66
0.1	22	26	52
5.5	3	50	47
5.0		82	18
55.0	99		
27.9	63	6	31
2.5	36	34	29
30.2	64	21	16
24.5	87	6	6
65.0	1		99
14.3	71		29
8.5			100
673.3	96		4
0.6	70	22	8
39.5	97	1	2
1.6	4	63	34
4.9	10	54	36
235.0	88	4	9
18.1	91	4	6
6.2	89		10
25.5	90	5	5
14.3	91		8
1.5	45	2	53
10.0	4	34	62
78.8	80	5	15
17.7	74	11	15
1989.3	94	3	3
1.6	41	8	51
27.0	30	48	22
2665.3	83	2	15
7.5	9	32	58
17.0	40	46	14
4.0	87	2	11
342.7	90	3	7
2.8	74	4	23
22.8	95	4	1
51.5	45	7	48
169.8	91	2	7
2.0	73	8	18
34.3	79	7	14

年度淡水抽取量　Freshwater Withdrawals

附录4-2 供 水

国家或地区	Country or Area	最近年份 latest year available	淡水供应量 （百万立方米） Net Freshwater Supplied by Water Supply Industry (mio m³)
阿尔巴尼亚	Albania	2015	920
阿尔及利亚	Algeria	2015	3548
安道尔	Andorra	2015	6
安哥拉	Angola		
安提瓜和巴布达	Antigua and Barbuda	2015	4
亚美尼亚	Armenia	2015	118
澳大利亚	Australia	2011	7106
奥地利	Austria	2010	587
阿塞拜疆	Azerbaijan	2015	288
巴林	Bahrain	2015	261
白俄罗斯	Belarus	2015	611
比利时	Belgium	2014	579
伯利兹	Belize	2012	8
贝宁	Benin	2009	28
百慕大	Bermuda	2009	4
玻利维亚	Bolivia (Plurinational State of)	2015	162
波黑	Bosnia and Herzegovina	2015	158
博茨瓦纳	Botswana	2015	67
巴西	Brazil	2013	9382
英属维尔京群岛	British Virgin Islands		
文莱	Brunei Darussalam		
保加利亚	Bulgaria	2015	381
喀麦隆	Cameroon	2009	85
加拿大	Canada	1996	5201
中非共和国	Central African Republic		
智利	Chile	2011	1064
中国香港	China, Hong Kong SAR	2015	973
中国澳门	China, Macao SAR	2015	85
哥伦比亚	Colombia	2014	2334
哥斯达黎加	Costa Rica	2015	273
克罗地亚	Croatia	2009	271
古巴	Cuba	2015	955
塞浦路斯	Cyprus	2015	82
捷克	Czech Republic	2013	478
丹麦	Denmark	2009	386

资料来源：联合国统计司/环境规划署环境统计问卷，水部分。
　　　　　欧盟统计局环境统计数据。
　　　　　经合组织统计资料，水部分。
　　　　　联合国经济社会事务部人口司，世界人口展望2015。

Water Supply Industry

人均淡水供应量 （立方米／人） Net Freshwater Supplied by Water Supply Industry per capita (m³/person)	最近年份 latest year available	供水受益率 (%) Total Population Supplied by Water Supply Industry (%)	受益人口人均淡水供应量 （立方米／人） Net Freshwater Supplied by Water Supply Industry per capita Connected (m³/person)
318	2015	82.0	388
89	2015	98.0	91
77	2015	100.0	77
	2011	15.3	
39	2011	82.0	47
40	2015	97.3	41
315			
70	2008	95.1	73
30	2015	48.4	62
190	2015	99.3	191
65			
52	2009	100.0	52
23	2012	57.6	39
3			
61	2009	10.0	613
15	2015	84.7	18
46	2015	59.4	78
31	2006	96.0	33
47	2013	79.6	59
	2001	48.4	
	2009	99.9	
53	2015	99.3	53
4	2007	43.9	10
176			
	2009	30.0	
62	2008	99.8	62
135	2015	100.0	135
141	2015	100.0	141
50	2010	97.6	51
56	2015	94.9	59
62	2011	85.5	73
84	2015	95.5	88
71	2015	100.0	71
45	2013	93.7	48
70	2002	97.0	72

Sources: UNSD/UNEP Questionnaires on Environment Statistics, Water section.
Eurostat environment statistics main tables and database.
OECD.Stat, Water section.
United Nations, Department of Economic and Social Affairs, Population Division (2015). World Population Prospects:
The 2015 Revision, DVD Edition.

附录4-2　续表　1

国家或地区	Country or Area	最近年份 latest year available	淡水供应量 (百万立方米) Net Freshwater Supplied by Water Supply Industry (mio m^3)
多米尼加	Dominican Republic	2002	9574
厄瓜多尔	Ecuador		
埃及	Egypt	2015	6440
爱沙尼亚	Estonia	2013	52
芬兰	Finland	1999	404
法国	France	2013	3622
法属圭亚那	French Guiana	2013	14
冈比亚	Gambia		
格鲁吉亚	Georgia	2015	275
德国	Germany	2013	4233
希腊	Greece	2015	1182
瓜德卢普	Guadeloupe	2013	45
危地马拉	Guatemala		
几内亚	Guinea	2009	68
圭亚那	Guyana	2012	127
匈牙利	Hungary	2015	443
冰岛	Iceland	2005	67
印度尼西亚	Indonesia	2012	2969
伊拉克	Iraq	2015	3745
爱尔兰	Ireland	2011	669
以色列	Israel	2012	1902
意大利	Italy	2012	5232
牙买加	Jamaica	2012	94
日本	Japan	2009	81455
约旦	Jordan	2015	214
肯尼亚	Kenya		
科威特	Kuwait	2013	620
吉尔吉斯斯坦	Kyrgyzstan	2015	5224
拉脱维亚	Latvia	2015	74
黎巴嫩	Lebanon	2008	326
立陶宛	Lithuania	2015	101
莱索托	Luxembourg		
马达加斯加	Madagascar	2007	101
马来西亚	Malaysia	2015	3812
马尔代夫	Maldives	2015	6
马里	Mali	2015	73
马耳他	Malta	2015	28
马绍尔群岛	Marshall Islands		
马提尼克	Martinique	2013	33

continued 1

人均淡水供应量 （立方米／人） Net Freshwater Supplied by Water Supply Industry per capita (m³/person)	最近年份 latest year available	供水受益率 （%） Total Population Supplied by Water Supply Industry (%)	受益人口人均淡水供应量 （立方米／人） Net Freshwater Supplied by Water Supply Industry per capita Connected (m³/person)
1084			
	2012	74.5	
70	2015	98.0	71
39	2013	82.2	48
78	2012	92.0	85
57	2013	99.0	57
56	2012	68.0	83
	2005	50.0	
68	2012	75.0	91
52	2013	99.3	53
111	2007	94.0	118
111	2012	76.0	145
	2011	74.9	
7			
168			
45	2013	100.0	45
227	2014	95.0	239
12			
105	2015	86.8	121
146	2007	85.0	171
250			
87			
33	2005	70.0	47
634			
23	2014	96.7	24
	2007	31.0	
176	2013	100.0	176
877			
37			
68	2005	75.6	91
35	2015	80.2	43
	2015	99.9	
5			
126	2015	95.5	132
13			
4	2009	73.1	6
64	2015	100.0	64
	2006	32.0	
85	2012	100.0	85

人均淡水供应量 （立方米／人） Net Freshwater Supplied by Water Supply Industry per capita (m³/person)	最近年份 latest year available	供水受益率 （%） Total Population Supplied by Water Supply Industry (%)	受益人口人均淡水供应量 （立方米／人） Net Freshwater Supplied by Water Supply Industry per capita Connected (m³/person)

附录4-2　续表 2

国家或地区	Country or Area	最近年份 latest year available	淡水供应量 （百万立方米） Net Freshwater Supplied by Water Supply Industry (mio m^3)
毛里求斯	Mauritius	2015	113
墨西哥	Mexico	2013	11962
摩纳哥	Monaco	2015	5
黑山	Montenegro	2011	50
摩洛哥	Morocco		
荷兰	Netherlands	2014	1068
尼日尔	Niger	2012	52
挪威	Norway	1994	575
巴拿马	Panama	2015	403
巴拉圭	Paraguay		
秘鲁	Peru	2012	49445
菲律宾	Philippines		
波兰	Poland	2015	1595
葡萄牙	Portugal	2009	718
卡塔尔	Qatar	2012	343
韩国	Republic of Korea	2003	22275
摩尔多瓦	Republic of Moldova	2015	80
留尼汪	Réunion	2013	124
罗马尼亚	Romania	2015	774
卢旺达	Rwanda	2012	20
塞尔维亚	Serbia	2015	423
新加坡	Singapore	2015	665
斯洛伐克	Slovakia	2015	288
斯洛文尼亚	Slovenia	2015	112
南非	South Africa	2012	14647
西班牙	Spain	2014	3669
巴勒斯坦	State of Palestine		
苏丹	Sudan		
苏里南	Suriname	2015	46
瑞典	Sweden	2005	737
瑞士	Switzerland	2015	803
泰国	Thailand	2007	2301
马其顿	The Former Yugoslav Rep. of Macedonia	2008	666
特立尼达和多巴哥	Trinidad and Tobago		
突尼斯	Tunisia	2013	1232
土耳其	Turkey	2014	3682
乌克兰	Ukraine	2009	1579
阿拉伯联合酋长国	United Arab Emirates	2014	1775
英国	United Kingdom of Great Britain and Northern Ireland	2011	3968
委内瑞拉	Venezuela (Bolivarian Republic of)	2009	28268
越南	Viet Nam		
也门	Yemen	2013	99

continued　2

人均淡水供应量 （立方米／人） Net Freshwater Supplied by Water Supply Industry per capita (m³/person)	最近年份 latest year available	供水受益率 (%) Total Population Supplied by Water Supply Industry (%)	受益人口人均淡水供应量 （立方米／人） Net Freshwater Supplied by Water Supply Industry per capita Connected (m³/person)
90	2015	99.7	90
101			
124	2015	100.0	124
79			
	2014	83.0	
63	2014	100.0	63
3			
132	2015	89.0	149
102	2015	77.5	131
	2015	81.9	
1640	2015	85.8	1911
	2004	80.2	
42	2015	91.8	46
68	2009	96.9	70
156			
474			
20	2015	51.2	38
146			
39	2015	63.7	61
2	2010	74.2	3
48	2015	82.9	57
119	2015	100.0	119
53	2015	88.3	60
54			
277	2012	93.8	296
78	2015	100.0	78
	2015	94.9	
	2011	60.5	
82	2012	67.8	121
82	2010	86.0	95
97	2012	99.2	98
35			
324	2008	95.0	341
	2016	96.9	
112	2015	97.6	115
48	2014	97.4	49
34			
193			
63			
1008	2009	95.0	1062
	2012	32.0	
4	2013	18.6	21

附录4-3 氮氧化物排放
NOₓ Emissions

国家或地区	Country or Area	最近年份 Latest Year Available	氮氧化物 排放量 （千吨） NOx Emissions (1000 tonnes)	比1990年 增减 （%） % Change since 1990 (%)	人均氮氧化物 排放量 （千克） NOx Emissions per Capita (kg)
阿富汗	Afghanistan	2005	62.58		2.56
阿尔巴尼亚	Albania	1994	18.01		5.73
阿尔及利亚	Algeria	2000	283.21		9.08
安道尔	Andorra	1997	0.71		11.07
安哥拉	Angola	2005	154.00		8.60
安提瓜和巴布达	Antigua and Barbuda	2000	2.27		29.23
阿根廷	Argentina	2000	675.79	31.13	18.24
亚美尼亚	Armenia	2010	17.21	-77.53	5.81
澳大利亚	Australia	2012	2536.45	44.60	110.71
奥地利	Austria	2012	178.26	-8.46	21.08
阿塞拜疆	Azerbaijan	1994	113.00	-28.20	14.72
巴林	Bahrain	2000	52.00		77.98
孟加拉国	Bangladesh	2005	3.95		0.03
巴巴多斯	Barbados	1997	0.05	-97.90	0.19
白俄罗斯	Belarus	2012	189.92	-43.47	20.01
比利时	Belgium	2012	193.31	-47.94	17.45
伯利兹	Belize	1994	5.60		27.75
贝宁	Benin	2000	60.53		8.71
不丹	Bhutan	2000	1.77		3.14
玻利维亚	Bolivia (Plurinational State of)	2004	64.92	31.07	7.24
波黑	Bosnia and Herzegovina	2001	40.07	-51.76	10.55
巴西	Brazil	2005	3400.00	35.84	18.04
保加利亚	Bulgaria	2012	148.48	-43.94	20.33
布基纳法索	Burkina Faso	1994	9.36		0.95
布隆迪	Burundi	2005	11.23		1.42
佛得角	Cabo Verde	2000	2.03		4.62
柬埔寨	Cambodia	1994	38.02		3.67
喀麦隆	Cameroon	1994	252.22		18.62
中非共和国	Central African Republic	1994	51.25		15.75
乍得	Chad	1993	78.35		11.95
智利	Chile	2010	272.20		16.00
哥伦比亚	Colombia	2004	335.16	24.53	7.84
科摩罗	Comoros	1994	0.46		0.99
刚果	Congo	2000	17.65		5.68
哥斯达黎加	Costa Rica	2005	26.88	-19.71	6.33
科特迪瓦	Cote d'Ivoire	2000	290.49		17.59
克罗地亚	Croatia	2012	55.19	-40.85	12.87

资料来源：联合国气候变化框架公约秘书处。

联合国统计司/联合国环境规划署2004年环境统计问卷，大气部分。

联合国经济社会事务部人口司，世界人口展望2015修订版，纽约，2015。

Sources: UN Framework Convention on Climate Change (UNFCCC) Secretatiat.

UNSD/UNEP 2004 Questionnaire on Environment Statistics, Air section.

United Nations, Department of Economic and Social Affairs, Population Division, World Population Prospects: The 2015 Revision, New York, 2015.

附录4-3　续表 1　continued

国家或地区	Country or Area	最近年份 Latest Year Available	氮氧化物 排放量 （千吨） NOx Emissions (1000 tonnes)	比1990年 增减 （%） % Change since 1990 (%)	人均氮氧化物 排放量 （千克） NOx Emissions per Capita (kg)
古巴	Cuba	1996	101.54	-28.35	9.27
塞浦路斯	Cyprus	2012	2124.00	13321.34	1880.81
捷克	Czech Republic	2012	210.77	-71.61	19.99
朝鲜	Democratic People's Republic of Korea	2002	159.00	-65.36	6.84
刚果民主共和国	Democratic Republic of the Congo	2003	784.69		14.92
丹麦	Denmark	2012	119.79	-57.28	21.39
吉布提	Djibouti	2000	1..89		2.62
多米尼加	Dominica	2005	0.63		8.93
多米尼加共和国	Dominican Republic	2000	93.12	68.33	10.88
厄瓜多尔	Ecuador	2006	231.77	47.71	16.59
萨尔瓦多	El Salvador	2005	40.42		6.80
厄立特里亚	Eritrea	2000	6.00		1.70
爱沙尼亚	Estonia	2012	3182.00	4021.81	2403.25
埃塞俄比亚	Ethiopia	1994	166.00	3.75	3.00
斐济	Fiji	2004	11.49		14.04
芬兰	Finland	2012	146.75	-50.31	27.05
法国	France	2012	1074.74	-44.59	16.91
加蓬	Gabon	2000	7.54		6.12
冈比亚	Gambia	2000	6.83		5.56
格鲁吉亚	Georgia	2006	27.67	-78.63	6.25
德国	Germany	2012	1269.26	-55.88	15.77
加纳	Ghana	2000	205.64		10.92
希腊	Greece	2012	258.91	-20.63	23.31
危地马拉	Guatemala	1990	43.79		4.78
几内亚	Guinea	1994	70.42		9.34
几内亚比绍	Guinea-Bissau	1994	4.88		4.22
圭亚那	Guyana	2004	17.00	1.80	22.91
海地	Haiti	2000	14.70		1.72
洪都拉斯	Honduras	2000	47.77		7.65
匈牙利	Hungary	2012	109.41	-53.02	10.99
冰岛	Iceland	2012	20.55	-24.70	63.54
印度尼西亚	Indonesia	2000	85.66	-28.91	0.40
伊朗	Iran (Islamic Republic of)	2000	600.84		9.12
爱尔兰	Ireland	2012	72.87	-40.17	15.61
以色列	Israel	2010	187.29		25.24
意大利	Italy	2012	881.52	-57.36	14.76
牙买加	Jamaica	1994	30.86		12.51
日本	Japan	2012	1626.95	-20.35	12.80
约旦	Jordan	2006	116.00		20.98
哈萨克斯坦	Kazakhstan	2012	500.26	-25.89	29.74
肯尼亚	Kenya	1994	49.98		1.88
基里巴斯	Kiribati	1994			0.00

附录4-3 续表 2 continued

国家或地区	Country or Area	最近年份 Latest Year Available	氮氧化物 排放量 （千吨） NOx Emissions (1000 tonnes)	比1990年 增减 （%） % Change since 1990 (%)	人均氮氧化物 排放量 （千克） NOx Emissions per Capita (kg)
科威特	Kuwait	1994	113.00		66.79
吉尔吉斯斯坦	Kyrgyzstan	2005	64.92	-44.53	12.69
老挝	Lao People's Dem. Rep.	2000	20.84	81.53	3.90
拉脱维亚	Latvia	2012	34.87	-58.24	17.12
黎巴嫩	Lebanon	2000	58.70		18.14
莱索托	Lesotho	1998	5.05		2.77
利比里亚	Liberia	2000	1.00		0.35
立陶宛	Lithuania	2012	59.53	-63.39	19.74
卢森堡	Luxembourg	2005	0.44	175.00	0.96
马达加斯加	Madagascar	2000	27.64		1.76
马拉维	Malawi	1994	26.31	-8.99	2.71
马里	Mali	2000	42.54		3.85
马耳他	Malta	2012	8.86	17.37	21.33
毛里塔尼亚	Mauritania	2000	10.31		3.80
毛里求斯	Mauritius	2006	15.15		12.34
墨西哥	Mexico	2002	1444.41	16.30	13.68
密克罗尼西亚	Micronesia (Federated States of)	1994	2.25		21.25
摩纳哥	Monaco	2012	0.33	-26.16	8.93
蒙古	Mongolia	1998	2.98	29.57	1.27
黑山	Montenegro	2003	10.94	5.80	17.81
摩洛哥	Morocco	2000	190.91		6.46
莫桑比克	Mozambique	1994	93.81	22.08	6.11
缅甸	Myanmar	2005	0.03		0.00
纳米比亚	Namibia	2000	41.20		21.71
荷兰	Netherlands	2012	230.22	-59.42	13.75
新西兰	New Zealand	2012	158.50	57.72	35.73
尼加拉瓜	Nicaragua	2000	90.62		18.03
尼日尔	Niger	2000	24.00		2.14
尼日利亚	Nigeria	2000	1008.00		8.20
纽埃岛	Niue	1994	26.30		11938.49
挪威	Norway	2012	166.23	-13.27	33.12
阿曼	Oman	1994	0.22		0.10
巴基斯坦	Pakistan	1994	410.26		3.43
巴拿马	Panama	2002	39.42		12.54
巴拉圭	Paraguay	2000	87.70	-20.33	16.54
秘鲁	Peru	1994	181.66		7.69
菲律宾	Philippines	1994	345.23		5.06
波兰	Poland	2012	817.30	-36.15	21.17
葡萄牙	Portugal	2012	172.14	-30.44	16.37
卡塔尔	Qatar	2007	175.69		149.02
摩尔多瓦	Republic of Moldova	2010	37.06	-72.99	9.07
罗马尼亚	Romania	2012	207.04	-54.69	10.38
俄罗斯联邦	Russian Federation	2012	5603.13	-40.94	39.10

附录4-3　续表 3　continued

国家或地区	Country or Area	最近年份 Latest Year Available	氮氧化物 排放量 （千吨） NOx Emissions (1000 tonnes)	比1990年 增减 （%） % Change since 1990 (%)	人均氮氧化物 排放量 （千克） NOx Emissions per Capita (kg)
卢旺达	Rwanda	2005	14.20		1.58
圣卢西亚	Saint Lucia	2000	2.00		12.74
圣文森特和格林纳丁斯	Saint Vincent and the Grenadines	1997	27.88	-3.21	258.10
萨摩亚	Samoa	1994	0.97		5.75
圣马力诺	San Marino	2007	1.54		51.62
圣多美和普林西比	Sao Tome and Principe	2005	0.77		5.03
塞内加尔	Senegal	2000	8.46		0.86
塞尔维亚	Serbia	1998	164.00	-20.88	16.96
塞舌尔	Seychelles	2000	1.15		14.17
斯洛伐克	Slovakia	2012	81.31	-64.10	15.01
斯洛文尼亚	Slovenia	2012	44.84	-26.09	21.74
西班牙	Spain	2012	929.61	-31.09	19.93
斯里兰卡	Sri Lanka	2000	83.69		4.46
苏丹	Sudan	2000	112.00		3.99
苏里南	Suriname	2003	10.00		20.51
斯威士兰	Swaziland	1994	19.93		21.11
瑞典	Sweden	2012	131.81	-51.19	13.81
瑞士	Switzerland	2012	73.71	-49.14	9.19
塔吉克斯坦	Tajikistan	2010	6.00	-91.89	0.79
泰国	Thailand	2000	907.10		14.47
马其顿	The Former Yugoslav Rep. of Macedonia	2009	34.11	-17.99	16.56
东帝汶	Timor-Leste	2010	1.82		1.72
多哥	Togo	2000	42.72		8.76
汤加	Tonga	2000	0.59		6.07
特立尼达和多巴哥	Trinidad and Tobago	1990	36.86		30.16
突尼斯	Tunisia	2000	94.87		9.78
土耳其	Turkey	2012	1283.74	99.43	17.15
土库曼斯坦	Turkmenistan	2004	90.24		19.21
图瓦卢	Tuvalu	1994			
乌干达	Uganda	2000	103.77		4.37
乌克兰	Ukraine	2012	1205.57	-48.22	26.60
阿拉伯联合酋长国	United Arab Emirates	2005	332.00		74.07
英国	United Kingdom	2012	1067.63	-63.10	16.79
坦桑尼亚	United Rep. of Tanzania	1994	979.07	524.88	33.73
美国	United States	2012	11882.02	-45.45	37.74
乌拉圭	Uruguay	2004	38.76	29.23	11.66
乌兹别克斯坦	Uzbekistan	2005	257.52	-37.48	9.93
瓦努阿图	Vanuatu	1994	0.08		0.51
委内瑞拉	Venezuela (Bolivarian Republic of)	1999	395.79		16.48
越南	Viet Nam	2000	312.63		3.89
也门	Yemen	2000	115.00		6.46
赞比亚	Zambia	2000	1276.67		120.61
津巴布韦	Zimbabwe	2000	148.83		11.91

附录4-4 二氧化硫排放
SO$_2$ Emissions

国家或地区	Country or Area	最近年份 Latest Year Available	二氧化硫 排放量 (千吨) SO$_2$ Emissions (1000 tonnes)	比1990年 增减 (%) % Change since 1990 (%)	人均二氧化硫 排放量 (千克) SO$_2$ Emissions per Capita (kg)
阿富汗	Afghanistan	2005	13.86		0.57
阿尔及利亚	Algeria	2000	45.64		1.46
安道尔	Andorra	1997	0.69		10.77
安提瓜和巴布达	Antigua and Barbuda	2000	2.75	-2.83	35.42
阿根廷	Argentina	2000	87.62	10.6	2.36
亚美尼亚	Armenia	2010	29.44	7448.7	9.93
澳大利亚	Australia	2012	797.76	-48.7	34.82
奥地利	Austria	2012	17.23	-76.8	2.04
阿塞拜疆	Azerbaijan	1994	48.00	-18.6	6.25
巴林	Bahrain	2000	27.00		40.49
巴巴多斯	Barbados	1997	0.05		0.19
白俄罗斯	Belarus	2012	146.86	-86.4	15.47
比利时	Belgium	2012	48.75	-86.4	4.40
伯利兹	Belize	1994	0.53		2.63
贝宁	Benin	2000	13.88		2.00
不丹	Bhutan	2000	1.06		1.88
玻利维亚	Bolivia (Plurinational State of)	2000	12.10	8.4	1.45
波黑	Bosnia and Herzegovina	2001	213.74	-52.8	56.25
保加利亚	Bulgaria	2012	1335.49	-15.6	182.85
智利	Chile	2010	271.40		15.95
哥伦比亚	Colombia	2004	142.81	0.7	3.34
哥斯达黎加	Costa Rica	2005	4.85		1.14
科特迪瓦	Cote d'Ivoire	2000	4079.55		246.98
克罗地亚	Croatia	2012	25.58	-85.3	5.97
古巴	Cuba	1996	432.38	-0.1	39.47
塞浦路斯	Cyprus	2012	16.10	-45.9	14.26
捷克	Czech Republic	2012	157.91	-91.6	14.97
朝鲜	Democratic People's Republic of Korea	2002	1384.00	-55.7	59.53
刚果民主共和国	Democratic Republic of the Congo	2000	0.02		0.00
丹麦	Denmark	2012	13.43	-92.5	2.40
多米尼加	Dominica	2005	0.22		3.12
多米尼加共和国	Dominican Republic	2000	110.15	42.9	12.86
厄瓜多尔	Ecuador	2006	8.87	37.7	0.64
爱沙尼亚	Estonia	2012	69.96	-62.0	52.84
埃塞俄比亚	Ethiopia	1995	13.20	18.9	0.23

资料来源：联合国气候变化框架公约秘书处。
　　　　　联合国统计司/联合国环境规划署2004年环境统计问卷，大气部分。
　　　　　联合国经济社会事务部人口司，世界人口展望：2015修订版，纽约，2015。
Sources:UN Framework Convention on Climate Change (UNFCCC) Secretatiat.
　　　　UNSD/UNEP 2004 Questionnaire on Environment Statistics, Air section.
　　　　United Nations, Department of Economic and Social Affairs, Population Division, World Population Prospects:
The 2015 Revision, New York, 2015.

附录4-4　续表 1　continued 1

国家或地区	Country or Area	最近年份 Latest Year Available	二氧化硫 排放量 （千吨） SO_2 Emissions (1000 tonnes)	比1990年 增减 （%） % Change since 1990 (%)	人均二氧化硫 排放量 （千克） SO_2 Emissions per Capita (kg)
斐济	Fiji	1994	0.03		0.04
芬兰	Finland	2012	52.06	-79.1	9.60
法国	France	2012	274.29	-79.7	4.32
加蓬	Gabon	2000	7.67		6.23
冈比亚	Gambia	2000	3031.94		2467.27
格鲁吉亚	Georgia	2006	0.50	-99.8	0.11
德国	Germany	2012	427.07	-91.9	5.31
加纳	Ghana	2000	0.50		0.03
希腊	Greece	2012	244.90	-48.6	22.04
危地马拉	Guatemala	1990	74.50		8.13
几内亚	Guinea	1994	0.44		0.06
圭亚那	Guyana	2004	6.90	-8.0	9.30
海地	Haiti	2000	13.58		1.59
洪都拉斯	Honduras	2000	0.38		0.06
匈牙利	Hungary	2012	31.80	-96.2	3.19
冰岛	Iceland	2012	83.88	295.1	259.36
伊朗	Iran (Islamic Republic of)	2000	139.46		2.12
爱尔兰	Ireland	2012	23.12	-87.3	4.95
以色列	Israel	2010	164.46		22.16
意大利	Italy	2012	181.73	-89.9	3.04
牙买加	Jamaica	1994	99.70		40.42
日本	Japan	2012	936.84	-25.3	7.37
约旦	Jordan	2006	138.00		24.95
哈萨克斯坦	Kazakhstan	2012	649.61	-37.9	38.62
科威特	Kuwait	1994	319.00		188.55
吉尔吉斯斯坦	Kyrgyzstan	2005	26.90	-72.7	5.26
老挝	Lao People's Democratic Republic	2000	1.59		0.30
拉脱维亚	Latvia	2012	2.39	-97.7	1.17
黎巴嫩	Lebanon	2000	93.42		28.87
莱索托	Lesotho	1998			
立陶宛	Lithuania	2012	36.48	-82.8	12.09
卢森堡	Luxembourg	2005	0.21	31.3	0.46
马达加斯加	Madagascar	2000	39.82		2.53
马里	Mali	1995			
马耳他	Malta	2012	8.25	-47.7	19.85
毛利塔尼亚	Mauritania	2000	0.09		0.03
毛里求斯	Mauritius	2006	11.44		9.32
墨西哥	Mexico	2002	2612.91	-3.1	24.75
密克罗尼西亚	Micronesia (Federated States of)	1994	0.53		5.00
摩纳哥	Monaco	2012	0.04	-42.9	1.07
黑山	Montenegro	2003	45.43	6.3	73.95
摩洛哥	Morocco	2000	484.09		16.39
纳米比亚	Namibia	2000	10.90		5.74
荷兰	Netherlands	2012	33.91	-82.9	2.02
新西兰	New Zealand	2012	78.16	33.8	17.62
尼加拉瓜	Nicaragua	2000	0.19		0.04

附录4-4 续表 2 continued 2

国家或地区	Country or Area	最近年份 Latest Year Available	二氧化硫 排放量 （千吨） SO_2 Emissions (1000 tonnes)	比1990年 增减 （%） % Change since 1990 (%)	人均二氧化硫 排放量 （千克） SO_2 Emissions per Capita (kg)
尼日尔	Niger	2000	2140		190.65
尼日利亚	Nigeria	2000	190		1.55
纽埃	Niue	1994	2211.18		1003713.12
挪威	Norway	2012	16.66	-68.1	3.32
阿曼	Oman	1994	3.38		1.58
巴基斯坦	Pakistan	1994	775.46		6.49
巴拿马	Panama	2000	0.13		0.04
巴拉圭	Paraguay	2000	0.16	-46.7	0.03
秘鲁	Peru	1994	123.26		5.22
菲律宾	Philippines	1994	458.53		6.72
波兰	Poland	2012	853.30	-73.4	22.10
葡萄牙	Portugal	2012	59.22	-81.7	5.63
卡塔尔	Qatar	2007	143.92		122.07
摩尔多瓦	Republic of Moldova	2010	18.78	-93.6	4.60
罗马尼亚	Romania	2012	293.03	-66.3	14.69
俄罗斯联邦	Russian Federation	2012	681.95	-16.0	4.76
卢旺达	Rwanda	2005	18.00		2.00
圣卢西亚	Saint Lucia	2000	0.10		1.86
圣文森特和格林纳丁斯	Saint Vincent and the Grenadines	1997	0.32	28.0	2.96
塞内加尔	Senegal	2000	41.96		4.26
塞尔维亚	Serbia	1998	388.00	-21.0	40.13
斯洛伐克	Slovakia	2012	58.52	-88.8	10.81
斯洛文尼亚	Slovenia	2012	10.12	-94.9	4.91
西班牙	Spain	2012	407.94	-81.2	8.75
斯里兰卡	Sri Lanka	2000	105.87		5.64
苏丹	Sudan	2000	1.00		0.04
斯威士兰	Swaziland	1994	1.97		2.09
瑞典	Sweden	2012	27.79	-73.6	2.91
瑞士	Switzerland	2012	10.67	-73.7	1.33
塔吉克斯坦	Tajikistan	2010	9.00	-73.5	1.19
泰国	Thailand	2000	618.90		9.87
马其顿	The Former Yugoslav Rep. of Macedonia	2009	205.83	6807.0	99.97
东帝汶	Timor-Leste	2010	0.40		0.38
多哥	Togo	2000	8.35		1.71
汤加	Tonga	2000	0.10		1.02
特立尼达和多巴哥	Trinidad and Tobago	1996	8.60	-1.7	7.04
突尼斯	Tunisia	2000	111.29		11.47
土耳其	Turkey	2012	248.83	-70.2	3.32
土库曼斯坦	Turkmenistan	2004	2.43		0.52
乌干达	Uganda	2000	4.10		0.17
乌克兰	Ukraine	2012	1687.55	-68.2	37.24
阿拉伯联合酋长国	United Arab Emirates	2005	10354.00		2310.14
英国	United Kingdom of Great Britain and Northern Ireland	2012	429.44	-88.5	6.75
坦桑尼亚	United Rep. of Tanzania	1994	175.74	8.4	6.05
美国	United States of America	2012	4739.47	-77.4	15.06
乌拉圭	Uruguay	2004	51.50	25.1	15.49
乌兹别克斯坦	Uzbekistan	2005	170.85	-74.9	6.59
越南	Viet Nam	2000	9.86		0.12
也门	Yemen	2000	12.00		0.67
赞比亚	Zambia	2000	6.16		0.58
津巴布韦	Zimbabwe	2000	1.04		0.08

附录4-5 二氧化碳排放(2011年)
CO$_2$ Emissions (2011)

国家或地区	Country or Area	二氧化碳排放量(百万吨) CO$_2$ Emissions (mio. tonnes)	比1990年增减(%) % Change since 1990 (%)	人均二氧化碳排放量(吨/人) CO$_2$ Emissions per Capita (tonne / person)	每平方公里二氧化碳排放量(吨/平方公里) CO$_2$ Emissions per km^2 (tonne / km^2)
阿富汗	Afghanistan	12.25	357.7	0.43	18.77
阿尔巴尼亚	Albania	4.67	-37.7	1.62	162.38
阿尔及利亚	Algeria	121.76	54.3	3.32	51.12
安道尔	Andorra	0.49		5.97	1050.00
安哥拉	Angola	29.71	570.7	1.35	23.83
安圭拉	Anguilla	0.14		10.25	1571.43
安提瓜和巴布达	Antigua and Barbuda	0.51	70.7	5.82	1161.54
阿根廷	Argentina	190.03	68.7	4.56	68.35
亚美尼亚	Armenia	4.96		1.67	166.81
阿鲁巴	Aruba	2.44	32.5	23.92	13547.78
澳大利亚	Australia	398.16	44.2	17.66	51.76
奥地利	Austria	70.35	13.4	8.35	838.83
阿塞拜疆	Azerbaijan	33.46		3.63	386.35
巴哈马	Bahamas	1.91	-2.3	5.20	136.76
巴林	Bahrain	23.44	85.1	17.95	30943.23
孟加拉国	Bangladesh	57.07	267.4	0.37	386.73
巴巴多斯	Barbados	1.57	45.7	5.58	3641.40
白俄罗斯	Belarus	55.38	-46.7	5.84	266.77
比利时	Belgium	104.27	-12.4	9.47	3415.58
伯利兹	Belize	0.55	76.5	1.67	23.95
贝宁	Benin	4.99	597.4	0.51	43.46
百慕大	Bermuda	0.39	-34.3	6.17	7403.77
不丹	Bhutan	0.56	337.3	0.77	14.61
玻利维亚	Bolivia (Plurinational State of)	16.12	191.7	1.60	14.67
波黑	Bosnia and Herzegovina	23.75		6.20	463.74
博茨瓦纳	Botswana	4.86	122.9	2.32	8.34
巴西	Brazil	439.41	110.4	2.19	51.61
英属维尔京群岛	British Virgin Islands	0.18	166.7	6.31	1165.56
文莱	Brunei Darussalam	9.74	56.8	24.39	1690.06
保加利亚	Bulgaria	53.20	-33.7	7.23	479.78
布基纳法索	Burkina Faso	1.93	229.4	0.12	7.08

资料来源: 联合国统计司千年发展目标数据库。

联合国经济社会事务部人口司, 世界人口展望: 2015年修订版, 纽约, 2015。

联合国统计司, 人口统计年鉴2011。

Sources: UNSD Millennium Development Goals Indicators database.

United Nations, Department of Economic and Social Affairs, Population Division, World Population Prospects: World Population Prospects: The 2015 Revision, New York, 2015.

UNSD Demographic Yearbook 2011.

附录4-5　续表 1　continued 1

国家或地区	Country or Area	二氧化碳排放量（百万吨）CO_2 Emissions (mio. tonnes)	比1990年增减（%）% Change since 1990 (%)	人均二氧化碳排放量（吨／人）CO_2 Emissions per Capita (tonne / person)	每平方公里二氧化碳排放量（吨／平方公里）CO_2 Emissions per km^2 (tonne / km^2)
布隆迪	Burundi	0.21	-28.8	0.02	7.51
佛得角	Cabo Verde	0.43	383.4	0.86	105.48
柬埔寨	Cambodia	4.50	896.8	0.31	24.83
喀麦隆	Cameroon	5.66	225.7	0.27	11.90
加拿大	Canada	557.29	21.4	16.15	55.81
开曼群岛	Cayman Islands	0.58	130.5	10.31	2208.71
中非共和国	Central African Republic	0.29	44.4	0.06	0.46
乍得	Chad	0.54	267.4	0.04	0.42
智利	Chile	79.41	138.4	4.62	105.02
中国	China	9 019.52	266.5	6.69	939.83
中国香港	China, Hong Kong SAR	40.27	45.6	5.72	36480.71
中国澳门	China, Macao SAR	1.17	12.8	2.13	38870.00
哥伦比亚	Colombia	72.42	26.3	1.56	63.43
科摩罗	Comoros	0.16	104.8	0.22	70.56
刚果	Congo	2.25	89.2	0.54	6.57
库克群岛	Cook Islands	0.07	216.8	3.42	295.34
哥斯达黎加	Costa Rica	7.84	165.4	1.70	153.50
科特迪瓦	Cote d'Ivoire	6.45	11.2	0.31	19.99
克罗地亚	Croatia	20.92	-10.4	4.86	369.62
古巴	Cuba	35.92	7.2	3.17	326.91
塞浦路斯	Cyprus	7.57	63.5	6.78	817.88
捷克	Czech Republic	115.07	-30.1	10.92	1459.06
朝鲜	Democratic People's Republic of Korea	73.58	-69.9	2.99	610.42
刚果民主共和国	Dem. Rep. of the Congo	3.43	-15.9	0.05	1.46
丹麦	Denmark	45.48	-16.1	8.15	1055.26
吉布提	Djibouti	0.47	25.2	0.56	20.39
多米尼加	Dominica	0.12	112.4	1.75	166.05
多米尼加共和国	Dominican Republic	21.89	137.1	2.18	449.72
厄瓜多尔	Ecuador	35.73	112.2	2.35	139.36
埃及	Egypt	220.79	190.7	2.64	220.35
萨尔瓦多	El Salvador	6.68	155.3	1.10	317.71
赤道几内亚	Equatorial Guinea	6.69	5427.8	8.91	238.44
厄立特里亚	Eritrea	0.52		0.11	4.43
爱沙尼亚	Estonia	18.43	-49.8	13.88	407.44
埃塞俄比亚	Ethiopia	7.54	149.9	0.08	6.83
法罗群岛	Faeroe Islands	0.57	-8.8	11.72	408.04
福克兰群岛（马尔维纳斯群岛）	Falkland Islands (Malvinas)	0.06	49.9	19.26	4.52
斐济	Fiji	1.24	51.1	1.42	67.63

附录4-5 续表 2 continued 2

国家或地区	Country or Area	二氧化碳 排放量 （百万吨） CO_2 Emissions (mio. tonnes)	比1990年 增减 （%） % Change since 1990 (%)	人均二氧化碳 排放量 （吨／人） CO_2 Emissions per Capita (tonne / person)	每平方公里 二氧化碳排放量 （吨／平方公里） CO_2 Emissions per km^2 (tonne / km^2)
芬兰	Finland	56.40	-0.4	10.45	167.44
法国	France	364.82	-8.5	5.77	661.50
法属圭亚那	French Guiana	0.72	-11.7	2.99	8.60
法属波利尼西亚	French Polynesia	0.86	36.1	3.17	214.53
加蓬	Gabon	2.24	-53.8	1.42	8.36
冈比亚	Gambia	0.42	121.1	0.24	37.34
格鲁吉亚	Georgia	7.93		1.89	113.80
德国	Germany	810.44	-22.2	10.08	2269.37
加纳	Ghana	10.08	156.4	0.40	42.26
直布罗陀	Gibraltar	0.45	377.1	14.64	75783.33
希腊	Greece	94.25	13.6	8.45	714.25
格陵兰	Greenland	0.71	27.0	12.54	0.33
格林纳达	Grenada	0.25	130.0	2.41	735.47
瓜德鲁普	Guadeloupe	1.77	37.1	3.87	1040.94
危地马拉	Guatemala	11.26	121.3	0.75	103.39
几内亚	Guinea	2.60	145.8	0.23	10.56
几内亚比绍	Guinea-Bissau	0.25	-2.9	0.15	6.80
圭亚那	Guyana	1.78	56.3	2.36	8.29
海地	Haiti	2.21	122.5	0.22	79.68
洪都拉斯	Honduras	8.41	224.5	1.10	74.78
匈牙利	Hungary	49.86	-31.2	4.99	535.96
冰岛	Iceland	3.33	54.3	10.38	32.36
印度	India	2 074.34	200.4	1.66	631.02
印度尼西亚	Indonesia	563.98	277.1	2.30	295.14
伊朗	Iran (Islamic Republic of)	586.60	177.8	7.80	360.15
伊拉克	Iraq	133.65	154.3	4.19	307.08
爱尔兰	Ireland	37.72	16.3	8.11	540.15
以色列	Israel	69.52	90.3	9.19	3149.81
意大利	Italy	413.38	-4.9	6.93	1371.82
牙买加	Jamaica	7.76	-2.6	2.82	705.67
日本	Japan	1 240.63	8.7	9.75	3282.70
约旦	Jordan	22.26	114.0	3.29	249.18
哈萨克斯坦	Kazakhstan	261.76		15.81	96.06
肯尼亚	Kenya	13.57	133.0	0.33	23.34
基里巴斯	Kiribati	0.06	183.2	0.60	85.77
科威特	Kuwait	91.03	88.4	28.10	5108.86
吉尔吉斯斯坦	Kyrgyzstan	6.62		1.19	33.08

附录4-5　续表 3　continued 3

国家或地区	Country or Area	二氧化碳排放量 （百万吨） CO$_2$ Emissions (mio. tonnes)	比1990年增减 （%） % Change since 1990 (%)	人均二氧化碳排放量 （吨/人） CO$_2$ Emissions per Capita (tonne / person)	每平方公里二氧化碳排放量 （吨/平方公里） CO$_2$ Emissions per km^2 (tonne / km^2)
老挝	Lao People's Dem. Rep.	1.20	412.5	0.19	5.08
拉脱维亚	Latvia	7.75	-59.3	3.76	120.06
黎巴嫩	Lebanon	20.49	125.1	4.46	1960.15
莱索托	Lesotho	2.20		1.08	72.48
利比里亚	Liberia	0.89	84.1	0.22	8.00
利比亚	Libya	39.02	6.1	6.20	22.18
列支敦士登	Liechtenstein	0.18	-10.4	4.93	1125.00
立陶宛	Lithuania	14.03	-60.8	4.57	214.85
卢森堡	Luxembourg	11.14	-6.8	21.42	4307.15
马达加斯加	Madagascar	2.45	148.3	0.11	4.17
马拉维	Malawi	1.21	97.0	0.08	10.18
马来西亚	Malaysia	225.69	298.8	7.90	682.26
马尔代夫	Maldives	1.10	616.8	3.26	3679.33
马里	Mali	1.25	196.5	0.08	1.01
马耳他	Malta	2.67	42.9	6.44	8442.72
马绍尔群岛	Marshall Islands	0.10	115.3	1.95	567.40
马提尼克	Martinique	2.45	18.4	6.21	2171.63
毛里塔尼亚	Mauritania	2.31	-13.3	0.63	2.24
毛里求斯	Mauritius	3.92	167.7	3.13	1989.03
墨西哥	Mexico	466.55	48.4	3.88	237.50
密克罗尼西亚	Micronesia (Federated States of)	0.13		1.24	182.76
慕尼黑	Monaco	0.08	-24.9	2.13	39600.00
蒙古	Mongolia	19.08	90.0	6.92	12.20
黑山	Montenegro	2.57		4.13	186.11
蒙特塞拉特	Montserrat	0.08	100.2	16.16	791.18
摩洛哥	Morocco	56.54	140.2	1.74	126.61
莫桑比克	Mozambique	3.28	227.8	0.13	4.09
缅甸	Myanmar	10.44	144.2	0.20	15.43
纳米比亚	Namibia	2.78	10701.2	1.24	3.37
瑙鲁	Nauru	0.05	-67.5	5.11	2442.86
尼泊尔	Nepal	4.33	583.2	0.16	29.45
荷兰	Netherlands	168.06	5.5	10.07	4499.07
新喀里多尼亚	New Caledonia	3.85	137.2	15.43	207.48
新西兰	New Zealand	33.26	33.5	7.55	122.97
尼加拉瓜	Nicaragua	4.90	92.2	0.84	37.58
尼日尔	Niger	1.42	70.9	0.08	1.12
尼日利亚	Nigeria	88.03	94.0	0.54	95.29

附录4-5 续表 4 continued 4

国家或地区	Country or Area	二氧化碳排放量（百万吨）CO_2 Emissions (mio. tonnes)	比1990年增减（%）% Change since 1990 (%)	人均二氧化碳排放量（吨／人）CO_2 Emissions per Capita (tonne / person)	每平方公里二氧化碳排放量（吨／平方公里）CO_2 Emissions per km^2 (tonne / km^2)
纽埃	Niue	0.01	197.3	6.81	42.31
挪威	Norway	44.60	27.8	9.00	137.73
阿曼	Oman	64.85	469.6	20.20	209.55
巴基斯坦	Pakistan	163.45	138.4	0.94	205.32
帕劳	Palau	0.22		10.86	487.36
巴拿马	Panama	9.67	249.1	2.63	128.17
巴布亚新几内亚	Papua New Guinea	5.23	144.2	0.75	11.30
巴拉圭	Paraguay	5.30	134.2	0.84	13.03
秘鲁	Peru	53.07	150.7	1.78	41.29
菲律宾	Philippines	82.01	96.4	0.87	273.38
波兰	Poland	327.72	-12.6	8.49	1050.77
葡萄牙	Portugal	51.24	13.6	4.85	555.71
卡塔尔	Qatar	83.88	612.3	44.02	7226.27
韩国	Republic of Korea	589.43	138.7	11.94	5892.32
摩尔多瓦	Republic of Moldova	4.98		1.22	147.13
留尼汪	Réunion	4.51	210.6	5.39	1794.83
罗马尼亚	Romania	85.60	-51.9	4.26	359.09
俄罗斯联邦	Russian Federation	1 650.27	-34.2	11.52	96.52
卢旺达	Rwanda	0.66	22.3	0.06	25.20
圣赫勒拿	Saint Helena	0.01	50.7	2.66	90.16
圣基茨和尼维斯	Saint Kitts and Nevis	0.27	305.6	5.05	1025.67
圣卢西亚	Saint Lucia	0.41	146.7	2.27	755.10
圣皮埃尔岛和密克隆	Saint Pierre and Miquelon	0.07	-24.0	11.11	288.02
圣文森特和格林纳丁斯	Saint Vincent and the Grenadines	0.24	195.4	2.18	612.85
萨摩亚	Samoa	0.23	88.2	1.25	82.59
圣多美和普林西比	Sao Tome and Principe	0.10	115.3	0.59	106.54
沙特阿拉伯	Saudi Arabia	520.28	138.7	18.07	242.02
塞内加尔	Senegal	7.86	146.9	0.59	39.95
塞尔维亚	Serbia	49.19		5.45	556.64
塞舌尔	Seychelles	0.60	425.7	6.37	1323.32
塞拉利昂	Sierra Leone	0.90	131.1	0.15	12.43
新加坡	Singapore	22.39	-52.3	4.31	31351.53
斯洛伐克	Slovakia	37.23	-39.8	6.88	759.30
斯洛文尼亚	Slovenia	16.18	9.4	7.86	798.00
所罗门群岛	Solomon Islands	0.20	22.8	0.37	6.85
索马里	Somalia	0.58	3045.9	0.06	0.90

附录4-5 续表 5 continued 5

国家或地区	Country or Area	二氧化碳排放量（百万吨）CO_2 Emissions (mio. tonnes)	比1990年增减（%）% Change since 1990 (%)	人均二氧化碳排放量（吨／人）CO_2 Emissions per Capita (tonne / person)	每平方公里二氧化碳排放量（吨／平方公里）CO_2 Emissions per km^2 (tonne / km^2)
南非	South Africa	477.24	49.2	9.14	390.85
西班牙	Spain	280.92	23.5	6.01	555.19
斯里兰卡	Sri Lanka	15.23	293.7	0.75	232.17
巴勒斯坦	State of Palestine	2.25		0.54	373.41
苏里南	Suriname	1.91	5.5	3.65	11.66
斯威士兰	Swaziland	1.05	146.5	0.87	60.40
瑞典	Sweden	48.48	-15.2	5.12	107.67
瑞士	Switzerland	41.85	-6.3	5.28	1013.63
叙利亚	Syrian Arab Republic	57.67	54.0	2.81	311.43
塔吉克斯坦	Tajikistan	2.78		0.36	19.45
泰国	Thailand	303.37	216.6	4.53	591.23
马其顿	The Former Yugoslav Rep. of Macedonia	9.34		4.52	363.09
东帝汶	Timor-Leste	0.18		0.17	12.29
多哥	Togo	2.10	171.1	0.32	36.94
汤加	Tonga	0.10	33.4	0.98	137.48
特立尼达和多巴哥	Trinidad and Tobago	49.57	192.3	37.14	9663.59
突尼斯	Tunisia	25.64	93.3	2.38	156.73
土耳其	Turkey	345.73	144.2	4.70	441.23
土库曼斯坦	Turkmenistan	62.22		12.18	127.47
特克斯和凯科斯群岛	Turks and Caicos Islands	0.19		6.01	201.11
乌干达	Uganda	3.80	373.0	0.11	15.73
乌克兰	Ukraine	306.53	-57.6	6.74	507.93
阿拉伯联合酋长国	United Arab Emirates	178.48	243.2	20.43	2134.98
英国	United Kingdom of Great Britain and Northern Ireland	464.04	-21.5	7.35	1913.59
坦桑尼亚	United Republic of Tanzania	7.30	207.7	0.15	7.73
美国	United States of America	5 583.38	9.5	17.87	579.84
乌拉圭	Uruguay	7.77	94.7	2.30	44.12
乌兹别克斯坦	Uzbekistan	114.86		4.08	256.73
瓦努阿图	Vanuatu	0.14	105.2	0.59	11.73
委内瑞拉	Venezuela (Bolivarian Republic of)	188.82	54.6	6.42	207.03
越南	Viet Nam	173.21	709.1	1.94	523.36
瓦利斯和富图纳群岛	Wallis and Futuna Islands	0.03		1.91	180.99
也门	Yemen	22.30	-843.3	0.92	42.23
赞比亚	Zambia	3.05	24.6	0.21	4.05
津巴布韦	Zimbabwe	9.86	-36.4	0.69	25.23

附录4-6　温室气体排放
Greenhouse Gas Emissions

国家或地区	Country or Area	最近年份 Latest Year Available	温室气体 排放总量 (百万吨二氧 化碳当量) Total GHG Emissions (mio. tonnes of CO_2 equivalent)	比1990年 增减 (%) % Change since 1990 (%)	人均温室气体 排放量 (吨二氧化碳 当量／人) GHG Emissions per Capita (tonnes of CO_2 equivalent/person)
阿富汗	Afghanistan	2005	19.33		0.79
阿尔巴尼亚	Albania	1994	5.53	-22.43	1.76
阿尔及利亚	Algeria	2000	111.02		3.56
安哥拉	Angola	2005	61.61		3.44
安提瓜和巴布达	Antigua and Barbuda	2000	0.60	53.81	7.70
阿根廷	Argentina	2000	282.00	22.05	7.61
亚美尼亚	Armenia	2010	7.20	-71.14	2.43
澳大利亚	Australia	2012	543.65	31.01	23.73
奥地利	Austria	2012	80.06	2.53	9.47
阿塞拜疆	Azerbaijan	1994	43.17	-28.97	5.62
巴哈马	Bahamas	1994	2.20	14.72	7.96
巴林	Bahrain	2000	22.37		33.55
孟加拉国	Bangladesh	2005	99.44		0.70
巴巴多斯	Barbados	1997	2.20	-32.90	8.24
白俄罗斯	Belarus	2012	89.28	-35.84	9.41
比利时	Belgium	2012	116.52	-18.49	10.52
伯利兹	Belize	1994	6.34		31.41
贝宁	Benin	2000	6.25		0.90
不丹	Bhutan	2000	1.56		2.76
玻利维亚	Bolivia (Plurinational State of)	2004	43.67	184.95	4.87
波黑	Bosnia and Herzegovina	2001	16.12	-52.65	4.24
博茨瓦纳	Botswana	1994	9.29		6.04
巴西	Brazil	2005	862.81	49.67	4.58
保加利亚	Bulgaria	2012	61.26	-44.22	8.39
布基纳法索	Burkina Faso	1994	5.97		0.61
布隆迪	Burundi	2005	26.47		3.34
佛得角	Cabo Verde	2000	0.45		1.02
柬埔寨	Cambodia	1994	12.76		1.23
喀麦隆	Cameroon	1994	165.73		12.23
加拿大	Canada	2012	698.63	18.23	20.25
中非共和国	Central African Republic	1994	37.74		11.60
乍得	Chad	1993	8.02		1.22

资料来源：联合国气候变化框架公约秘书处。
　　　　联合国经济社会事务部人口司，世界人口展望：2015年修订版。
Sources: UN Framework Convention on Climate Change (UNFCCC) Secretatiat.
　　　　United Nations, Department of Economic and Social Affairs, Population Division, World Population Prospects:
　　　　The 2015 Revision.

附录4-6 续表 1 continued 1

国家或地区	Country or Area	最近年份 Latest Year Available	温室气体 排放总量 (百万吨二氧 化碳当量) Total GHG Emissions (mio. tonnes of CO_2 equivalent)	比1990年 增减 (%) % Change since 1990 (%)	人均温室气体 排放量 (吨二氧化碳 当量／人) GHG Emissions per Capita (tonnes of CO_2 equivalent/person)
智利	Chile	2006	78.96		4.85
中国	China	2005	7465.86		5.72
哥伦比亚	Colombia	2004	153.88	29.61	3.60
科摩罗	Comoros	1994	0.51		1.10
刚果	Congo	2000	2.07		0.66
库克群岛	Cook Islands	1994	0.08		4.40
哥斯达黎加	Costa Rica	2005	12.11	98.87	2.85
科特迪瓦	Cote d'Ivoire	2000	271.20		16.42
克罗地亚	Croatia	2012	26.45	-17.29	6.17
古巴	Cuba	1996	26.51	-58.28	2.42
塞浦路斯	Cyprus	2012	9.26	52.09	8.20
捷克	Czech Republic	2012	131.47	-32.98	12.47
朝鲜	Democratic People's Republic of Korea	2002	87.33	-57.92	3.76
刚果民主共和国	Democratic Republic of the Congo	2003	46.00		0.87
丹麦	Denmark	2012	53.12	-24.14	9.48
吉布提	Djibouti	2000	1.07		1.48
多米尼加	Dominica	2005	0.18		2.58
多米尼加共和国	Dominican Republic	2000	26.43	109.11	3.09
厄瓜多尔	Ecuador	2006	247.99	38.82	17.75
埃及	Egypt	2000	193.24	65.53	2.83
萨尔瓦多	El Salvador	2005	11.07		1.86
厄立特里亚	Eritrea	2000	3.93		1.11
爱沙尼亚	Estonia	2012	19.19	-52.77	14.49
埃塞俄比亚	Ethiopia	1995	47.75	10.99	0.86
斐济	Fiji	2004	2.71		3.31
芬兰	Finland	2012	60.97	-13.31	11.24
法国	France	2012	496.40	-11.42	7.81
加蓬	Gabon	2000	6.16		5.00
冈比亚	Gambia	2000	19.38		15.77
格鲁吉亚	Georgia	2006	12.22	-73.05	2.76
德国	Germany	2012	939.08	-24.76	11.67
加纳	Ghana	2006	18.23	97.52	0.97
希腊	Greece	2012	110.99	5.77	9.99
格林纳达	Grenada	1994	1.61		16.16
危地马拉	Guatemala	1990	14.74		1.61
几内亚	Guinea	1994	5.06		0.67
几内亚比绍	Guinea-Bissau	1994	1.69		1.47
圭亚那	Guyana	2004	3.07	13.17	4.14

附录4-6 续表 2 continued 2

国家或地区 Country or Area		最近年份 Latest Year Available	温室气体 排放总量 （百万吨二氧 化碳当量） Total GHG Emissions (mio. tonnes of CO_2 equivalent)	比1990年 增减 (%) % Change since 1990 (%)	人均温室气体 排放量 （吨二氧化碳 当量／人） GHG Emissions per Capita (tonnes of CO_2 equivalent/person)
海地	Haiti	2000	6.68		0.78
洪都拉斯	Honduras	2000	10.30		1.65
匈牙利	Hungary	2012	61.98	-36.50	6.22
冰岛	Iceland	2012	4.47	26.28	13.81
印度	India	2000	1523.77		1.45
印度尼西亚	Indonesia	2000	554.33	107.76	2.62
伊朗	Iran (Islamic Republic of)	2000	483.67		7.35
爱尔兰	Ireland	2012	58.53	5.95	12.54
以色列	Israel	2010	75.42		10.16
意大利	Italy	2012	461.19	-11.15	7.72
牙买加	Jamaica	1994	116.31		47.15
日本	Japan	2012	1343.14	8.81	10.56
约旦	Jordan	2006	27.75		5.02
哈萨克斯坦	Kazakhstan	2012	283.55	-20.71	16.86
肯尼亚	Kenya	1994	21.47		0.81
基里巴斯	Kiribati	1994	0.03		0.36
科威特	Kuwait	1994	32.37		19.13
吉尔吉斯斯坦	Kyrgyzstan	2005	12.02	-60.29	2.35
老挝	Lao People's Dem. Rep.	2000	8.90	29.59	1.67
拉脱维亚	Latvia	2012	10.98	-58.11	5.39
黎巴嫩	Lebanon	2000	18.45		5.70
莱索托	Lesotho	2000	3.51		1.93
利比里亚	Liberia	2000	8.02		2.77
列支敦士登	Liechtenstein	2012	0.23	-1.47	6.17
立陶宛	Lithuania	2012	21.62	-55.62	7.17
卢森堡	Luxembourg	2012	11.84	-8.25	22.77
马达加斯加	Madagascar	2000	29.34		1.86
马拉维	Malawi	1994	7.07	-12.11	0.73
马来西亚	Malaysia	2000	193.40		8.26
马尔代夫	Maldives	1994	0.15		0.62
马里	Mali	2000	12.30		1.11
马耳他	Malta	2012	3.14	57.65	7.56
毛里塔尼亚	Mauritania	2000	6.94		2.56
毛里求斯	Mauritius	2006	4.76		3.88
墨西哥	Mexico	2006	641.45	50.83	5.84
密克罗尼西亚	Micronesia (Federated States of)	1994	0.25		2.32

附录4-6 续表 3 continued 3

国家或地区	Country or Area	最近年份 Latest Year Available	温室气体 排放总量 (百万吨二氧 化碳当量) Total GHG Emissions (mio. tonnes of CO_2 equivalent)	比1990年 增减 (%) % Change since 1990 (%)	人均温室气体 排放量 (吨二氧化碳 当量／人) GHG Emissions per Capita (tonnes of CO_2 equivalent/person)
摩纳哥	Monaco	2012	0.09	-14.69	2.50
蒙古	Mongolia	2006	17.71	-8.32	7.52
黑山	Montenegro	2003	5.31	4.87	8.65
摩洛哥	Morocco	2000	59.70		2.02
莫桑比克	Mozambique	1994	8.22	21.24	0.54
缅甸	Myanmar	2005	38.37		0.77
纳米比亚	Namibia	2000	9.09		4.79
瑙鲁	Nauru	1994	0.04		3.64
尼泊尔	Nepal	1994	31.19		1.50
荷兰	Netherlands	2012	191.67	-9.53	11.44
新西兰	New Zealand	2012	76.05	25.41	17.14
尼加拉瓜	Nicaragua	2000	11.98		2.38
尼日尔	Niger	2000	13.63	180.83	1.21
尼日利亚	Nigeria	2000	212.44		1.73
纽埃	Niue	1994	4.42		2007.33
挪威	Norway	2012	52.76	4.53	10.51
阿曼	Oman	1994	20.88		9.76
巴基斯坦	Pakistan	1994	160.59		1.34
帕劳	Palau	2000	0.09		5.50
巴拿马	Panama	2000	9.71		3.09
巴布亚新几内亚	Papua New Guinea	1994	5.01		1.09
巴拉圭	Paraguay	2000	23.43	-58.31	4.42
秘鲁	Peru	2010	80.59		2.74
菲律宾	Philippines	2000	126.88		1.63
波兰	Poland	2012	399.27	-14.39	10.34
葡萄牙	Portugal	2012	68.85	13.13	6.55
卡塔尔	Qatar	2007	61.59		52.24
韩国	Republic of Korea	2012	688.43	133.70	13.95
摩尔多瓦	Republic of Moldova	2010	13.28	-69.31	3.25
罗马尼亚	Romania	2012	118.79	-52.04	5.96
俄罗斯联邦	Russian Federation	2012	2297.15	-31.79	16.03
卢旺达	Rwanda	2005	6.18		0.69
圣基茨和尼维斯	Saint Kitts and Nevis	1994	0.16		3.06
圣卢西亚	Saint Lucia	2000	0.55		3.51
圣文森特和格林纳	Saint Vincent and the Grenadines	1997	0.11	-72.76	0.99
萨摩亚	Samoa	1994	0.56		3.32
圣马力诺	San Marino	2007	0.24		7.95
圣多美和普林西比	Sao Tome and Principe	2005	0.10		0.65
沙特阿拉伯	Saudi Arabia	2000	296.06	79.14	13.84
塞内加尔	Senegal	2000	16.88		1.71
塞尔维亚	Serbia	1998	50.60	-37.37	5.23
塞舌尔	Seychelles	2000	0.33		4.07
新加坡	Singapore	2010	46.87		9.03
斯洛伐克	Slovakia	2012	43.12	-41.42	7.96

附录4-6　续表 4　continued 4

国家或地区	Country or Area	最近年份 Latest Year Available	温室气体 排放总量 (百万吨二氧 化碳当量) Total GHG Emissions (mio. tonnes of CO_2 equivalent)	比1990年 增减 (%) % Change since 1990 (%)	人均温室气体 排放量 (吨二氧化碳 当量／人) GHG Emissions per Capita (tonnes of CO_2 equivalent/person)
斯洛文尼亚	Slovenia	2012	18.91	2.53	9.17
所罗门群岛	Solomon Islands	1994	0.29		0.84
南非	South Africa	1994	379.84	9.35	9.37
西班牙	Spain	2012	340.81	20.11	7.31
斯里兰卡	Sri Lanka	2000	18.80		1.00
苏丹	Sudan	2000	67.84		2.42
苏里南	Suriname	2003	3.33		6.83
斯威士兰	Swaziland	1994	7.54		7.98
瑞典	Sweden	2012	57.61	-20.79	6.04
瑞士	Switzerland	2012	51.49	-2.84	6.42
塔吉克斯坦	Tajikistan	2010	8.18	-66.16	1.08
泰国	Thailand	2000	236.95		3.78
马其顿	The Former Yugoslav Rep. of Macedonia	2009	11.49	-13.32	5.58
东帝汶	Timor-Leste	2010	1.28		1.21
多哥	Togo	2000	4.92		1.01
汤加	Tonga	2000	0.25		2.50
特立尼达和多巴哥	Trinidad and Tobago	1990	16.01		13.10
突尼斯	Tunisia	2000	34.24		3.53
土耳其	Turkey	2012	439.87	133.44	5.88
土库曼斯坦	Turkmenistan	2004	75.41		16.06
图瓦卢	Tuvalu	1994	0.01		0.61
乌干达	Uganda	2000	27.56		1.16
乌克兰	Ukraine	2012	402.67	-57.36	8.88
阿拉伯联合酋长国	United Arab Emirates	2005	195.31		43.58
英国	United Kingdom of Great Britain and Northern Ireland	2012	586.36	-25.15	9.22
坦桑尼亚	United Republic of Tanzania	1994	39.24	0.64	1.35
美国	United States of America	2012	6487.85	4.31	20.61
乌拉圭	Uruguay	2004	36.28	13.00	10.91
乌兹别克斯坦	Uzbekistan	2005	199.84	9.26	7.71
瓦努阿图	Vanuatu	1994	0.30		1.82
委内瑞拉	Venezuela (Bolivarian Republic of)	1999	114.13		4.75
越南	Viet Nam	2010	266.05		3.31
也门	Yemen	2000	25.74		1.45
赞比亚	Zambia	2000	14.40		1.36
津巴布韦	Zimbabwe	2000	68.54		5.48

附录4-7 消耗臭氧层物质消费量

国家和地区	Country or Area	氟氯化碳消费量 Consumption of CFCs	
		基线水平 (吨) Baseline ODP tonnes	2013年消费量 (吨) 2013 ODP tonnes
阿富汗	Afghanistan	380.0	
阿尔巴尼亚	Albania	40.8	
阿尔及利亚	Algeria	2119.5	
安道尔	Andorra	67.5	
安哥拉	Angola	114.8	
安提瓜和巴布达	Antigua and Barbuda	10.7	
阿根廷	Argentina	4697.2	
亚美尼亚	Armenia	196.5	
澳大利亚	Australia	14290.4	-7.5
阿塞拜疆	Azerbaijan	480.6	
巴哈马	Bahamas	64.9	
巴林	Bahrain	135.4	
孟加拉国	Bangladesh	581.6	
巴巴多斯	Barbados	21.5	
白俄罗斯	Belarus	2510.9	
伯利兹	Belize	24.4	
贝宁	Benin	59.9	
不丹	Bhutan	0.2	
玻利维亚	Bolivia (Plurinational State of)	75.7	
波黑	Bosnia and Herzegovina	24.2	
博茨瓦纳	Botswana	6.9	
巴西	Brazil	10525.8	
文莱	Brunei Darussalam	78.2	
布基纳法索	Burkina Faso	36.3	
布隆迪	Burundi	59.0	
柬埔寨	Cambodia	94.2	
喀麦隆	Cameroon	256.9	
加拿大	Canada	19958.2	

资料来源：联合国统计司千年发展目标数据库。
Sources:UNSD Millennium Development Goals Database.

Consumption of Ozone-Depleting Substances(ODS)

比基线水平减少 (%) Reduction from Baseline (%)	全部消耗臭氧层物质消费量 Consumption of All ODS		
	2002年消费量 (吨) 2002 ODP tonnes	2013年消费量 (吨) 2013 ODP tonnes	比2002年减少 (%) Reduction from 2002 (%)
100.0	181.5	17.7	90.2
100.0	50.5	5.7	88.7
100.0	1966.1	52.0	97.4
100.0			
100.0	110.0	15.4	86.0
100.0	4.0	0.2	95.0
100.0	2386.0	497.7	79.1
100.0	174.4	4.5	97.4
100.1	389.7	48.3	87.6
100.0	12.1	1.8	85.1
100.0	58.4	2.7	95.4
100.0	138.1	49.6	64.1
100.0	350.1	64.9	81.5
100.0	12.1	2.3	81.0
100.0	2.7	7.0	-159.3
100.0	21.7	2.4	88.9
100.0	36.0	22.2	38.3
100.0	0.1	0.3	-200.0
100.0	67.4	0.4	99.4
100.0	259.2	5.1	98.0
100.0	10.2	10.8	-5.9
100.0	3589.4	1189.3	66.9
100.0	46.3	4.3	90.7
100.0	27.9	14.9	46.6
100.0	19.2	7.1	63.0
100.0	97.0	9.5	90.2
100.0	261.7	82.3	68.6
100.0	923.1	65.9	92.9

附录4-7 续表 1

国家和地区	Country or Area	氟氯化碳消费量 Consumption of CFCs	
		基线水平 (吨) Baseline ODP tonnes	2013年消费量 (吨) 2013 ODP tonnes
佛得角	Cape Verde	2.3	
中非共和国	Central African Republic	11.2	
乍得	Chad	34.6	
智利	Chile	828.7	
中国	China	57818.7	-386.6
哥伦比亚	Colombia	2208.2	
科摩罗	Comoros	2.5	
刚果	Congo	11.9	
库克群岛	Cook Islands	1.7	
哥斯达黎加	Costa Rica	250.2	
科特迪瓦	Cote d'Ivoire	294.2	
克罗地亚	Croatia	219.3	
古巴	Cuba	625.1	
朝鲜	Democratic People's Republic of Korea	441.7	
刚果民主共和国	Democratic Republic of the Congo	665.7	
吉布提	Djibouti	21.0	
多米尼加	Dominica	1.5	
多米尼加共和国	Dominican Republic	539.8	
厄瓜多尔	Ecuador	301.4	
埃及	Egypt	1668.0	
萨尔瓦多	El Salvador	306.5	
赤道几内亚	Equatorial Guinea	31.5	
厄立特里亚	Eritrea	41.1	
爱沙尼亚	Ethiopia	33.8	
欧盟	European Union (EU)	301930.2	-1042.9
斐济	Fiji	33.4	
加蓬	Gabon	10.3	
冈比亚	Gambia	23.8	
格鲁吉亚	Georgia	22.5	
加纳	Ghana	35.8	
格林纳达	Grenada	6.0	
危地马拉	Guatemala	224.6	
几内亚	Guinea	42.4	
几内亚比绍	Guinea-Bissau	26.3	
圭亚那	Guyana	53.2	

continued 1

比基线水平减少 (%) Reduction from Baseline (%)	全部消耗臭氧层物质消费量 Consumption of All ODS		
	2002年消费量 (吨) 2002 ODP tonnes	2013年消费量 (吨) 2013 ODP tonnes	比2002年减少 (%) Reduction from 2002 (%)
100.0	1.8	0.2	88.9
	4.6		100.0
100.0	27.3	15.2	44.3
100.0	591.9	241.9	59.1
100.7	47804.1	15690.6	67.2
100.0	1002.2	176.7	82.4
100.0	1.9	0.1	94.7
100.0	11.2	9.4	16.1
100.0			
100.0	425.4	12.6	97.0
100.0	121.2	54.2	55.3
	172.3		100.0
100.0	518.0	12.2	97.6
100.0	2326.3	90.6	96.1
100.0	1081.3	35.9	96.7
100.0	15.8	0.6	96.2
100.0	3.1	0.1	96.8
100.0	406.9	34.8	91.4
100.0	273.4	22.0	92.0
100.0	1944.1	352.2	81.9
100.0	108.1	8.1	92.5
100.0	27.9	5.1	81.7
100.0	32.2	1.0	96.9
100.0	86.6	5.5	93.6
100.3	-6754.6	-3249.4	51.9
100.0	5.3	7.7	-45.3
100.0	6.9	28.6	-314.5
100.0	4.9	0.9	81.6
100.0	64.3	1.4	97.8
100.0	24.0	25.4	-5.8
100.0	2.3	0.3	87.0
100.0	952.5	251.3	73.6
100.0	31.4	7.1	77.4
100.0	27.2	2.3	91.5
100.0	15.6	1.0	93.6

全部消耗臭氧层物质消费量
Consumption of All ODS

附录4-7 续表 2

国家和地区	Country or Area	氟氯化碳消费量 Consumption of CFCs	
		基线水平 (吨) Baseline ODP tonnes	2013年消费量 (吨) 2013 ODP tonnes
海地	Haiti	169.0	
洪都拉斯	Honduras	331.6	
冰岛	Iceland	195.1	
印度	India	6681.0	-19.8
印度尼西亚	Indonesia	8332.7	
伊朗	Iran (Islamic Republic of)	4571.7	
伊拉克	Iraq	1517.0	
以色列	Israel	4141.6	
牙买加	Jamaica	93.2	
日本	Japan	118134.0	-181.3
约旦	Jordan	673.3	
哈萨克斯坦	Kazakhstan	1206.2	
肯尼亚	Kenya	239.5	
基里巴斯	Kiribati	0.7	
科威特	Kuwait	480.4	
吉尔吉斯斯坦	Kyrgyzstan	72.8	
老挝	Lao People's Democratic Republic	43.3	
黎巴嫩	Lebanon	725.5	
莱索托	Lesotho	5.1	
利比里亚	Liberia	56.1	
利比亚	Libya	716.7	
列支敦士登	Liechtenstein	37.2	
马达加斯加	Madagascar	47.9	
马拉维	Malawi	57.7	
马来西亚	Malaysia	3271.1	
马尔代夫	Maldives	4.6	
马里	Mali	108.1	
马绍尔群岛	Marshall Islands	1.1	
毛里塔尼亚	Mauritania	15.7	
毛里求斯	Mauritius	29.1	
墨西哥	Mexico	4624.9	
密克罗尼西亚	Micronesia (Federated States of)	1.2	

continued 2

比基线水平减少 (%) Reduction from Baseline (%)	全部消耗臭氧层物质消费量 Consumption of All ODS		
	2002年消费量 (吨) 2002 ODP tonnes	2013年消费量 (吨) 2013 ODP tonnes	比2002年减少 (%) Reduction from 2002 (%)
100.0	197.7	2.0	99.0
100.0	555.7	18.9	96.6
100.0	2.6		100.0
100.3	15026.9	956.1	93.6
100.0	5787.4	310.5	94.6
100.0	8572.9	357.8	95.8
100.0	1580.6	101.8	93.6
100.0	1241.3	94.5	92.4
100.0	39.2	3.6	90.8
100.2	2466.8	39.6	98.4
100.0	267.0	63.0	76.4
100.0	146.9	104.6	28.8
100.0	322.0	29.1	91.0
100.0			
100.0	515.7	414.7	19.6
100.0	50.2	4.0	92.0
100.0	42.9	1.6	96.3
100.0	710.8	72.6	89.8
100.0	4.6	2.0	56.5
100.0	54.0	4.5	91.7
100.0	1596.5	144.0	91.0
100.0	0.1		100.0
100.0	8.8	16.0	-81.8
100.0	75.4	10.2	86.5
100.0	1966.3	449.9	77.1
100.0	4.0	3.2	20.0
100.0	28.3	10.3	63.6
100.0	0.3	0.1	66.7
100.0	16.5	20.4	-23.6
100.0	14.4	5.4	62.5
100.0	3954.7	1106.2	72.0
100.0	2.2		100.0

附录4-7　续表 3

国家和地区	Country or Area	氟氯化碳消费量 Consumption of CFCs	
		基线水平 (吨) Baseline ODP tonnes	2013年消费量 (吨) 2013 ODP tonnes
摩纳哥	Monaco	6.2	
蒙古	Mongolia	10.6	
黑山	Montenegro	104.9	
摩洛哥	Morocco	802.3	
莫桑比克	Mozambique	18.2	
缅甸	Myanmar	54.3	
纳米比亚	Namibia	21.9	
瑙鲁	Nauru	0.5	
尼泊尔	Nepal	27.0	
新西兰	New Zealand	2088.0	
尼加拉瓜	Nicaragua	82.8	
尼日尔	Niger	32.0	
尼日利亚	Nigeria	3650.0	
纽埃	Niue	0.1	
挪威	Norway	1313.0	
阿曼	Oman	248.4	
巴基斯坦	Pakistan	1679.4	
帕劳	Palau	1.6	
巴拿马	Panama	384.1	
巴布亚新几内亚	Papua New Guinea	36.3	
巴拉圭	Paraguay	210.6	
秘鲁	Peru	289.5	
菲律宾	Philippines	3055.8	
卡塔尔	Qatar	101.4	
韩国	Republic of Korea	9159.8	
摩尔多瓦	Republic of Moldova	73.3	
俄罗斯联邦	Russian Federation	100352.0	288.0
卢旺达	Rwanda	30.4	
圣基茨和尼维斯	Saint Kitts and Nevis	3.7	
圣卢西亚	Saint Lucia	8.3	
萨摩亚	Samoa	4.5	
圣多美和普林西比	Sao Tome and Principe	4.7	
沙特阿拉伯	Saudi Arabia	1798.5	
塞内加尔	Senegal	155.8	
塞尔维亚	Serbia	849.2	

continued 3

	全部消耗臭氧层物质消费量 Consumption of All ODS		
比基线水平减少 (%) Reduction from Baseline (%)	2002年消费量 (吨) 2002 ODP tonnes	2013年消费量 (吨) 2013 ODP tonnes	比2002年减少 (%) Reduction from 2002 (%)
100.0	0.1		100.0
100.0	7.3	0.9	87.7
100.0	15.4	0.8	94.8
100.0	1070.0	49.4	95.4
100.0	14.4	8.3	42.4
100.0	45.7	3.0	93.4
100.0	20.0	7.0	65.0
100.0			
100.0	2.6	0.7	73.1
100.0	42.8	8.2	80.8
100.0	64.9	3.6	94.5
100.0	27.6	14.6	47.1
100.0	3933.3	334.5	91.5
100.0			
100.0	-42.8		100.0
100.0	201.5	28.9	85.7
100.0	2347.2	247.0	89.5
100.0	0.2	0.1	50.0
100.0	204.7	21.4	89.5
100.0	39.7	3.0	92.4
100.0	105.5	16.5	84.4
100.0	203.6	25.8	87.3
100.0	1795.1	136.7	92.4
100.0	105.4	80.7	23.4
100.0	11745.9	1893.1	83.9
100.0	29.6	1.0	96.6
99.7	892.3	836.5	6.3
100.0	30.4	3.8	87.5
100.0	6.3	0.3	95.2
100.0	7.7	0.6	92.2
100.0	2.6	0.1	96.2
100.0	4.4	0.1	97.7
100.0	1926.4	1440.3	25.2
100.0	82.3	7.7	90.6
100.0	384.9	8.1	97.9

附录4-7　续表 4

国家和地区	Country or Area	氟氯化碳消费量 Consumption of CFCs	
		基线水平 (吨) Baseline ODP tonnes	2013年消费量 (吨) 2013 ODP tonnes
塞舌尔	Seychelles	2.9	
塞拉利昂	Sierra Leone	78.6	
新加坡	Singapore	2718.2	
所罗门群岛	Solomon Islands	2.1	
索马里	Somalia	241.4	
南非	South Africa	592.6	
斯里兰卡	Sri Lanka	445.6	
圣文森特和格林纳丁斯	Saint Vincent and the Grenadines	1.8	
苏丹	Sudan	456.8	
苏里南	Suriname	41.3	
斯威士兰	Swaziland	24.6	
瑞士	Switzerland	7960.0	
叙利亚	Syrian Arab Republic	2224.6	
塔吉克斯坦	Tajikistan	211.0	
泰国	Thailand	6082.1	
马其顿	The Former Yugoslav Rep. of Macedonia	519.7	
东帝汶	Timor-Leste	36.0	
多哥	Togo	39.8	
汤加	Tonga	1.3	
特立尼达和多巴哥	Trinidad and Tobago	120.0	
突尼斯	Tunisia	870.1	
土耳其	Turkey	3805.7	
土库曼斯坦	Turkmenistan	37.3	
图瓦卢	Tuvalu	0.3	
乌干达	Uganda	12.8	
乌克兰	Ukraine	4725.2	
阿拉伯联合酋长国	United Arab Emirates	529.3	
坦桑尼亚	United Republic of Tanzania	253.9	
美国	United States of America	305963.6	-498.6
乌拉圭	Uruguay	199.1	
乌兹别克斯坦	Uzbekistan	1779.2	
瓦努阿图	Vanuatu		
委内瑞拉	Venezuela (Bolivarian Republic of)	3322.4	
越南	Viet Nam	500.0	
也门	Yemen	1796.1	
赞比亚	Zambia	27.4	
津巴布韦	Zimbabwe	451.4	

continued 4

比基线水平减少 (%) Reduction from Baseline (%)	全部消耗臭氧层物质消费量 Consumption of All ODS		
	2002年消费量 (吨) 2002 ODP tonnes	2013年消费量 (吨) 2013 ODP tonnes	比2002年减少 (%) Reduction from 2002 (%)
100.0	166.1	0.6	99.6
100.0	84.4	0.8	99.1
100.0	146.7	116.7	20.4
100.0	5.7	0.2	96.5
100.0	124.1	16.5	86.7
100.0	848.8	426.4	49.8
100.0	227.4	13.4	94.1
100.0	6.4	0.2	96.9
100.0	258.2	51.9	79.9
100.0	51.0	1.2	97.6
100.0	2.4	1.2	50.0
100.0	26.2	1.4	94.7
100.0	1754.1	28.0	98.4
100.0	12.6	2.3	81.7
100.0	3612.5	863.3	76.1
100.0	44.6	0.7	98.4
100.0	2.7	0.3	88.9
100.0	35.3	19.0	46.2
100.0	1.0		100.0
100.0	93.9	39.5	57.9
100.0	552.5	38.7	93.0
100.0	1336.4	147.0	89.0
100.0	10.9	4.2	61.5
100.0			-100.0
100.0	44.9		100.0
100.0	145.5	59.4	59.2
100.0	624.2	539.4	13.6
100.0	71.5	1.6	97.8
100.2	16206.4	711.3	95.6
100.0	100.9	15.5	84.6
100.0	0.8	4.6	-475.0
		0.1	-100.0
100.0	1653.0	139.9	91.5
100.0	447.4	252.9	43.5
100.0	1135.8	127.2	88.8
100.0	24.0	5.0	79.2
100.0	345.8	15.8	95.4

附录4-8 能源供应与可再生电力生产(2015年)
Energy Supply and Renewable Electricity Production (2015)

国家或地区	Country or Area	能源 供应量 (10^{15}焦耳) Energy Supply (Petajoules)	人均 能源供应量 (10^{9}焦耳) Energy Supply per capita (Gigajoules)	可再生电力 生产占比 (%) Renewable Electricity Production (%)
阿富汗	Afghanistan	145	4	86.07
阿尔巴尼亚	Albania	92	32	100.00
阿尔及利亚	Algeria	2221	56	0.32
安道尔	Andorra	9	124	86.87
安哥拉	Angola	602	24	53.17
安圭拉	Anguilla	2	151	
安提瓜和巴布达岛	Antigua and Barbuda	8	85	
阿根廷	Argentina	3610	83	26.91
亚美尼亚	Armenia	129	43	28.34
阿鲁巴	Aruba	13	123	14.81
澳大利亚	Australia	5261	220	12.24
奥地利	Austria	1374	161	71.01
阿塞拜疆	Azerbaijan	603	62	6.67
巴哈马	Bahamas	34	87	
巴林	Bahrain	579	420	
孟加拉国	Bangladesh	1789	11	1.23
巴巴多斯	Barbados	17	58	
白俄罗斯	Belarus	1053	111	0.40
比利时	Belgium	2226	197	14.24
伯利兹	Belize	15	41	45.32
贝宁	Benin	190	17	5.56
百慕大	Bermuda	8	133	
不丹	Bhutan	63	82	99.99
玻利维亚	Bolivia (Plurinational State of)	337	31	29.15
博内尔岛，圣尤斯特歇斯和萨巴	Bonaire, Sint Eustatius and Saba	5	212	31.50
波黑	Bosnia and Herzegovina	331	87	35.52
博茨瓦纳	Botswana	80	35	0.03
巴西	Brazil	12350	59	65.62
英属维尔京群岛	British Virgin Islands	3	84	1.49
文莱	Brunei Darussalam	114	269	0.05
保加利亚	Bulgaria	775	108	18.25
布基纳法索	Burkina Faso	169	9	9.31

资料来源：联合国统计司，能源统计年鉴。
Sources:UNSD Energy Statistics Yearbook.

附录4-8　续表 1　continued 1

国家或地区	Country or Area	能源供应量 (10^15焦耳) Energy Supply (Petajoules)	人均能源供应量 (10^9焦耳) Energy Supply per capita (Gigajoules)	可再生电力生产占比 (%) Renewable Electricity Production (%)
布隆迪	Burundi	59	5	82.53
佛得角	Cabo Verde	9	17	20.19
柬埔寨	Cambodia	295	19	45.55
喀麦隆	Cameroon	326	14	74.99
加拿大	Canada	11151	310	61.13
开曼群岛	Cayman Islands	8	132	
中非共和国	Central African Republic	23	5	99.42
乍得	Chad	80	6	
智利	Chile	1504	84	36.16
中国	China	119926	87	23.30
中国香港	China, Hong Kong Special Administrative Region	583	80	
中国澳门	China, Macao Special Administrative Region	40	68	
哥伦比亚	Colombia	1475	31	66.46
科摩罗	Comoros	5	7	
刚果	Congo	111	24	53.34
库克群岛	Cook Islands	1	41	6.90
哥斯达黎加	Costa Rica	207	43	84.63
科特迪瓦	Cote d'Ivoire	543	24	15.52
克罗地亚	Croatia	350	83	64.97
古巴	Cuba	480	42	0.24
库拉索岛	Curaçao	93	592	3.71
塞浦路斯	Cyprus	85	73	7.65
捷克	Czech Republic	1764	167	7.04
朝鲜	Democratic People's Republic of Korea	332	13	72.80
刚果民主共和国	Democratic Republic of the Congo	1209	16	99.71
丹麦	Denmark	668	118	50.97
吉布提	Djibouti	10	11	
多米尼加	Dominica	3	37	15.89
多米尼加共和国	Dominican Republic	328	31	6.83
厄瓜多尔	Ecuador	651	40	50.99
埃及	Egypt	3457	38	8.02
萨尔瓦多	El Salvador	180	29	22.59
赤道几内亚	Equatorial Guinea	71	84	57.83
厄立特里亚	Eritrea	36	7	0.49
爱沙尼亚	Estonia	230	176	7.12
埃塞俄比亚	Ethiopia	1471	15	99.96
法罗群岛	Faeroe Islands	9	188	60.19
福克兰群岛(马尔维纳斯群岛)	Falkland Islands (Malvinas)	1	257	33.33

附录4-8 续表 2 continued 2

国家或地区	Country or Area	能源 供应量 (10^{15}焦耳) Energy Supply (Petajoules)	人均 能源供应量 (10^{9}焦耳) Energy Supply per capita (Gigajoules)	可再生电力 生产占比 (%) Renewable Electricity Production (%)
斐济	Fiji	38	43	45.08
芬兰	Finland	1349	245	27.85
法国	France	10310	155	15.46
法属圭亚那	French Guiana	12	46	59.15
法属波利尼西亚	French Polynesia	12	41	32.03
加蓬	Gabon	106	62	43.27
冈比亚	Gambia	14	7	
佐治亚州	Georgia	197	49	78.04
德国	Germany	12882	160	22.08
加纳	Ghana	339	12	50.10
直布罗陀	Gibraltar	9	272	
希腊	Greece	985	90	28.28
格陵兰	Greenland	9	158	81.35
格林纳达	Grenada	4	38	
瓜德罗普	Guadeloupe	33	71	9.83
危地马拉	Guatemala	476	29	47.45
根西	Guernsey	1	13	
几内亚	Guinea	152	12	78.80
几内亚比绍	Guinea-Bissau	30	16	
圭亚那	Guyana	35	45	
海地	Haiti	179	17	8.00
洪都拉斯	Honduras	237	29	33.52
匈牙利	Hungary	1058	107	3.46
冰岛	Iceland	313	950	73.37
印度	India	36697	28	11.71
印度尼西亚	Indonesia	9452	37	6.69
伊朗	Iran (Islamic Republic of)	9989	126	5.10
伊拉克	Iraq	1997	55	3.74
爱尔兰	Ireland	555	118	27.02
马恩岛	Isle of Man		3	0.79
以色列	Israel	955	118	1.78
意大利	Italy	6402	107	29.95
牙买加	Jamaica	108	39	9.86
日本	Japan	17984	142	12.70
泽西	Jersey	3	29	
约旦	Jordan	362	48	0.94
哈萨克斯坦	Kazakhstan	3258	185	8.83

附录4-8 续表 3 continued 3

国家或地区	Country or Area	能源 供应量 (10^{15}焦耳) Energy Supply (Petajoules)	人均 能源供应量 (10^9焦耳) Energy Supply per capita (Gigajoules)	可再生电力 生产占比 (%) Renewable Electricity Production (%)
肯尼亚	Kenya	949	21	37.12
基里巴斯	Kiribati	1	8	7.14
科威特	Kuwait	1458	375	
吉尔吉斯斯坦	Kyrgyzstan	167	28	85.19
老挝	Lao People's Democratic Republic	187	28	86.37
拉脱维亚	Latvia	179	91	36.27
黎巴嫩	Lebanon	312	53	2.60
莱索托	Lesotho	59	27	100.00
利比里亚	Liberia	92	20	
利比亚	Libya	1022	163	
列支敦士登	Liechtenstein	3	76	97.14
立陶宛	Lithuania	294	102	38.66
卢森堡	Luxembourg	157	278	62.85
马达加斯加	Madagascar	179	7	54.61
马拉维	Malawi	78	5	91.30
马来西亚	Malaysia	3424	113	9.46
马尔代夫	Maldives	19	52	1.28
马里	Mali	95	5	43.52
马耳他	Malta	27	65	7.14
马绍尔群岛	Marshall Islands	2	42	
马提尼克	Martinique	31	79	2.70
毛里塔尼亚	Mauritania	54	13	13.37
毛里求斯	Mauritius	67	52	5.04
墨西哥	Mexico	7883	62	12.79
密克罗尼西亚	Micronesia (Federated States of)	2	22	1.45
蒙古	Mongolia	272	92	
黑山	Montenegro	42	68	49.65
蒙特塞拉特岛	Montserrat	1	149	
摩洛哥	Morocco	796	23	15.40
莫桑比克	Mozambique	538	19	87.03
缅甸	Myanmar	846	16	59.53
纳米比亚	Namibia	76	31	97.79
瑙鲁	Nauru	1	65	
尼泊尔	Nepal	505	18	100.00
荷兰	Netherlands	3034	179	7.96
新喀里多尼亚	New Caledonia	63	240	14.09
新西兰	New Zealand	946	209	60.91
尼加拉瓜	Nicaragua	165	27	25.33

附录4-8　续表 4　continued 4

国家或地区	Country or Area	能源 供应量 (10^{15}焦耳) Energy Supply (Petajoules)	人均 能源供应量 (10^9焦耳) Energy Supply per capita (Gigajoules)	可再生电力 生产占比 (%) Renewable Electricity Production (%)
尼日尔	Niger	95	5	
尼日利亚	Nigeria	5832	32	18.20
纽埃	Niue		64	
挪威	Norway	1219	234	97.59
阿曼	Oman	1280	285	
巴基斯坦	Pakistan	3360	18	30.82
帕劳	Palau	3	147	
巴拿马	Panama	171	44	65.00
巴布亚新几内亚	Papua New Guinea	159	21	24.43
巴拉圭	Paraguay	260	39	100.00
秘鲁	Peru	937	30	50.85
菲律宾	Philippines	2050	20	11.61
波兰	Poland	3999	104	8.09
葡萄牙	Portugal	907	88	42.36
波多黎各	Puerto Rico	60	16	1.84
卡塔尔	Qatar	1895	848	
韩国	Republic of Korea	11364	226	1.97
摩尔多瓦	Republic of Moldova	84	21	5.64
留尼旺	Réunion	59	69	26.15
罗马尼亚	Romania	1340	69	39.30
俄罗斯联邦	Russian Federation	29841	208	15.96
卢旺达	Rwanda	97	8	56.87
圣海伦娜	Saint Helena		37	20.00
圣基茨岛和尼维斯	Saint Kitts and Nevis	3	60	4.44
圣露西亚	Saint Lucia	6	33	
圣皮埃尔和密克隆	Saint Pierre and Miquelon	1	175	2.04
圣文森特和格林纳丁斯	Saint Vincent and the Grenadines	3	31	15.66
萨摩亚	Samoa	6	29	29.85
圣多美和普林西比	Sao Tome and Principe	3	14	10.00
沙特阿拉伯	Saudi Arabia	11172	354	
塞内加尔	Senegal	171	11	0.11
塞尔维亚	Serbia	612	69	28.18
塞舌尔	Seychelles	6	65	2.38
塞拉利昂	Sierra Leone	67	10	60.98
新加坡	Singapore	1233	220	
圣马丁岛(荷兰部分)	Sint Maarten (Dutch part)	12	305	
斯洛伐克	Slovakia	677	125	17.28
斯洛文尼亚	Slovenia	275	133	28.95
所罗门群岛	Solomon Islands	6	10	2.06

附录4-8 续表 5 continued 5

国家或地区	Country or Area	能源供应量 (10^{15}焦耳) Energy Supply (Petajoules)	人均 能源供应量 (10^9焦耳) Energy Supply per capita (Gigajoules)	可再生电力 生产占比 (%) Renewable Electricity Production (%)
索马里	Somalia	137	13	
南非	South Africa	6367	117	3.27
南苏丹	South Sudan	23	2	0.61
西班牙	Spain	4905	106	33.65
斯里兰卡	Sri Lanka	433	21	48.18
巴勒斯坦	State of Palestine	72	16	
苏丹	Sudan	655	16	64.54
苏里南	Suriname	29	54	33.77
斯威士兰	Swaziland	49	38	46.57
瑞典	Sweden	1887	193	56.65
瑞士	Switzerland	1024	123	60.71
叙利亚	Syrian Arab Republic	419	23	2.31
塔吉克斯坦	Tajikistan	114	13	98.47
泰国	Thailand	5412	80	4.19
马其顿	The former Yugoslav Republic of Macedonia	118	57	35.58
东帝汶	Timor-Leste	8	7	
多哥	Togo	143	20	13.74
汤加	Tonga	2	16	5.45
特立尼达和多巴哥	Trinidad and Tobago	816	600	
突尼斯	Tunisia	452	40	2.84
土耳其	Turkey	5338	68	30.17
土库曼斯坦	Turkmenistan	1160	216	
特克斯和凯科斯群岛	Turks and Caicos Islands	3	84	
图瓦卢	Tuvalu		14	28.57
乌干达	Uganda	655	17	92.95
乌克兰	Ukraine	3753	84	5.21
阿拉伯联合酋长国	United Arab Emirates	3587	392	
英国	United Kingdom of Great Britain and Northern Ireland	7498	116	16.78
坦桑尼亚联合共和国	United Republic of Tanzania	1087	20	33.82
美国	United States of America	90691	282	11.58
美属维尔京群岛	United States Virgin Islands		1	3.89
乌拉圭	Uruguay	212	62	75.59
乌兹别克斯坦	Uzbekistan	1783	60	20.65
瓦努阿图	Vanuatu	3	11	21.88
委内瑞拉	Venezuela (Bolivarian Republic of)	2449	79	63.70
越南	Viet Nam	2994	32	36.41
沃利斯和富图纳群岛	Wallis and Futuna Islands		26	
也门	Yemen	145	5	
赞比亚	Zambia	430	27	96.99
津巴布韦	Zimbabwe	472	30	51.87

附录4-9　危险废物产生量
Hazardous Waste Generation

单位：千吨　　　　　　　　　　　　　　　　　　　　　　　　　　　　　　　　　　　　(1000 tonnes)

国家或地区	Country or Area	1995	2000	2005	2010	2011	2012	2013	2014	2015
阿尔及利亚	Algeria	185.0								
安道尔	Andorra							1.0	2.1	1.8
亚美尼亚	Armenia		381.6	346.3	435.4	462.9	470.5	579.0	576.4	555.1
奥地利	Austria				1472.9		1065.9		1272.3	
阿塞拜疆	Azerbaijan	27.0	26.6	12.8	140.0	185.7	297.0	202.9	456.6	262.6
巴林	Bahrain	136.0	140.0	38.2						
孟加拉国	Bangladesh						28.9			
白俄罗斯	Belarus	90	73	192	918	943	1323	1415	1724	1208
比利时	Belgium				4767.3		2962.0		2946.2	
伯利兹	Belize		0.8							
贝宁	Benin									
百慕大群岛	Bermuda				0.6	0.6	0.6	0.6	0.6	0.6
波黑	Bosnia and Herzegovina				10.3		4.4		8.4	
保加利亚	Bulgaria				13553		13407		12206	
布基纳法索	Burkina Faso			0.4	0.0	0.0				
佛得角	Cabo Verde								3.5	
喀麦隆	Cameroon			9.4						
中国	China		8300.0	11620.0	15867.5	34312.2	34652.4	31568.9	36335.2	39761.1
中国香港	China, Hong Kong Special Administrative Region	97.1	91.6	47.1	40.8	36.2	33.9	32.7	31.8	33.7
中国澳门	China, Macao Special Administrative Region		4.2	5.9	12.4	17.6	17.7	17.3	20.2	23.7
克罗地亚	Croatia				72.6		121.4		130.2	
古巴	Cuba			941.4	660.8	500.7	565.2	496.6	412.1	302.9
塞浦路斯	Cyprus						31.3		173.4	
捷克	Czech Republic				1363		1481		1162.3	
丹麦	Denmark				1225		1217		1718.4	
多米尼加	Dominica									
厄瓜多尔	Ecuador		85.9	196.8						
爱沙尼亚	Estonia				8962		9159		10410	
芬兰	Finland				2559.4		1653.9		1998.7	
法国	France				11538.1		11303.1		10783.0	
法属圭亚那	French Guiana				0.6	0.7	0.9	0.7		
德国	Germany				19931.5		21983.9		21812.7	
希腊	Greece				291.8		297.4		221.0	

资料来源：联合国统计司/环境规划署两年度环境统计问卷，废物部分。

　　　　　欧盟统计局环境统计数据库。

Sources: UNSD/UNEP biennial Questionnaires on Environment Statistics, Waste section.

　　　　　Eurostat environment statistics main tables and database.

附录4-9　续表 1　continued 1

单位：千吨

(1000 tonnes)

国家或地区	Country or Area	1995	2000	2005	2010	2011	2012	2013	2014	2015
瓜德罗普岛	Guadeloupe				7.5	2.0	9.1	11.9		
危地马拉	Guatemala			599.0	301.4	0.0	0.0			
匈牙利	Hungary				540.6		700.2		596.6	
冰岛	Iceland				8.3		16.3		39.0	
印度	India		7243.8			7903.6	7900.0		7423.0	7803.5
伊拉克	Iraq				15.5		119.4		7.1	20.6
爱尔兰	Ireland				1972.2		478.7		482.9	
意大利	Italy				8543.4		8987.0		8923.5	
牙买加	Jamaica		10.0	10.0						
约旦	Jordan			71.4	62.0	1230.4		47.4		
哈萨克斯坦	Kazakhstan			1684318.6	303116.6	420668.3	355952.4	382214.3	337414.8	251565.6
吉尔吉斯斯坦	Kyrgyzstan	472.3	6304.1	6206.2	5806.8	10152.9	4930.2	7957.3	10223.0	10498.9
拉脱维亚	Latvia				67.9		95.1		104.1	
黎巴嫩	Lebanon									
列支敦士登	Liechtenstein					17.5		14.3		7.8
立陶宛	Lithuania				105.3		136.8		165.5	
卢森堡	Luxembourg				380.1		315.1		237.2	
马达加斯加	Madagascar									
马来西亚	Malaysia		344.6	548.9	3087.5	3281.6	2854.5	2965.6	2354.7	2918.5
马耳他	Malta				24.9		38.0		36.7	
马提尼克	Martinique				15.0	1.5	4.7	3.5		
毛里求斯	Mauritius				7.8	8.0	8.2	8.5	8.8	9.0
摩纳哥	Monaco	0.3	0.3	0.5				0.3	0.3	0.3
摩洛哥	Morocco		119.0					289.3		
荷兰	Netherlands				4485.0		4859.9		4830.5	
尼日尔	Niger			554.0						
挪威	Norway				1763.0		1357.1		1368.0	
巴拿马	Panama	0.2	0.3	1.5	3.0	3.1				
菲律宾	Philippines		278.4	1670.2	1346.5	4979.3	678.8	8948.1	1712.5	2988.1
波兰	Poland				1491.8		1737.0		1681.0	
葡萄牙	Portugal				666.5		545.0		461.6	
摩尔多瓦	Republic of Moldova	2.9	2.9	1.7	0.9	3.1	3.9	4.2	1.3	7.3

附录4-9　续表 2　continued 2

单位：千吨　　　　　　　　　　　　　　　　　　　　　　　　　　　　　(1000 tonnes)

国家或地区	Country or Area	1995	2000	2005	2010	2011	2012	2013	2014	2015
留尼旺	Réunion		9.8		94.9	124.3	7.8	8.4		
罗马尼亚	Romania				695.7		689.3		590.3	
俄罗斯联邦	Russian Federation				142496.7	114366.6	120162.2	113665.0	116666.0	
圣卢西亚	Saint Lucia			0.0	0.1	0.1	0.1	1.7	2.6	2.7
圣文森特和格林纳丁斯	Saint Vincent and the Grenadines									
塞内加尔	Senegal									
塞尔维亚	Serbia				11161.2	12796.2	14446.6	16762.2	13466.0	16571.3
新加坡	Singapore	64.9	121.5	339.0	434.0	432.6	280.5	332.8	411.2	446.9
斯洛伐克	Slovakia				415.5		370.2		371.2	
斯洛文尼亚	Slovenia				117.2		133.3		155.2	
南非	South Africa					1319.1				
西班牙	Spain				2991.2		3113.9		2984.5	
斯里兰卡	Sri Lanka									
巴勒斯坦	State of Palestine		5.0	5.7	4.1		4.5		4.6	
苏里南	Suriname				0.0	0.0	0.0	0.0	0.0	0.0
瑞典	Sweden				2527.8		2696.7		2568.2	
叙利亚	Syrian Arab Republic									
泰国	Thailand	1650.0		1814.0					2065.0	2800.0
马其顿	The former Yugoslav Republic of Macedonia				726.2		666.5		0.1	
多哥	Togo									
特立尼达和多巴哥	Trinidad and Tobago			31.9				124.5	123.7	123.9
突尼斯	Tunisia									
土耳其	Turkey				3225.8		3988.2		3432.4	
乌克兰	Ukraine								739.7	587.3
阿拉伯联合酋长国	United Arab Emirates				324.6	344.0	341.4	304.7	358.9	309.0
英国	United Kingdom of Great Britain and Northern Ireland				7004.5		6411.5		5755.3	
坦桑尼亚	United Republic of Tanzania	0.0	0.0	0.0	0.1	0.1	0.1	0.1	0.1	0.1
也门	Yemen	38.2								
赞比亚	Zambia		50.0	80.0						
津巴布韦	Zimbabwe		21.6	23.2	45.5	47.0	37.4	0.0	14.3	0.1

附录4-10　城市垃圾处理
Municipal Waste Treatment

国家或地区	Country or Area	最近年份 Latest Year Available	城市垃圾收集量（千吨） Municipal Waste Collected (1000 tonnes)	填埋 Municipal Waste Landfilled (%)	焚烧 Municipal Waste Incinerated (%)	回收利用 Municipal Waste Recycled (%)	堆肥 Municipal Waste Composted (%)
阿尔巴尼亚	Albania	2003	1057				
阿尔及利亚	Algeria	2015	5182	82.0		10.0	1.0
安道尔	Andorra	2015	42		70.2		
安哥拉	Angola	2006	5840				
安圭拉	Anguilla	2008	15	100.0			
安提瓜和巴布达	Antigua and Barbuda	2015	96	100.0			
阿根廷	Argentina	2012	5692				
亚美尼亚	Armenia	2015	493	100.0			
澳大利亚	Australia	2015	13339	46.8	11.7	41.6	
奥地利	Austria	2015	4836	3.0	37.9	25.7	31.2
阿塞拜疆	Azerbaijan	2015	1535	61.6	33.2		
巴哈马	Bahamas	2006	227				
白俄罗斯	Belarus	2015	3853	84.6		15.4	
比利时	Belgium	2016	4735	0.9	44.4	33.2	19.4
伯利兹	Belize	2000	69	100.0			
贝宁	Benin	2002	986				
百慕大	Bermuda	2015	84	12.0	64.6	1.9	21.5
不丹	Bhutan	2012	50	60.0	15.0	15.0	1.0
玻利维亚	Bolivia (Plurinational State of)	2015	1397				
波黑	Bosnia and Herzegovina	2015	924	103.2			
巴西	Brazil	2012	57900	52.0			
英属维尔京群岛	British Virgin Islands	2005	37		80.3		
文莱	Brunei Darussalam	2002	196				
保加利亚	Bulgaria	2016	2881	64.2	3.8	22.7	9.1
布基纳法索	Burkina Faso	2009	758		1.2		
布隆迪	Burundi	2011	39				
柬埔寨	Cambodia	2012	461				
喀麦隆	Cameroon	2009	7249	99.6		0.4	
智利	Chile	2014	7416	100.0			
中国	China	2015	191419	60.0	32.3		
中国香港	China, Hong Kong Special Administrative Region	2009	6450	50.7		49.3	

资料来源：联合国统计司/环境规划署两年度环境统计问卷，废物部分。
　　　　欧盟统计局环境数据中心废物数据。
　　　　经合组织统计资料，废物部分。
Sources: UNSD/UNEP biennial Questionnaires on Environment Statistics, Waste section.
　　　　Eurostat Environmental Data Centre on Waste.
　　　　OECD.Stat, Waste section.

附录4-10 续表 1 continued 1

国家或地区	Country or Area	最近年份 Latest Year Available	城市垃圾收集量（千吨） Municipal Waste Collected (1 000 tonnes)	填埋 Municipal Waste Landfilled (%)	焚烧 Municipal Waste Incinerated (%)	回收利用 Municipal Waste Recycled (%)	堆肥 Municipal Waste Composted (%)
中国澳门	China, Macao Special Administrative Region	2009	325	22.6	99.8	0.1	
哥伦比亚	Colombia	2014	18170	51.3		18.2	
哥斯达黎加	Costa Rica	2002	1280				
克罗地亚	Croatia	2016	1680	76.7	0.1	19.2	1.8
古巴	Cuba	2015	4888	90.9		3.6	5.4
塞浦路斯	Cyprus	2016	545	75.2		13.4	3.9
捷克	Czech Republic	2014	3261	56.0	18.5	22.6	2.9
丹麦	Denmark	2016	4367	0.9	50.8	28.2	20.0
多米尼克	Dominica	2005	21	100.0			
厄瓜多尔	Ecuador	2012	2756	6.7	0.0	1.8	2.7
埃及	Egypt	2012	94868	20.0		2.1	
爱沙尼亚	Estonia	2016	494	10.3	49.0	25.3	2.8
芬兰	Finland	2015	2738	11.5	47.9	28.1	12.5
法国	France	2016	34143	22.4	35.9	23.4	18.3
法属圭亚那	French Guiana	2013	70				
格鲁吉亚	Georgia	2009	880				
德国	Germany	2016	51633	1.5	32.5	48.1	18.0
希腊	Greece	2015	5249	84.3	0.3	12.8	2.6
瓜德罗普岛	Guadeloupe	2013	262	83.1		3.2	13.4
匈牙利	Hungary	2016	3721	50.7	14.9	26.8	7.9
冰岛	Iceland	2015	193	58.5	3.1	20.2	7.3
印度	India	2001	17569				
印度尼西亚	Indonesia	2015	6027				
伊拉克	Iraq	2015	14349				
爱尔兰	Ireland	2012	2693	38.2	15.9	30.8	5.8
以色列	Israel	2015	5126	80.0		15.7	4.4
意大利	Italy	2016	30016	24.8	18.0	26.2	19.1
牙买加	Jamaica	2006	1464	100.0			
日本	Japan	2014	44317	1.2	76.8	20.2	0.4
约旦	Jordan	2015	3458	99.4	0.6		

附录4-10　续表 2　continued 2

国家或地区	Country or Area	最近年份 Latest Year Available	城市垃圾收集量（千吨）Municipal Waste Collected (1 000 tonnes)	填埋 Municipal Waste Landfilled (%)	焚烧 Municipal Waste Incinerated (%)	回收利用 Municipal Waste Recycled (%)	堆肥 Municipal Waste Composted (%)
哈萨克斯坦	Kazakhstan	2015	3236	87.1	11.5	0.3	
科威特	Kuwait	2012	10422	75.4		24.6	
吉尔吉斯斯坦	Kyrgyzstan	2015	1113	100.0			
拉脱维亚	Latvia	2016	802	64.3		15.1	10.1
黎巴嫩	Lebanon	2012	1940	81.0		8.0	11.0
列支敦士登	Liechtenstein	2015	32				16.5
立陶宛	Lithuania	2016	1272	29.8	17.4	24.5	23.5
卢森堡	Luxembourg	2016	358	17.0	34.4	28.8	19.6
马达加斯加	Madagascar	2007	419	96.7			3.5
马尔代夫	Maldives	2014	325				
马耳他	Malta	2016	283	83.0	0.4	7.1	
马绍尔群岛	Marshall Islands	2007	26			30.8	6.0
马提尼克	Martinique	2013	194	42.5	43.7	4.2	9.4
毛里求斯	Mauritius	2015	486	92.2			7.8
新墨西哥州	Mexico	2012	42103	95.0		5.0	
慕尼黑	Monaco	2015	31		100.0		
黑山	Montenegro	2012	280				
摩洛哥	Morocco	2015	5817	90.0		10.0	
尼泊尔	Nepal	2002	418				
荷兰	Netherlands	2016	8857	1.4	45.5	25.3	27.8
新西兰	New Zealand	2015	3221	100.0			
尼日尔	Niger	2005	9750	64.0	12.0	4.0	
挪威	Norway	2016	3946	4.2	53.5	28.0	10.2
巴拿马	Panama	2015	702	100.0			
秘鲁	Peru	2001	4740	65.7		14.7	
菲律宾	Philippines	2009	9104				
波兰	Poland	2016	11654	36.5	19.4	27.8	16.2
葡萄牙	Portugal	2014	4710	49.0	20.7	16.2	14.1
卡塔尔	Qatar	2012	2517				
韩国	Republic of Korea	2014	18219	15.7	25.3	58.1	0.9

附录4-10　续表　3　continued 3

国家或地区	Country or Area	最近年份 Latest Year Available	城市垃圾收集量（千吨） Municipal Waste Collected (1 000 tonnes)	填埋 Municipal Waste Landfilled (%)	焚烧 Municipal Waste Incinerated (%)	回收利用 Municipal Waste Recycled (%)	堆肥 Municipal Waste Composted (%)
摩尔多瓦	Republic of Moldova	2015	2834	100.0			
留尼汪	Réunion	2013	505	59.1		22.2	18.4
罗马尼亚	Romania	2015	4895	72.0	2.4	5.7	7.5
俄罗斯联邦	Russian Federation	2012	10071			66.7	
圣卢西亚	Saint Lucia	2015	72	100.0			
圣文森特和 　格林纳丁斯	Saint Vincent and 　the Grenadines	2002	38	84.9		15.1	
塞内加尔	Senegal	2005	465				
塞尔维亚	Serbia	2015	1374	99.0		1.0	
新加坡	Singapore	2015	7668	2.5	36.9	60.6	
斯洛伐克	Slovakia	2016	1890	65.4	10.4	15.4	7.6
斯洛文尼亚	Slovenia	2016	963	8.1	19.5	42.8	15.0
西班牙	Spain	2016	20585	56.7	13.6	18.2	11.5
斯里兰卡	Sri Lanka	2004	1036				
巴勒斯坦	State of Palestine	2015	1651	30.0	69.0	1.0	
苏里南	Suriname	2015	205				
瑞典	Sweden	2016	4393	0.6	50.5	32.6	16.3
瑞士	Switzerland	2016	6056		47.6	31.0	21.5
叙利亚	Syrian Arab Republic	2003	7500	93.9	5.3	1.1	
马其顿	The former Yugoslav 　Republic of Macedonia	2012	558	100.0			
多哥	Togo	2012	197			2.0	1.8
特立尼达和多巴哥	Trinidad and Tobago	2002	425				
突尼斯	Tunisia	2004	1316	99.9			0.1
土耳其	Turkey	2015	31283	87.6			0.5
乌干达	Uganda	2006	224	100.0			
乌克兰	Ukraine	2015	11492	54.2	2.2	0.0	0.0
阿拉伯联合酋长国	United Arab Emirates	2015	6061	75.4		14.9	2.5
英国	United Kingdom of Great 　Britain and Northern Ireland	2014	31131	27.8	26.5	27.3	16.4
美国	United States of America	2014	234471	52.6	12.8	25.7	8.9
乌拉圭	Uruguay	2000	910				
也门	Yemen	2013	1581	100.0			
赞比亚	Zambia	2005	389				

附录4-11　森林面积
Forest Area

国家或地区	Country or Area	1990年森林面积（平方公里）Forest Area in 1990 (km²)	2017年森林面积（平方公里）Forest Area in 2017 (km²)	比1990年增减(%) % Change since 1990 (%)	2017年森林覆盖率(%) % of Land Area Covered by Forest in 2017 (%)
阿富汗	Afghanistan	13500	13500		2.1
阿尔巴尼亚	Albania	7888	7715	-2.2	26.8
阿尔及利亚	Algeria	16670	19560	17.3	0.8
美属萨摩亚	American Samoa	184	175	-4.6	87.7
安道尔	Andorra	160	160		34.0
安哥拉	Angola	609760	578560	-5.1	46.4
安圭拉	Anguilla	55	55		61.1
安提瓜和巴布达	Antigua and Barbuda	103	98	-4.9	22.3
阿根廷	Argentina	347930	271120	-22.1	9.8
亚美尼亚	Armenia		3320		11.2
阿鲁巴	Aruba	4	4		2.3
澳大利亚	Australia	1285410	1247510	-2.9	16.1
奥地利	Austria	37760	38690	2.5	46.1
阿塞拜疆	Azerbaijan		11394		13.2
巴哈马	Bahamas	5150	5150		37.1
巴林	Bahrain	2	6	179.6	0.8
孟加拉国	Bangladesh	14940	14290	-4.4	9.7
巴巴多斯	Barbados	63	63		14.7
白俄罗斯	Belarus		86335		41.6
比利时	Belgium		6834		22.4
伯利兹	Belize	16160	13663	-15.5	59.5
贝宁	Benin	57610	43110	-25.2	37.6
百慕大	Bermuda	10	10		0.2
不丹	Bhutan	25067	27549	9.9	71.8
玻利维亚	Bolivia	627950	547640	-12.8	49.8
波黑	Bosnia and Herzegovina		21850		42.7
博茨瓦纳	Botswana	137180	108400	-21.0	18.6
巴西	Brazil	5467050	4935380	-9.7	58.0
英属维尔京群岛	British Virgin Islands	37	36	-2.4	24.1
文莱	Brunei Darussalam	4130	3800	-8.0	65.9
保加利亚	Bulgaria	33270	38230	14.9	34.4
布基纳法索	Burkina Faso	68470	53500	-21.9	19.5
布隆迪	Burundi	2890	2760	-4.5	9.9

资料来源：联合国粮农组织。

Sources: Food and Agriculture Organization of the United Nations (FAO).

附录4-11　续表 1　continued 1

国家或地区	Country or Area	1990年森林面积（平方公里）Forest Area in 1990 (km²)	2017年森林面积（平方公里）Forest Area in 2017 (km²)	比1990年增减（%）% Change since 1990 (%)	2017年森林覆盖率（%）% of Land Area Covered by Forest in 2017 (%)
佛得角	Cabo Verde	578	899	55.7	22.3
柬埔寨	Cambodia	129440	94570	-26.9	52.2
喀麦隆	Cameroon	243160	188160	-22.6	39.6
加拿大	Canada	3482730	3470690	-0.3	35.1
开曼群岛	Cayman Islands	127	127		48.1
中非共和国	Central African Republic	225600	221700	-1.7	35.6
乍得	Chad	67050	48750	-27.3	3.8
智利	Chile	152630	177350	16.2	23.4
中国	China	1571406	2083213	32.6	21.7
哥伦比亚	Colombia	644170	585017	-9.2	51.2
科摩罗	Comoros	490	370	-24.5	19.9
刚果	Congo	227260	223340	-1.7	65.3
库克群岛	Cook Islands	144	151	4.9	62.9
哥斯达黎加	Costa Rica	25640	27560	7.5	53.9
科特迪瓦	Côte d'Ivoire	102220	104010	1.8	32.3
克罗地亚	Croatia		19220		21.8
古巴	Cuba	20580	32000	55.5	29.1
塞浦路斯	Cyprus	1611	1727	7.2	18.7
捷克	Czech Republic		26670		33.8
朝鲜	Democratic People's Republic of Korea	82010	50310	-38.7	41.7
刚果民主共和国	Democratic Republic of the Congo	1603630	1525780	-4.9	65.1
丹麦	Denmark	5432	6122	12.7	14.3
吉布提	Djibouti	56	56		0.2
多米尼加	Dominica	500	433	-13.3	57.8
多米尼加共和国	Dominican Republic	11050	19830	79.5	40.7
厄瓜多尔	Ecuador	146308	125479	-14.2	48.9
埃及	Egypt	440	730	65.9	0.1
萨尔瓦多	El Salvador	3770	2650	-29.7	12.6
赤道几内亚	Equatorial Guinea	18600	15680	-15.7	55.9
厄立特里亚	Eritrea		15100		12.8
爱沙尼亚	Estonia		22320		49.2
埃塞俄比亚	Ethiopia		124990		11.3
法罗群岛	Faeroe Islands	1	1		0.1
福克兰群岛	Falkland Islands (Malvinas)				

附录4-11 续表 2 continued 2

国家或地区	Country or Area	1990年 森林面积 (平方公里) Forest Area in 1990 (km²)	2017年 森林面积 (平方公里) Forest Area in 2017 (km²)	比1990年 增减 (%) % Change since 1990 (%)	2017年 森林覆盖率 (%) % of Land Area Covered by Forest in 2017 (%)
斐济	Fiji	9529	10172	6.7	55.7
芬兰	Finland	218750	222180	1.6	65.6
法国	France	144360	169890	17.7	30.9
法属圭亚那	French Guiana	82180	81300	-1.1	97.2
法属波利尼西亚	French Polynesia	550	1550	181.8	38.8
加蓬	Gabon	220000	230000	4.5	85.9
冈比亚	Gambia	4420	4880	10.4	43.2
格鲁吉亚	Georgia		28224		40.5
德国	Germany	113000	114190	1.1	31.9
加纳	Ghana	86270	93370	8.2	39.1
直布罗陀	Gibraltar				
希腊	Greece	32990	40540	22.9	30.7
格陵兰	Greenland	2	2		0.0
格林纳达	Grenada	170	170		50.0
瓜德鲁普	Guadeloupe	744	726	-2.3	42.7
关岛	Guam	250	250		46.3
危地马拉	Guatemala	47480	35400	-25.4	32.5
根西	Guernsey	2	2		2.6
几内亚	Guinea	72640	63640	-12.4	25.9
几内亚比绍	Guinea-Bissau	22160	19720	-11.0	54.6
圭亚那	Guyana	166600	165260	-0.8	76.9
海地	Haiti	1160	970	-16.4	3.5
梵蒂冈	Holy See				
洪都拉斯	Honduras	81360	45920	-43.6	40.8
匈牙利	Hungary	18010	20690	14.9	22.2
冰岛	Iceland	161	492	205.6	0.5
印度	India	639390	706820	10.5	21.5
印度尼西亚	Indonesia	1185450	910100	-23.2	47.5
伊朗	Iran (Islamic Republic of)	90761	106920	17.8	6.1
伊拉克	Iraq	8040	8250	2.6	1.9
爱尔兰	Ireland	4650	7540	62.2	10.7
马恩岛	Isle of Man	35	35		6.1
以色列	Israel	1320	1650	25.0	7.5
意大利	Italy	75900	92970	22.5	30.9

附录4-11　续表　3　continued　3

国家或地区	Country or Area	1990年 森林面积 （平方公里） Forest Area in 1990 (km²)	2017年 森林面积 （平方公里） Forest Area in 2017 (km²)	比1990年 增减 (%) % Change since 1990 (%)	2017年 森林覆盖率 (%) % of Land Area Covered by Forest in 2017 (%)
牙买加	Jamaica	3446	3352	-2.7	30.5
日本	Japan	249500	249580	0.0	66.0
泽西	Jersey	6	6		5.2
约旦	Jordan	975	975		1.1
哈萨克斯坦	Kazakhstan		33090		1.2
肯尼亚	Kenya	47240	44130	-6.6	7.6
基里巴斯	Kiribati	122	122		15.0
科威特	Kuwait	35	63	81.2	0.4
吉尔吉斯斯坦	Kyrgyzstan		6370		3.2
老挝	Lao People's Democratic Republic	176449	187614	6.3	79.2
拉脱维亚	Latvia		33560		52.0
黎巴嫩	Lebanon	1310	1373	4.8	13.1
莱索托	Lesotho	400	490	22.5	1.6
利比里亚	Liberia	49290	41790	-15.2	37.5
利比亚	Libya	2170	2170		0.1
列支敦士登	Liechtenstein	65	69	6.2	43.1
立陶宛	Lithuania		21800		33.4
卢森堡	Luxembourg		867		33.5
马达加斯加	Madagascar	136920	124730	-8.9	21.2
马拉维	Malawi	38960	31470	-19.2	26.6
马来西亚	Malaysia	223760	221950	-0.8	67.2
马尔代夫	Maldives	10	10		3.3
马里	Mali	66900	47150	-29.5	3.8
马耳他	Malta	3	3		1.1
马绍尔群岛	Marshall Islands		126		70.2
马提尼克	Martinique	485	485		42.9
毛里塔尼亚	Mauritania	4150	2245	-45.9	0.2
毛里求斯	Mauritius	411	386	-6.1	18.9
马约特岛	Mayotte	107	58	-45.5	15.6
墨西哥	Mexico	697600	660400	-5.3	33.6
密克罗尼西亚	Micronesia (Federated States of)		643		91.8
摩纳哥	Monaco				
蒙古	Mongolia	125360	125528	0.1	8.0

附录4-11　续表 4　continued 4

国家或地区	Country or Area	1990年 森林面积 (平方公里) Forest Area in 1990 (km²)	2017年 森林面积 (平方公里) Forest Area in 2017 (km²)	比1990年 增减 (%) % Change since 1990 (%)	2017年 森林覆盖率 (%) % of Land Area Covered by Forest in 2017 (%)
黑山	Montenegro		8270		59.9
蒙特塞拉特	Montserrat	35	25	-28.6	25.0
摩洛哥	Morocco	49540	56320	13.7	12.6
莫桑比克	Mozambique	433780	379400	-12.5	47.5
缅甸	Myanmar	392180	290410	-25.9	42.9
纳米比亚	Namibia	87620	69190	-21.0	8.4
瑙鲁	Nauru				
尼泊尔	Nepal	48170	36360	-24.5	24.7
荷兰	Netherlands	3450	3760	9.0	9.1
新喀里多尼亚	New Caledonia	8390	8390		45.2
新西兰	New Zealand	96580	101520	5.1	37.9
尼加拉瓜	Nicaragua	45140	31140	-31.0	23.9
尼日尔	Niger	19450	11420	-41.3	0.9
尼日利亚	Nigeria	172340	69930	-59.4	7.6
纽埃	Niue	206	181	-12.1	69.6
诺福克岛	Norfolk Island	5	5		11.5
北马里亚纳群岛	Northern Mariana Islands		295		64.1
挪威	Norway	121320	121120	-0.2	19.4
阿曼	Oman	20	20		0.0
巴基斯坦	Pakistan	25270	14720	-41.7	1.8
帕劳	Palau		403		87.6
巴拿马	Panama	50400	46170	-8.4	61.3
巴布亚新几内亚	Papua New Guinea	336270	335590	-0.2	72.5
巴拉圭	Paraguay	211570	153230	-27.6	37.7
秘鲁	Peru	779210	739730	-5.1	57.6
菲律宾	Philippines	65550	80400	22.7	26.8
皮特凯恩	Pitcairn	35	35		74.5
波兰	Poland	88810	94350	6.2	30.2
葡萄牙	Portugal	34360	31820	-7.4	34.5
波多黎各	Puerto Rico	2870	4960	72.8	55.9
卡塔尔	Qatar				
韩国	Republic of Korea	63700	61840	-2.9	61.6
摩尔多瓦	Republic of Moldova		4090		12.1

附录4-11　续表 5　continued 5

国家或地区	Country or Area	1990年森林面积（平方公里）Forest Area in 1990 (km²)	2017年森林面积（平方公里）Forest Area in 2017 (km²)	比1990年增减（%）% Change since 1990 (%)	2017年森林覆盖率（%）% of Land Area Covered by Forest in 2017 (%)
留尼旺	Réunion	870	880	1.1	35.2
罗马尼亚	Romania	63710	68610	7.7	28.8
俄罗斯联邦	Russian Federation		8149305		47.7
卢旺达	Rwanda	3180	4800	50.9	18.2
圣巴特岛	Saint Barthélemy				
圣海伦娜	Saint Helena	20	20		5.1
圣基茨和尼维斯	Saint Kitts and Nevis	110	110		42.3
圣卢西亚	Saint Lucia	218	203	-6.9	32.7
圣马丁(法国部分)	Saint Martin (French part)	11	11		21.2
圣皮埃尔和密克隆	Saint Pierre and Miquelon	34	28	-17.6	11.7
圣文森特和格林纳丁斯	Saint Vincent and the Grenadines	250	270	8.0	69.2
萨摩亚	Samoa	1300	1710	31.5	60.2
圣马力诺	San Marino				
圣多美和普林西比	Sao Tome and Principe	560	536	-4.3	55.8
沙特阿拉伯	Saudi Arabia	9770	9770		0.5
塞内加尔	Senegal	93480	82730	-11.5	42.1
塞尔维亚	Serbia		27200		30.8
塞舌尔	Seychelles	407	407		88.4
塞拉利昂	Sierra Leone	31180	30440	-2.4	42.1
新加坡	Singapore	164	164		22.7
斯洛伐克	Slovakia		19400		39.6
斯洛文尼亚	Slovenia		12480		60.9
所罗门群岛	Solomon Islands	23240	21850	-6.0	75.6
索马里	Somalia	82820	63630	-23.2	10.0
南非	South Africa	92410	92410		7.6
南苏丹	South Sudan		71570		
西班牙	Spain	138095	184179	33.4	36.4
斯里兰卡	Sri Lanka	22840	20700	-9.4	31.6
巴勒斯坦	State of Palestine	91	92	1.0	1.5
苏丹	Sudan		192099		
苏里南	Suriname	154300	153320	-0.6	93.6
斯瓦尔巴群岛	Svalbard and Jan Mayen Islands				
斯威士兰	Swaziland	4720	5860	24.2	34.1

附录4-11　续表 6　continued 6

国家或地区	Country or Area	1990年 森林面积 (平方公里) Forest Area in 1990 (km²)	2017年 森林面积 (平方公里) Forest Area in 2017 (km²)	比1990年 增减 (%) % Change since 1990 (%)	2017年 森林覆盖率 (%) % of Land Area Covered by Forest in 2017 (%)
瑞典	Sweden	280630	280730	0.0	62.7
瑞士	Switzerland	11510	12540	8.9	30.4
叙利亚	Syrian Arab Republic	3720	4910	32.0	2.7
塔吉克斯坦	Tajikistan		4120		2.9
泰国	Thailand	140050	163990	17.1	32.0
马其顿	The former Yugoslav Republic of Macedonia	9120	9980	9.4	39.6
东帝汶	Timor-Leste	9660	6860	-29.0	46.1
多哥	Togo	6850	1880	-72.6	3.3
托克劳	Tokelau				
汤加	Tonga	90	90		12.0
特立尼达和多巴哥	Trinidad and Tobago	2407	2345	-2.6	45.7
突尼斯	Tunisia	6430	10410	61.9	6.4
土耳其	Turkey	96220	117150	21.8	14.9
土库曼斯坦	Turkmenistan		41270		8.5
特克斯和凯科斯群岛	Turks and Caicos Islands	344	344		36.2
图瓦卢	Tuvalu	10	10		33.3
乌干达	Uganda	47510	20770	-56.3	8.6
乌克兰	Ukraine		96570		16.0
阿拉伯联合酋长国	United Arab Emirates	2450	3226	31.7	3.3
英国	United Kingdom of Great Britain and Northern Ireland	27780	31440	13.2	12.9
坦桑尼亚	United Republic of Tanzania	559200	460600	-17.6	48.6
美国	United States of America	3024500	3100950	2.5	31.5
美属维尔京群岛	United States Virgin Islands	236	176	-25.4	50.3
乌拉圭	Uruguay	7978	18450	131.3	10.5
乌兹别克斯坦	Uzbekistan		32199		7.2
瓦努阿图	Vanuatu	4400	4400		36.1
委内瑞拉	Venezuela (Bolivarian Republic of)	520260	466830	-10.3	51.2
越南	Viet Nam	93630	147730	57.8	44.6
沃利斯和富图纳群岛	Wallis and Futuna Islands	58	58	0.5	41.6
西撒哈拉	Western Sahara	7070	7070		2.7
也门	Yemen	5490	5490		1.0
赞比亚	Zambia	528000	486350	-7.9	64.6
津巴布韦	Zimbabwe	221640	140620	-36.6	36.0

附录4-12 海洋保护区
Marine Areas Protected

国家或地区	Country or Area	1990年保护区面积占比(%) Proportion 1990 (%)	2000年保护区面积占比(%) Proportion 2000 (%)	2014年保护区面积占比(%) Proportion 2014 (%)	2014年保护区面积(平方公里) Protected areas 2014 (km²)
阿富汗	Afghanistan				
阿尔巴尼亚	Albania		0.7	1.5	91
阿尔及利亚	Algeria	0.1	0.1	1.2	339
美属萨摩亚	American Samoa	2.3	2.3	17.3	35056
安道尔	Andorra				
安哥拉	Angola	0.1	0.1	0.1	24
安圭拉	Anguilla				65
安提瓜和巴布达	Antigua and Barbuda	0.2	0.2	1.4	140
阿根廷	Argentina	2.7	5.1	8.9	18437
亚美尼亚	Armenia				
阿鲁巴	Aruba				
澳大利亚	Australia	26.6	29.9	48.5	3270908
奥地利	Austria				
阿塞拜疆	Azerbaijan				
巴哈马	Bahamas	0.2	0.2	0.4	1434
巴林	Bahrain		0.8	7.6	346
孟加拉国	Bangladesh	0.1	2.1	2.5	1000
巴巴多斯	Barbados	0.1	0.1	0.1	3
白俄罗斯	Belarus				
比利时	Belgium	3.7	44.4	56.1	1266
伯利兹	Belize	0.5	13.7	14.2	2680
贝宁	Benin				
百慕大	Bermuda	4.8	5.1	5.1	149
不丹	Bhutan				
玻利维亚	Bolivia				
波黑	Bosnia and Herzegovina	7.1	7.1	8.3	1
博茨瓦纳	Botswana				
巴西	Brazil	2.5	13.5	20.5	58309
英属维尔京群岛	British Virgin Islands	1.8	2.1	2.1	46
文莱	Brunei Darussalam	1.5	1.5	1.5	47
保加利亚	Bulgaria	0.1	0.2	15.3	1009
布基纳法索	Burkina Faso				
布隆迪	Burundi				
佛得角	Cabo Verde				

资料来源：联合国统计司千年发展目标数据库。
Sources: UNSD Millennium Development Goals Database.

附录4-12　续表 1　continued 1

国家或地区	Country or Area	1990年保护区面积占比 (%) Proportion 1990 (%)	2000年保护区面积占比 (%) Proportion 2000 (%)	2014年保护区面积占比 (%) Proportion 2014 (%)	2014年保护区面积（平方公里）Protected areas 2014 (km^2)
柬埔寨	Cambodia		0.4	0.5	89
喀麦隆	Cameroon	0.6	0.6	6.8	568
加拿大	Canada	0.7	0.8	1.4	46327
开曼群岛	Cayman Islands	1.1	1.1	1.2	89
中非共和国	Central African Republic				
乍得	Chad				
智利	Chile	3.3	3.3	3.9	159975
中国	China	0.4	1.1	2.3	8668
中国香港	China, Hong Kong Special Administrative Region				
中国澳门	China, Macao Special Administrative Region				
哥伦比亚	Colombia	2.4	5.8	16.9	74471
科摩罗	Comoros			0.3	3808
刚果	Congo		32.8	33.6	1173
库克群岛	Cook Islands				15
哥斯达黎加	Costa Rica	11.9	15.4	15.8	4987
科特迪瓦	Cote d'Ivoire	0.1	0.1	2.1	243
克罗地亚	Croatia	1.4	1.4	16.3	5113
古巴	Cuba	1.3	1.3	7.6	9345
塞浦路斯	Cyprus		0.2	0.9	121
捷克	Czech Republic				
朝鲜	Democratic People's Republic of Korea	0.1	0.1	0.1	26
刚果民主共和国	Democratic Republic of the Congo	3.8	4.4	4.3	31
丹麦	Denmark	19.7	26.8	29.2	17890
吉布提	Djibouti			0.2	12
多米尼加	Dominica	0.1	0.1	0.1	5
多米尼加共和国	Dominican Republic	11.9	30.4	31.4	24588
厄瓜多尔	Ecuador	74.7	75.0	75.7	139951
埃及	Egypt	1.6	6.5	13.2	7920
萨尔瓦多	El Salvador			9.5	622
赤道几内亚	Equatorial Guinea		2.6	2.7	329
厄立特里亚	Eritrea				
爱沙尼亚	Estonia	0.2	2.4	27.5	6773
埃塞俄比亚	Ethiopia				
法罗群岛	Faeroe Islands				62
福克兰群岛	Falkland Islands (Malvinas)	0.2	0.2	0.3	22371
斐济	Fiji	0.2	0.4	6.2	11924

附录4-12 续表 2 continued 2

国家或地区	Country or Area	1990年保护区面积占比(%)Proportion 1990 (%)	2000年保护区面积占比(%)Proportion 2000 (%)	2014年保护区面积占比(%)Proportion 2014 (%)	2014年保护区面积(平方公里)Protected areas 2014 (km²)
芬兰	Finland	3.3	13.9	16.7	8722
法国	France	2.0	21.5	62.9	88225
法属圭亚那	French Guiana		11.7	14.7	1321
法属波利尼西亚	French Polynesia		0.1	0.1	207
加蓬	Gabon	0.4	0.7	9.3	1896
冈比亚	Gambia	0.5	0.7	1.2	27
格鲁吉亚	Georgia		2.4	2.4	153
德国	Germany	40.2	51.1	64.8	25437
加纳	Ghana		1.7	1.7	210
希腊	Greece	0.4	4.8	6.0	7213
格陵兰	Greenland	36.5	36.5	36.7	102318
格林纳达	Grenada			0.1	5
瓜德鲁普	Guadeloupe	11.0	11.4	11.4	1391
关岛	Guam	0.5	2.5	2.5	115
危地马拉	Guatemala	0.3	12.7	13.0	944
几内亚	Guinea		4.2	4.2	577
几内亚比绍	Guinea-Bissau	2.7	45.9	45.9	9021
圭亚那	Guyana			0.2	17
海地	Haiti				6
洪都拉斯	Honduras	2.2	2.9	3.3	1468
匈牙利	Hungary				
冰岛	Iceland		3.7	3.9	2768
印度	India	1.5	1.7	2.1	4049
印度尼西亚	Indonesia	0.4	1.0	5.8	195766
伊朗	Iran (Islamic Republic of)	1.5	1.9	2.2	1444
伊拉克	Iraq				
爱尔兰	Ireland	0.5	6.0	10.4	6597
以色列	Israel	0.1	0.2	0.3	12
意大利	Italy	0.6	3.5	20.1	47330
牙买加	Jamaica		4.5	4.6	1860
日本	Japan	5.0	5.0	5.1	19949
约旦	Jordan		30.2	30.1	29
哈萨克斯坦	Kazakhstan				
肯尼亚	Kenya	3.7	9.2	10.0	1335
基里巴斯	Kiribati	0.3	0.8	20.2	408408
科威特	Kuwait			0.2	13
吉尔吉斯斯坦	Kyrgyzstan				
老挝	Lao People's Democratic Republic				
拉脱维亚	Latvia		2.5	44.3	4851

附录4-12　续表 3　continued 3

国家或地区	Country or Area	1990年保护区面积占比 (%) Proportion 1990 (%)	2000年保护区面积占比 (%) Proportion 2000 (%)	2014年保护区面积占比 (%) Proportion 2014 (%)	2014年保护区面积（平方公里） Protected areas 2014 (km²)
黎巴嫩	Lebanon				1
莱索托	Lesotho				
利比里亚	Liberia			2.0	252
利比亚	Libya		4.3	4.3	2287
列支敦士登	Liechtenstein				
立陶宛	Lithuania	0.2	10.3	30.6	682
卢森堡	Luxembourg				
马达加斯加	Madagascar		0.1	3.4	6094
马拉维	Malawi				
马来西亚	Malaysia	1.5	2.0	2.3	3512
马尔代夫	Maldives		0.2	0.4	608
马里	Mali				
马耳他	Malta	0.3	0.3	4.7	187
马绍尔群岛	Marshall Islands		0.7	3.4	3830
马提尼克	Martinique	0.7	0.7	0.7	40
毛里塔尼亚	Mauritania	32.2	32.3	32.3	6488
毛里求斯	Mauritius		0.3	0.3	50
马约特岛	Mayotte				63278
墨西哥	Mexico	1.6	12.2	19.0	62226
密克罗尼西亚	Micronesia, Federated States of		0.1	0.1	60
摩纳哥	Monaco	0.1	0.4	100.3	284
蒙古	Mongolia				
黑山	Montenegro				
蒙特塞拉特	Montserrat				
摩洛哥	Morocco		0.3	1.3	502
莫桑比克	Mozambique	1.8	1.8	18.0	12672
缅甸	Myanmar	0.2	0.2	0.2	324
纳米比亚	Namibia	0.5	0.5	28.1	9637
瑙鲁	Nauru				
尼泊尔	Nepal				
荷兰	Netherlands	21.2	54.7	57.7	13894
新喀里多尼亚	New Caledonia	0.6	1.7	56.6	1301248
新西兰	New Zealand	4.7	12.4	12.5	1221395
尼加拉瓜	Nicaragua	0.6	15.7	37.7	15245
尼日尔	Niger				
尼日利亚	Nigeria	0.2	0.2	0.2	33
纽埃	Niue		1.2	1.2	35
北马里亚纳群岛	Northern Mariana Islands	0.1	0.1	20.4	256085

附录4-12 续表 4 continued 4

国家或地区	Country or Area	1990年保护区面积占比 (%) Proportion 1990 (%)	2000年保护区面积占比 (%) Proportion 2000 (%)	2014年保护区面积占比 (%) Proportion 2014 (%)	2014年保护区面积（平方公里） Protected areas 2014 (km²)
挪威	Norway	50.6	50.8	60.7	87120
阿曼	Oman		1.3	1.3	686
巴基斯坦	Pakistan	1.8	2.0	5.6	1768
帕劳	Palau	0.5	20.0	31.4	1392
巴拿马	Panama	3.8	4.7	7.4	5530
巴布亚新几内亚	Papua New Guinea	0.3	0.4	0.4	4274
巴拉圭	Paraguay				
秘鲁	Peru	2.8	2.8	6.8	4935
菲律宾	Philippines	0.3	2.4	2.5	19104
波兰	Poland	1.4	1.5	52.7	7225
葡萄牙	Portugal	4.1	4.5	5.5	13973
波多黎各	Puerto Rico	1.7	1.7	1.8	342
卡塔尔	Qatar		0.4	1.6	172
韩国	Republic of Korea	3.3	3.4	4.3	3411
摩尔多瓦	Republic of Moldova				
留尼旺	Réunion			0.8	50
罗马尼亚	Romania	1.5	35.1	42.8	2502
俄罗斯联邦	Russian Federation	2.3	11.1	11.5	222231
卢旺达	Rwanda				
圣基茨岛和尼维斯	Saint Kitts and Nevis	0.6	0.6	0.5	17
圣露西亚	Saint Lucia	0.1	0.1	0.2	6
圣文森特和格林纳丁	Saint Vincent and the Grenadines	1.3	1.3	1.2	79
萨摩亚	Samoa	0.5	1.1	1.1	113
圣马力诺	San Marino				
圣多美和普林西比	Sao Tome and Principe				
沙特阿拉伯	Saudi Arabia	0.6	3.4	3.4	3510
塞内加尔	Senegal	8.1	8.1	14.4	1736
塞尔维亚	Serbia				
塞舌尔	Seychelles	0.7	0.7	1.0	484
塞拉利昂	Sierra Leone		5.5	7.8	863
新加坡	Singapore		1.4	1.5	9
斯洛伐克	Slovakia				
斯洛文尼亚	Slovenia		0.4	98.5	162
所罗门群岛	Solomon Islands		0.4	0.9	1901
索马里	Somalia				
南非	South Africa	1.4	3.4	13.4	174954
南苏丹	South Sudan				
西班牙	Spain	0.8	6.6	7.5	12120
斯里兰卡	Sri Lanka	0.1	1.1	1.3	416

附录4-12　续表 5　continued 5

国家或地区	Country or Area	1990年 保护区面积 占比 (%) Proportion 1990 (%)	2000年 保护区面积 占比 (%) Proportion 2000 (%)	2014年 保护区面积 占比 (%) Proportion 2014 (%)	2014年 保护区面积 （平方公里） Protected areas 2014 (km²)
巴勒斯坦	State of Palestine				
苏丹	Sudan				12
苏里南	Suriname	22.9	22.9	22.9	1981
斯威士兰	Swaziland				
瑞典	Sweden	4.1	7.9	10.5	12335
瑞士	Switzerland				
叙利亚	Syrian Arab Republic		0.6	0.6	25
塔吉克斯坦	Tajikistan				
泰国	Thailand	3.9	4.2	5.2	5685
马其顿	The former Yugoslav Republic of Macedonia				
东帝汶	Timor-Leste			3.8	573
多哥	Togo			2.8	31
托克劳群岛	Tokelau				64
汤加	Tonga		9.6	9.6	10055
特立尼达和多巴哥	Trinidad and Tobago	0.2	2.8	3.0	496
突尼斯	Tunisia	1.1	1.2	2.7	998
土耳其	Turkey		0.3	0.4	280
土库曼斯坦	Turkmenistan				
特克斯和凯科斯群岛	Turks and Caicos Islands	0.7	1.0	1.0	150
图瓦卢	Tuvalu	0.1	0.3	0.3	62
乌干达	Uganda				
乌克兰	Ukraine	5.9	10.7	10.7	4614
阿拉伯联合酋长国	United Arab Emirates	0.3	0.3	21.0	6796
英国	United Kingdom of Great Britain and Northern Ireland	5.0	11.0	17.2	70541
坦桑尼亚	United Republic of Tanzania	3.7	10.0	18.2	6713
美国	United States of America	22.6	28.3	31.7	1599955
美属维尔京群岛	United States Virgin Islands	1.6	2.0	2.0	121
乌拉圭	Uruguay	0.3	0.3	1.8	416
乌兹别克斯坦	Uzbekistan				
瓦努阿图	Vanuatu				14591
委内瑞拉	Venezuela (Bolivarian Republic of)	7.7	16.8	16.8	16066
越南	Viet Nam	0.3	0.5	1.8	3686
西撒哈拉	Western Sahara				
也门	Yemen		2.1	3.6	2562
赞比亚	Zambia				
津巴布韦	Zimbabwe				

附录4-13 农业用地

国家或地区	Country or Area	2017年 农业用地 (平方公里) Agricultural Area in 2017 (km²)	比1990年 农业用地增减 (%) % Change of Agricultural Area since 1990 (%)
阿富汗	Afghanistan	379100	-0.3
阿尔巴尼亚	Albania	11692	4.3
阿尔及利亚	Algeria	413350	6.9
美属萨摩亚	American Samoa	49	63.3
安道尔	Andorra	188	-18.2
安哥拉	Angola	592150	3.2
安提瓜和巴布达	Antigua and Barbuda	90	
阿根廷	Argentina	1487000	16.6
亚美尼亚	Armenia	16771	
阿鲁巴	Aruba	20	
澳大利亚	Australia	3937970	-15.2
奥地利	Austria	26546	-12.2
阿塞拜疆	Azerbaijan	47775	
巴哈马	Bahamas	140	16.7
巴林	Bahrain	86	7.5
孟加拉国	Bangladesh	91873	-11.5
巴巴多斯	Barbados	100	-47.4
白俄罗斯	Belarus	85020	
比利时	Belgium	13508	
伯利兹	Belize	1720	36.5
贝宁	Benin	39500	74.0
百慕大	Bermuda	3	
不丹	Bhutan	5185	14.2
玻利维亚	Bolivia	374880	5.7
波黑	Bosnia and Herzegovina	22280	
博茨瓦纳	Botswana	258598	-0.6
巴西	Brazil	2359188	0.4
英属维尔京群岛	British Virgin Islands	70	-12.5
文莱	Brunei Darussalam	144	30.9
保加利亚	Bulgaria	50295	-18.3
布基纳法索	Burkina Faso	121000	26.4
布隆迪	Burundi	20330	-3.6
佛得角	Cabo Verde	790	16.2
柬埔寨	Cambodia	55660	24.9
喀麦隆	Cameroon	97500	6.3
加拿大	Canada	576944	-6.0
开曼群岛	Cayman Islands	27	

资料来源：联合国粮农组织。

Agricultural Land

2017年 耕地面积 (平方公里) Arable Land in 2017 (km²)	2017年 永久性作物面积 (平方公里) Permanent Crops in 2017 (km²)	2017年 牧草地面积 (平方公里) Permanent Meadows and Pastures in 2017 (km²)	2017年 农业灌溉面积 (平方公里) Agricultural Area Actually Irrigated in 2017 (km²)
76990	2110	300000	22710
6069	842	4781	1711
74708	10126	328517	13064
30	19		
8		180	
49000	3150	540000	
40	10	40	
392000	10000	1085000	
4460	591	11720	1547
20			
307520	3220	3407630	22440
13289	669	12588	
20945	2468	24362	14299
80	40	20	
16	30	40	
76973	8900	6000	55270
70	10	20	
57270	1140	26530	303
8360	230	4680	
900	320	500	
28000	6000	5500	
3			
1000	55	4130	
42410	2470	330000	
10600	1070	10610	
2578	20	256000	
553841	79820	1725527	
10	10	50	
50	60	34	
34891	1481	13924	
60000	1000	60000	
12000	3500	4830	
500	40	250	
39110	1550	15000	
62000	15500	20000	
381781	1743	193420	
2	5	20	

Sources: Food and Agriculture Organization of the United Nations (FAO).

附录4-13　续表 1

国家或地区	Country or Area	2017年 农业用地 （平方公里） Agricultural Area in 2017 (km²)	比1990年 农业用地增减 （%） % Change of Agricultural Area since 1990 (%)
中非共和国	Central African Republic	50800	1.5
乍得	Chad	502380	4.0
海峡群岛	Channel Islands	92	8.5
智利	Chile	157470	-1.0
中国	China	5285310	4.3
中国香港	China, Hong Kong Special Administrative Region	50	-37.5
哥伦比亚	Colombia	446920	-0.9
科摩罗	Comoros	1310	14.9
刚果	Congo	106280	1.0
库克群岛	Cook Islands	15	-75.0
哥斯达黎加	Costa Rica	17695	-23.2
科特迪瓦	Côte d'Ivoire	212000	12.0
克罗地亚	Croatia	16880	
古巴	Cuba	63000	-6.5
塞浦路斯	Cyprus	1247	-22.3
捷克	Czech Republic	35210	
朝鲜	Democratic People's Republic of Korea	26300	4.4
刚果民主共和国	Democratic Republic of the Congo	315280	21.4
丹麦	Denmark	26317	-5.6
吉布提	Djibouti	17020	31.0
多米尼加	Dominica	250	38.9
多米尼加共和国	Dominican Republic	23520	-7.6
厄瓜多尔	Ecuador	55900	-28.8
埃及	Egypt	37338	41.0
萨尔瓦多	El Salvador	15690	11.3
赤道几内亚	Equatorial Guinea	2840	-15.0
厄立特里亚	Eritrea	75920	
爱沙尼亚	Estonia	10020	
埃塞俄比亚	Ethiopia	375401	
福克兰群岛	Falkland Islands (Malvinas)	11398	-4.2
法罗群岛	Faeroe Islands	30	
斐济	Fiji	4250	3.7
芬兰	Finland	22700	-5.1
法国	France	286975	-6.2
法属圭亚那	French Guiana	325	54.9
法属波利尼西亚	French Polynesia	455	5.8
加蓬	Gabon	51600	0.1

continued 1

2017年 耕地面积 （平方公里） Arable Land in 2017 （km²）	2017年 永久性作物面积 （平方公里） Permanent Crops in 2017 （km²）	2017年 牧草地面积 （平方公里） Permanent Meadows and Pastures in 2017 （km²）	2017年 农业灌溉面积 （平方公里） Agricultural Area Actually Irrigated in 2017 （km²）
18000	800	32000	
52000	380	450000	
38		54	
12820	4500	140150	
1194911	162060	3928340	
31	10	10	
17810	20380	408730	
660	500	150	
5500	780	100000	
10	5		
2505	3190	12000	
35000	45000	132000	
8170	720	6080	
29060	6530	27410	
956	269	17	259
24980	450	9780	250
23500	2300	500	
118000	15000	182000	
23704	263	2347	
20		17000	
60	170	20	
8000	3550	11970	
10330	14305	31255	8410
27868	9470		
7220	2100	6370	
1200	600	1040	
6900	20	69000	
6840	40	3140	
159692	15709	200000	
		11398	
30			
1650	850	1750	
22420	30	250	
184644	9994	92337	
133	55	137	
25	230	200	
3250	1700	46650	

附录4-13 续表 2

国家或地区	Country or Area	2017年 农业用地 （平方公里） Agricultural Area in 2017 (km²)	比1990年 农业用地增减 (%) % Change of Agricultural Area since 1990 (%)
冈比亚	Gambia	6050	3.2
格鲁吉亚	Georgia	23848	
德国	Germany	180970	0.4
加纳	Ghana	157000	24.6
希腊	Greece	61080	-33.8
格陵兰	Greenland	2431	2.7
格林纳达	Grenada	80	-38.5
瓜德罗普	Guadeloupe	521	-1.7
关岛	Guam	180	-10.0
危地马拉	Guatemala	38560	-10.0
几内亚	Guinea	145000	2.5
几内亚比绍	Guinea-Bissau	16300	12.6
圭亚那	Guyana	17000	-1.8
海地	Haiti	18400	15.2
洪都拉斯	Honduras	34800	4.8
匈牙利	Hungary	55640	-14.1
冰岛	Iceland	18720	-1.5
印度	India	1797210	-0.9
印度尼西亚	Indonesia	623000	38.2
伊朗	Iran (Islamic Republic of)	459540	-25.3
伊拉克	Iraq	94000	1.8
爱尔兰	Ireland	44710	-20.9
马恩岛	Isle of Man	391	-1.3
以色列	Israel	6230	7.6
意大利	Italy	128266	-23.8
牙买加	Jamaica	4440	-6.7
日本	Japan	44440	-21.9
约旦	Jordan	10070	-3.2
哈萨克斯坦	Kazakhstan	2169920	
肯尼亚	Kenya	276300	3.2
基里巴斯	Kiribati	340	-12.8
科威特	Kuwait	1514	7.4
吉尔吉斯斯坦	Kyrgyzstan	105401	
老挝	Lao People's Democratic Republic	23990	44.5
拉脱维亚	Latvia	19330	
黎巴嫩	Lebanon	6580	8.8
莱索托	Lesotho	24180	4.2
利比里亚	Liberia	27100	8.7

continued 2

2017年 耕地面积 （平方公里） Arable Land in 2017 (km²)	2017年 永久性作物面积 （平方公里） Permanent Crops in 2017 (km²)	2017年 牧草地面积 （平方公里） Permanent Meadows and Pastures in 2017 (km²)	2017年 农业灌溉面积 （平方公里） Agricultural Area Actually Irrigated in 2017 (km²)
4400	50	1600	
3240	1208	19400	
117720	1990	47150	
47000	27000	83000	
21380	10820	28820	12370
		2431	
30	40	10	
231	28	262	
10	90	80	
8620	11830	18110	
31000	7000	107000	
3000	2500	10800	
4200	500	12300	
10700	2800	4900	
10200	7000	17600	
43230	1760	8040	1014
1210		17510	
1564630	130000	102580	
263000	250000	110000	
146870	17900	294770	76194
50000	4000	40000	
4410	10	40290	
230		161	
3870	960	1400	2089
67363	24820	36083	
1200	950	2290	
41610	2830		
1870	780	7420	865
293950	1320	1874650	
58000	5300	213000	
20	320		
86	68	1360	
12878	760	91763	10038
15550	1690	6750	
12900	80	6350	
1320	1260	4000	
4140	40	20000	
5000	2100	20000	

附录4-13 续表 3

国家或地区	Country or Area	2017年 农业用地 （平方公里） Agricultural Area in 2017 (km²)	比1990年 农业用地增减 （%） % Change of Agricultural Area since 1990 (%)
利比亚	Libya	153500	-0.7
列支敦士登	Liechtenstein	52	-26.3
立陶宛	Lithuania	29353	
卢森堡	Luxembourg	1312	
马达加斯加	Madagascar	408950	12.6
马拉维	Malawi	56500	33.9
马来西亚	Malaysia	85902	27.1
马尔代夫	Maldives	79	-1.3
马里	Mali	412010	28.2
马耳他	Malta	104	-20.2
马绍尔群岛	Marshall Islands	113	
马提尼克	Martinique	300	-23.2
毛里塔尼亚	Mauritania	396610	0.0
毛里求斯	Mauritius	860	-22.5
马约特岛	Mayotte	200	11.0
墨西哥	Mexico	1069640	1.7
密克罗尼西亚	Micronesia (Federated States of)	220	
蒙古	Mongolia	1111182	-11.6
黑山	Montenegro	2563	
蒙特塞拉特	Montserrat	30	
摩洛哥	Morocco	303860	0.1
莫桑比克	Mozambique	499500	4.8
缅甸	Myanmar	128707	23.4
纳米比亚	Namibia	388100	0.4
瑙鲁	Nauru	4	
尼泊尔	Nepal	41210	-0.6
荷兰	Netherlands	17900	-10.8
新喀里多尼亚	New Caledonia	1842	-20.6
新西兰	New Zealand	106510	-34.2
尼加拉瓜	Nicaragua	50650	25.8
尼日尔	Niger	466000	41.0
尼日利亚	Nigeria	708000	15.0
纽埃	Niue	50	4.2
诺福克岛	Norfolk Island	10	
北马里亚纳群岛	Northern Mariana Islands	30	
挪威	Norway	10909	11.8
阿曼	Oman	14519	34.4
巴基斯坦	Pakistan	370000	5.1

continued 3

2017年 耕地面积 （平方公里） Arable Land in 2017 (km²)	2017年 永久性作物面积 （平方公里） Permanent Crops in 2017 (km²)	2017年 牧草地面积 （平方公里） Permanent Meadows and Pastures in 2017 (km²)	2017年 农业灌溉面积 （平方公里） Agricultural Area Actually Irrigated in 2017 (km²)
17200	3300	133000	
22		30	
21037	355	7961	
620	16	674	
30000	6000	372950	
36000	2000	18500	
8452	74600	2850	
39	30	10	
64110	1500	346400	
91	13		35
20	63	30	
95	55	150	
4000	110	392500	
750	40	70	165
173	27	0	
239050	26690	803900	
20	170	30	
5672	50	1104294	
92	54	2417	
20		10	
78160	15700	210000	
56500	3000	440000	
110616	15100	2991	
8000	100	380000	
	4		
21137	2120	17953	
10370	380	7150	
62	40	1740	
5700	750	100060	
15040	2860	32750	
177000	1180	287820	
340000	65000	303000	
10	30	10	
		10	
10	10	10	
8015	30	1806	
693	316	13510	1000
312100	7930	50000	182200

附录4-13 续表 4

国家或地区	Country or Area	2017年 农业用地 (平方公里) Agricultural Area in 2017 (km²)	比1990年 农业用地增减 (%) % Change of Agricultural Area since 1990 (%)
帕劳	Palau	50	
巴拿马	Panama	22590	6.4
巴布亚新几内亚	Papua New Guinea	11900	35.7
巴拉圭	Paraguay	219490	27.9
秘鲁	Peru	236670	8.4
菲律宾	Philippines	124400	11.7
波兰	Poland	144620	-23.0
葡萄牙	Portugal	36027	-9.1
波多黎各	Puerto Rico	1937	-55.5
卡塔尔	Qatar	670	9.8
韩国	Republic of Korea	16767	-23.1
摩尔多瓦	Republic of Moldova	23353	
留尼汪	Réunion	483	-24.5
罗马尼亚	Romania	133780	-9.4
俄罗斯联邦	Russian Federation	2162490	
卢旺达	Rwanda	18117	-3.6
圣赫勒拿	Saint Helena	120	20.0
圣基茨和尼维斯	Saint Kitts and Nevis	60	-50.0
圣卢西亚	Saint Lucia	106	-49.3
圣皮埃尔和密克隆	Saint Pierre and Miquelon	20	-33.3
圣文森特和格林纳丁斯	Saint Vincent and the Grenadines	100	-16.7
萨摩亚	Samoa	350	-35.2
圣马力诺	San Marino	10	
圣多美和普林西比	Sao Tome and Principe	440	4.8
沙特阿拉伯	Saudi Arabia	1736120	40.6
塞内加尔	Senegal	88780	0.1
塞尔维亚	Serbia	34190	
塞舌尔	Seychelles	16	-61.3
塞拉利昂	Sierra Leone	39490	39.8
新加坡	Singapore	7	-67.0
斯洛伐克	Slovakia	19110	
斯洛文尼亚	Slovenia	6150	
所罗门群岛	Solomon Islands	1080	58.8
索马里	Somalia	441250	0.2
南非	South Africa	963410	0.8
南苏丹	South Sudan	285332	
西班牙	Spain	262955	-13.7

continued 4

2017年 耕地面积 (平方公里) Arable Land in 2017 (km²)	2017年 永久性作物面积 (平方公里) Permanent Crops in 2017 (km²)	2017年 牧草地面积 (平方公里) Permanent Meadows and Pastures in 2017 (km²)	2017年 农业灌溉面积 (平方公里) Agricultural Area Actually Irrigated in 2017 (km²)
10	20	20	
5650	1850	15090	
3000	7000	1900	
48640	850	170000	
34880	13790	188000	
55900	53500	15000	
109070	3840	31710	
9415	7680	18759	
700	370	867	
140	30	500	110
13967	2240	560	
17380	2370	3423	2279
346	29	108	
85430	4150	44200	2120
1216490	16000	930000	
11517	2500	4100	
40		80	
50	1	9	
30	70	6	
20			
50	30	20	
80	220	50	
10			
40	390	10	
34660	1460	1700000	
32000	780	56000	
25950	2080	6160	500
2	14		
15840	1650	22000	
6	1		
13430	180	5180	244
1836	544	3770	32
200	800	80	
11000	250	430000	
120000	4130	839280	
		257732	
122538	47314	93104	36639

附录4-13　续表 5

国家或地区	Country or Area	2017年 农业用地 (平方公里) Agricultural Area in 2017 (km²)	比1990年 农业用地增减 (%) % Change of Agricultural Area since 1990 (%)
斯里兰卡	Sri Lanka	27400	17.1
苏丹	Sudan	681862	
苏里南	Suriname	870	-1.1
瑞典	Sweden	30210	-11.5
瑞士	Switzerland	15398	-4.1
叙利亚	Syrian Arab Republic	139210	3.2
塔吉克斯坦	Tajikistan	47427	
泰国	Thailand	221100	3.4
马其顿	The former Yugoslav Republic of Macedonia		
东帝汶	Timor-Leste	3800	19.5
多哥	Togo	38200	19.7
托克劳群岛	Tokelau	6	20.0
汤加	Tonga	330	3.1
特立尼达和多巴哥	Trinidad and Tobago	540	-29.9
突尼斯	Tunisia	97430	12.7
土耳其	Turkey	380010	-4.2
土库曼斯坦	Turkmenistan	338380	
特克斯和凯科斯群岛	Turks and Caicos Islands	10	
图瓦卢	Tuvalu	18	-10.0
乌干达	Uganda	144150	20.5
乌克兰	Ukraine	420750	
阿拉伯联合酋长国	United Arab Emirates	3895	36.7
英国	United Kingdom of Great Britain and Northern Ireland	17797	-2.2
坦桑尼亚	United Republic of Tanzania	396500	23.9
美国	United States of America	4055522	-5.0
美属维尔京群岛	United States Virgin Islands	40	-60.0
乌拉圭	Uruguay	144690	-3.0
乌兹别克斯坦	Uzbekistan	255332	
瓦努阿图	Vanuatu	1870	23.0
委内瑞拉	Venezuela (Bolivarian Republic of)	215000	-1.6
越南	Viet Nam	121688	80.9
瓦利斯和富图纳群岛	Wallis and Futuna Islands	60	
西撒哈拉	Western Sahara	50040	
也门	Yemen	233877	-1.0
赞比亚	Zambia	238360	14.5
津巴布韦	Zimbabwe	162000	24.5

continued 5

2017年 耕地面积 （平方公里） Arable Land in 2017 (km^2)	2017年 永久性作物面积 （平方公里） Permanent Crops in 2017 (km^2)	2017年 牧草地面积 （平方公里） Permanent Meadows and Pastures in 2017 (km^2)	2017年 农业灌溉面积 （平方公里） Agricultural Area Actually Irrigated in 2017 (km^2)
13000	10000	4400	
198232	1680	481950	
650	60	160	
25630	50	4530	
3982	249	10899	
46620	10710	81880	
7197	1480	38750	
168100	45000	8000	
1550	750	1500	
26500	1700	10000	
	6		
180	110	40	
250	220	70	
26070	23860	47500	
200360	33480	146170	52150
19400	600	318380	
10			
	18		
69000	22000	53150	
327740	8950	78210	3730
445	393	3050	838
6083	48	11336	
135000	21500	240000	
1578368	26000	2451150	
10	10	20	
24300	390	120000	2230
40264	3916	211152	
200	1250	420	
26000	7000	182000	
69883	45385	6420	
10	50		
40		50000	
10977	2900	220000	
38000	360	200000	
40000	1000	121000	

附录五、主要统计指标解释

APPENDIX V.
Explanatory Notes
on Main Statistical Indicators

主要统计指标解释

一、自然状况

年平均气温　气温指空气的温度，我国一般以摄氏度为单位表示。气象观测的温度表是放在离地面约1.5 米处通风良好的百叶箱里测量的，因此，通常说的气温指的是离地面 1.5 米处百叶箱中的温度。计算方法：月平均气温是将全月各日的平均气温相加，除以该月的天数而得。年平均气温是将 12 个月的月平均气温累加后除以 12 而得。

年平均相对湿度　相对湿度指空气中实际水气压与当时气温下的饱和水气压之比，通常以(%)为单位表示。其统计方法与气温相同。

全年日照时数　日照时数指太阳实际照射地面的时数，通常以小时为单位表示。其统计方法与降水量相同。

全年降水量　降水量指从天空降落到地面的液态或固态(经融化后)水，未经蒸发、渗透、流失而在地面上积聚的深度，通常以毫米为单位表示。计算方法：月降水量是将该全月各日的降水量累加而得。年降水量是将该年 12 个月的月降水量累加而得。

二、水环境

水资源总量　一定区域内的水资源总量指当地降水形成的地表和地下产水量，即地表径流量与降水入渗补给量之和，不包括过境水量。

地表水资源量　指河流、湖泊、冰川等地表水体中由当地降水形成的、可以逐年更新的动态水量，即天然河川径流量。

地下水资源量　指当地降水和地表水对饱水岩土层的补给量。

地表水与地下水资源重复计算量　指地表水和地下水相互转化的部分，即在河川径流量中包括一部分地下水排泄量，地下水补给量中包括一部分来源于地表水的入渗量。

供水总量　指各种水源工程为用户提供的包括输水损失在内的毛供水量。

地表水源供水量　指地表水体工程的取水量，按蓄、引、提、调四种形式统计。从水库、塘坝中引水或提水，均属蓄水工程供水量；从河道或湖泊中自流引水的，无论有闸或无闸，均属引水工程供水量；利用扬水站从河道或湖泊中直接取水的，属提水工程供水量；跨流域调水指水资源一级区或独立流域之间的跨流域调配水量，不包括在蓄、引、提水量中。

地下水源供水量　指水井工程的开采量，按浅层淡水、深层承压水和微咸水分别统计。城市地下水源供水量包括自来水厂的开采量和工矿企业自备井的开采量。

其他水源供水量　包括污水处理再利用、集雨工程、海水淡化等水源工程的供水量。

用水总量　指各类用水户取用的包括输水损失在内的毛水量。

农业用水 包括农田灌溉用水、林果地灌溉用水、草地灌溉用水、鱼塘补水和畜禽用水。

工业用水 指工矿企业在生产过程中用于制造、加工、冷却、空调、净化、洗涤等方面的用水，按新水取用量计，不包括企业内部的重复利用水量。

生活用水 包括城镇生活用水和农村生活用水。城镇生活用水由居民用水和公共用水（含第三产业及建筑业等用水）组成；农村生活用水指居民生活用水。

人工生态环境补水 仅包括人为措施供给的城镇环境用水和部分河湖、湿地补水，而不包括降水、径流自然满足的水量。

工业废水排放量 指报告期内经过企业厂区所有排放口排到企业外部的工业废水量。包括生产废水、外排的直接冷却水、超标排放的矿井地下水和与工业废水混排的厂区生活污水，不包括外排的间接冷却水(清污不分流的间接冷却水应计算在废水排放量内)。

化学需氧量(COD) 测量有机和无机物质化学分解所消耗氧的质量浓度的水污染指数。

工业废水治理设施数 指报告期内企业用于防治水污染和经处理后综合利用水资源的实有设施（包括构筑物）数，以一个废水治理系统为单位统计。附属于设施内的水治理设备和配套设备不单独计算。已经报废的设施不统计在内。

工业废水治理设施处理能力 指报告期内企业内部的所有废水治理设施实际具有的废水处理能力。

工业废水治理设施运行费用 指报告期内企业维持废水治理设施运行所发生的费用。包括能源消耗、设备维修、人员工资、管理费、药剂费及与设施运行有关的其他费用等。

三、海洋环境

二类水质海域面积 符合国家海水水质标准中二类海水水质的海域，适用于水产养殖区、海水浴场、人体直接接触海水的海上运动或娱乐区、以及与人类食用直接有关的工业用水区。

三类水质海域面积 符合国家海水水质标准中三类海水水质的海域，适用于一般工业用水区。

四类水质海域面积 符合国家海水水质标准中四类海水水质的海域，仅适用于海洋港口水域和海洋开发作业区。

劣四类水质海域面积 劣于国家海水水质标准中四类海水水质的海域。

四、大气环境

工业二氧化硫排放量 指报告期内企业在燃料燃烧和生产工艺过程中排入大气的二氧化硫总质量。工业中二氧化硫主要来源于化石燃料（煤、石油等）的燃烧，还包括含硫矿石的冶炼或含硫酸、磷肥等生产的工业废气排放。

工业氮氧化物排放量 指报告期内企业在燃料燃烧和生产工艺过程中排入大气的氮氧化物总质量。

工业烟（粉）尘排放量 指报告期内企业在燃料燃烧和生产工艺过程中排入大气的烟尘及工业粉尘的总质量之和。

工业废气排放量 指报告期内企业厂区内燃料燃烧和生产工艺过程中产生的各种排入空气中含有污染物的气体的总量，以标准状态（273K，101325Pa）计。

工业废气治理设施数　指报告期末企业用于减少在燃料燃烧过程与生产工艺过程中排向大气的污染物或对污染物加以回收利用的废气治理设施总数，以一个废气治理系统为单位统计。包括除尘、脱硫、脱硝及其它的污染物的烟气治理设施。已报废的设施不统计在内。锅炉中的除尘装置属于"三同时"设备，应统计在内。

工业废气治理设施处理能力　指报告期末企业实有的废气治理设施的实际废气处理能力。

工业废气治理设施运行费用　指报告期内维持废气治理设施运行所发生的费用。包括能源消耗、设备折旧、设备维修、人员工资、管理费、药剂费及与设施运行有关的其他费用等。

五、固体废物

一般工业固体废物产生量　指当年全年调查对象实际产生的一般工业固体废物的量。一般工业固体废物系指未被列入《国家危险废物名录》（2016版）或者根据国家规定的《危险废物鉴别标准》（GB5085）、《固体废物浸出毒性浸出方法》（GB5086）及《固体废物浸出毒性测定方法》（GB／T 15555）鉴别方法判定不具有危险特性的工业固体废物。

一般工业固体废物综合利用量　指当年全年调查对象通过回收、加工、循环、交换等方式，从固体废物中提取或者使其转化为可以利用的资源、能源和其他原材料的固体废物量（包括当年利用的往年工业固体废物累计贮存量）。如用作农业肥料、生产建筑材料、筑路等。综合利用量由原产生固体废物的单位统计。

一般工业固体废物处置量　指当年全年调查对象将工业固体废物焚烧和用其他改变工业固体废物的物理、化学、生物特性的方法，达到减少或者消除其危险成分的活动，或者将工业固体废物最终置于符合环境保护规定要求的填埋场的活动中，所消纳固体废物的量（包括当年处置的往年工业固体废物累计贮存量）。

一般工业固体废物贮存量　指当年全年调查对象以综合利用或处置为目的，将固体废物暂时贮存或堆存在专设的贮存设施或专设的集中堆存场所内的量。专设的固体废物贮存场所或贮存设施必须有防扩散、防流失、防渗漏、防止污染大气、水体的措施。

一般工业固体废物倾倒丢弃量　指当年全年调查对象将所产生的固体废物倾倒或者丢弃到固体废物污染防治设施、场所以外的量。

危险废物产生量　指当年全年调查对象实际产生的危险废物的量。危险废物指列入国家危险废物名录或者根据国家规定的危险废物鉴别标准和鉴别方法认定的，具有爆炸性、易燃性、易氧化性、毒性、腐蚀性、易传染性疾病等危险特性之一的废物。包括利用处置危险废物过程中二次产生的危险废物的量。按《国家危险废物名录》（2016）填报。

危险废物综合利用和处置量　综合利用量指当年全年调查对象从危险废物中提取物质作为原材料或者燃料的活动中消纳危险废物的量。包括本单位利用或委托、提供给外单位利用的量。处置量指当年全年调查对象将危险废物焚烧和用其他改变工业固体废物的物理、化学、生物特性的方法，达到减少或者消除其危险成分的活动，或者将危险废物最终置于符合环境保护规定要求的填埋场的活动中，所消纳危险废物的量。处置量包括处置本单位或委托给外单位处置的量。

危险废物贮存量　指将危险废物以一定包装方式暂时存放在专设的贮存设施内的量。专设的贮存设施指对危险废物的包装、选址、设计、安全防护、监测和关闭等符合《危险废物贮存污染控制标准》

（GB18597-2001）等相关环保法律法规要求，具有防扩散、防流失、防渗漏、防止污染大气和水体措施的设施。包括本单位自行贮存的本单位产生的和接收外单位的危险废物量。

六、自然生态

自然保护区　指对有代表性的自然生态系统、珍稀濒危野生动植物物种的天然分布区、水源涵养区、有特殊意义的自然历史遗迹等保护对象所在的陆地、陆地水体或海域，依法划出一定面积进行特殊保护和管理的区域。以县及县以上各级人民政府正式批准建立的自然保护区为准。风景名胜区、文物保护区不计在内。

湿地　指天然或人工、长久或暂时性的沼泽地、泥炭地或水域地带，包括静止或流动、淡水、半咸水、咸水体，低潮时水深不超过 6 米的水域以及海岸地带地区的珊瑚滩和海草床、滩涂、红树林、河口、河流、淡水沼泽、沼泽森林、湖泊、盐沼及盐湖。

七、土地利用

耕地面积　指经过开垦用以种植农作物并经常进行耕耘的土地面积。包括种有作物的土地面积、休闲地、新开荒地和抛荒未满三年的土地面积。

林业用地面积　指用来发展林业的土地，包括郁闭度 0.20 以上的乔木林地以及竹林地、灌木林地、疏林地、采伐迹地、火烧迹地、未成林造林地、苗圃地和县级以上人民政府规划的宜林地面积。

草地面积　指牧区和农区用于放牧牲畜或割草，植被盖度在 5%以上的草原、草坡、草山等面积。包括天然的和人工种植或改良的草地面积。

八、林业

森林面积　包括郁闭度 0.2 以上的乔木林地面积和竹林面积，国家特别规定的灌木林地面积、农田林网以及村旁、路旁、水旁、宅旁林木的覆盖面积。

人工林面积　指由人工播种、植苗或扦插造林形成的生长稳定，(一般造林 3-5 年后或飞机播种 5-7 年后)每公顷保存株数大于或等于造林设计植树株数 80%或郁闭度 0.20 以上(含 02.0)的林分面积。

森林覆盖率　指以行政区域为单位森林面积占区域土地总面积的百分比。计算公式：

$$森林覆盖率 = \frac{森林面积}{土地总面积} \times 100\%$$

活立木总蓄积量　指一定范围土地上全部树木蓄积的总量，包括森林蓄积、疏林蓄积、散生木蓄积和四旁树蓄积。

森林蓄积量　指一定森林面积上存在着的林木树干部分的总材积，以立方米为计算单位。它是反映一个国家或地区森林资源总规模和水平的基本指标之一。它说明一个国家或地区林业生产发展情况，反映森林资源的丰富程度，也是衡量森林生态环境优劣的重要依据。

造林面积　指在宜林荒山荒地、宜林沙荒地、无立木林地、疏林地和退耕地等其它宜林地上通过人工措施形成或恢复森林、林木、灌木林的过程。

人工造林　指在宜林荒山荒地、宜林沙荒地、无立木林地、疏林地和退耕地等其他宜林地上通过播种、植苗和分殖来提高森林植被覆被率的技术措施。

飞播造林　通过飞机播种，并辅以适当的人工措施，在自然力的作用下使其形成森林或灌草植被，提高森林植被覆被率或提高森林植被质量的技术措施。包括荒山飞播造林和飞播营林。

新封山育林　对宜林地、无立木林地、疏林地或低质低效有林地、灌木林地实施封禁并辅以人工促进手段，使其形成森林或灌草植被或提高林分质量的一项技术措施。包括无林地和疏林地封育以及有林地和灌木林地封育。

退化林修复　为改善林分的活力和结构，有效遏制防护林退化，提高林分质量和恢复森林功能，对结构失调和稳定性降低、功能退化甚至丧失且自然更新能力弱的林分采取的结构调整、树种替换、补植补播、嫁接复壮等森林经营措施。

更新造林　指在采伐迹地、火烧迹地、林中空地上通过人工造林重新形成森林的过程。包括通过松土除草、平茬或断根复壮、补植补播、除蘖间苗等措施促进目的树种幼苗幼树生长发育的人工促进天然更新。

天然林保护工程　是我国林业的"天"字号工程、一号工程,也是投资最大的生态工程。具体包括三个层次:全面停止长江上游、黄河上中游地区天然林采伐；大幅度调减东北、内蒙古等重点国有林区的木材产量；同时保护好其他地区的天然林资源。主要解决这些区域天然林资源的休养生息和恢复发展问题。

退耕还林还草工程　是我国林业建设上涉及面最广、政策性最强、工序最复杂、群众参与度最高的生态建设工程。主要解决重点地区的水土流失问题。

三北和长江流域等重点防护林体系建设工程　三北和长江中下游地区等重点防护林体系建设工程,是我国涵盖面最大、内容最丰富的防护林体系建设工程。具体包括三北防护林四期工程、长江中下游及淮河太湖流域防护林二期工程、沿海防护林二期工程、珠江防护林二期工程、太行山绿化二期工程和平原绿化二期工程。主要解决三北地区的防沙治沙问题和其他区域各不相同的生态问题。

京津风沙源治理工程　环北京地区防沙治沙工程,是首都乃至中国的"形象工程",也是环京津生态圈建设的主体工程。虽然规模不大,但是意义特殊。主要解决首都周围地区的风沙危害问题。

九、自然灾害及突发事件

滑坡　指斜坡上不稳定的岩土体在重力作用下沿一定软面(或滑动带)整体向下滑动的物理地质现象。地表水和地下水的作用以及人为的不合理工程活动对斜坡岩、土体稳定性的破坏，经常是促使滑坡发生的主要因素。在露天采矿、水利、铁路、公路等工程中，滑坡往往造成严重危害。

崩塌　指陡坡上大块的岩土体在重力作用下突然脱离母体崩落的物理地质现象。它可因多裂隙的岩体经强烈的物理风化、雨水渗入或地震而造成，往往毁坏建筑物，堵塞河道或交通路线。

泥石流　指山地突然爆发的包含大量泥沙、石块的特殊洪流称为泥石流，多见于半干旱山地高原地区。其形成条件是地形陡峻，松散堆积物丰富，有特大暴雨或大量冰融水的流出。

地面塌陷　指地表岩、土体在自然或人为因素作用下向下陷落，并在地面形成塌陷坑(洞)的一种动力地质现象。由于其发育的地质条件和作用因素的不同，地面塌陷可分为：岩溶塌陷、非岩溶塌陷。

突发环境事件　指突然发生，造成或可能造成重大人员伤亡、重大财产损失和对全国或者某一地区的经济社会稳定、政治安定构成重大威胁和损害，有重大社会影响的涉及公共安全的环境事件。

十、环境投资

环境污染治理投资　指在工业污染源治理和城镇环境基础设施建设的资金投入中，用于形成固定资产的资金。包括工业新老污染源治理工程投资、当年完成环保验收项目环保投资，以及城镇环境基础设施建设所投入的资金。

十一、城市环境

年末道路长度　指年末道路长度和与道路相通的广场、桥梁、隧道的长度，按车行道中心线计算。在统计时只统计路面宽度在 3.5 米(含 3.5 米)以上的各种铺装道路，包括开放型工业区和住宅区道路在内。

城市桥梁　指为跨越天然或人工障碍物而修建的构筑物。包括跨河桥、立交桥、人行天桥以及人行地下通道等。包括永久性桥和半永久性桥。

城市排水管道长度　指所有排水总管、干管、支管、检查井及连接井进出口等长度之和。

全年供水总量　指报告期供水企业(单位)供出的全部水量。包括有效供水量和漏损水量。

用水普及率　指城市用水人口数与城市人口总数的比率。计算公式：

用水普及率=城市用水人口数/城市人口总数×100%

城市污水日处理能力　指污水处理厂(或处理装置)每昼夜处理污水量的设计能力。

供气管道长度　指报告期末从气源厂压缩机的出口或门站出口至各类用户引入管之间的全部已经通气投入使用的管道长度。不包括煤气生产厂、输配站、液化气储存站、灌瓶站、储配站、气化站、混气站、供应站等厂(站)内的管道。

全年供气总量　指全年燃气企业(单位)向用户供应的燃气数量。包括销售量和损失量。

燃气普及率　指报告期末使用燃气的城市人口数与城市人口总数的比率。计算公式为：

燃气普及率=城市用气人口数/城市人口总数×100%

城市供热能力　指供热企业(单位)向城市热用户输送热能的设计能力。

城市供热总量　指在报告期供热企业(单位)向城市热用户输送全部蒸汽和热水的总热量。

城市供热管道长度　指从各类热源到热用户建筑物接入口之间的全部蒸汽和热水的管道长度。不包括各类热源厂内部的管道长度。

生活垃圾清运量　指报告期内收集和运送到垃圾处理厂(场)的生活垃圾数量。生活垃圾指城市日常生活或为城市日常生活提供服务的活动中产生的固体废物以及法律行政规定的视为城市生活垃圾的固体废物。包括：居民生活垃圾、商业垃圾、集市贸易市场垃圾、街道清扫垃圾、公共场所垃圾和机关、学校、厂矿等单位的生活垃圾。

生活垃圾无害化处理率　指报告期生活垃圾无害化处理量与生活垃圾产生量比率。在统计上，由于生活垃圾产生量不易取得，可用清运量代替。计算公式为：

$$生活垃圾无害化处理率=\frac{生活垃圾无害化处理量}{生活垃圾产生量}\times100\%$$

年末运营车数　指年末公交企业(单位)用于运营业务的全部车辆数。以企业(单位)固定资产台账中已投入运营的车辆数为准。

城市绿地面积 指报告期末用作园林和绿化的各种绿地面积。包括公园绿地、防护绿地、生产绿地、附属绿地和其他绿地面积。

公园绿地 指向公众开放的,以游憩为主要功能,有一定的游憩设施和服务设施,同时兼有健全生态,美化景观,防灾减灾等综合作用的绿化用地。

十二、农村环境

卫生厕所 指有完整下水道系统的水冲式、三格化粪池式、净化沼气池式、多翁漏斗式公厕以及粪便及时清理并进行高温堆肥无害化处理的非水冲式公厕。

累计使用卫生公厕户数 指农民因某种原因没有兴建自己的卫生厕所,而使用村内卫生公厕户数。

Explanatory Notes on Main Statistical Indicators

I. Natural Conditions

Annual Average Temperature　Temperature refers to the air temperature, generally expressed in centigrade in China. Thermometers used for meteorological observation are placed in sun-blinded boxes 1.5 meters above the ground with good ventilation. Therefore, temperatures cited in general are the temperatures in sun-blinded boxes 1.5 meters above the ground. The monthly average temperature is obtained by the sum of daily temperatures of the month, then divided by the number of days in the months, and the sum of the monthly average temperatures of the 12 months in the year divided by 12 represents the annual average temperature.

Annual Average Relative Humidity　Humidity is the ratio between the actual hydrosphere pressure in the air and the saturated hydrosphere pressure at the present temperature, usually expressed in percentage terms. The average humidity is calculated in the same way as the average temperature.

Annual Sunshine Hours　Sunshine refer to the duration when the sunshine falls on earth, usually expressed in hours. It is calculated with the same approach as the calculation of precipitation.

Annual Precipitation　Precipitation refers to the volume of water, in liquid or solid (then melted) form, falling from the sky onto earth, without being evaporated, leaked or eroded, express normally in millimeters. The monthly precipitation is obtained by the sum of daily precipitation of the month, and the annual precipitation is the sum of monthly precipitation of the 12 months of the year.

II. Freshwater Environment

Total Water Resources　refers to total volume of water resources measured as run-off for surface water from rainfall and recharge for groundwater in a given area, excluding transit water.

Surface Water Resources　refers to total renewable resources which exist in rivers, lakes, glaciers and other collectors from rainfall and are measured as run-off of rivers.

Groundwater Resources　refers to replenishment of aquifers with rainfall and surface water.

Duplicated Measurement of Surface Water and Groundwater　refers to mutual exchange between surface water and groundwater, i.e. run-off of rivers includes some depletion with groundwater while groundwater includes some replenishment with surface water.

Water Supply　refers to gross water supply by supply systems from sources to consumers, including losses during distribution.

Surface Water Supply　refers to withdrawals by surface water supply system, broken down with storage, flow, pumping and transfer. Supply from storage projects includes withdrawals from reservoirs; supply from flow includes withdrawals from rivers and lakes with natural flows no matter if there are locks or not; supply from pumping projects includes withdrawals from rivers or lakes with pumping stations; and supply from transfer refers to water supplies transferred from first-level regions of water resources or independent river drainage areas to others, and should not be covered under supplies of storage, flow and pumping.

Groundwater Supply refers to withdrawals from supplying wells, broken down with shallow layer freshwater, deep layer freshwater and slightly brackish water. Groundwater supply for urban areas includes water mining by both waterworks and own wells of enterprises.

Other Water Supply includes supplies by waste-water treatment, rain collection, seawater desalinization and other water projects.

Total Water Use refers to water use by all kinds of user, including water loss during transportation. including water loss during transportation.

Water Use for Agriculture including water use for irrigation of farming fields, forestry fields, grassland, replenishment of fishing pools, and livestock & poultry.

Water Use for Industry refers to water use by industrial and mining enterprises in the production process of manufacturing, processing, cooling, air conditioning, cleansing, washing and so on. Only including new withdrawals of water, excluding reuse of water within enterprise.

Water Use for Households and Service including water use for living consumption in both urban and rural areas. Urban water use by living consumption is composed of household use and public use (including service sector and construction). Rural water use by living consumption refers to households.

Water Use for Eco-environment Only including the replenishment of some rivers and lakes and use for urban environment, excluding the natural precipitation and runoff meet.

Waste Water Discharged by Industry refers to the volume of waste water discharged by industrial enterprises through all their outlets, including waste water from production process, directly cooled water, groundwater from mining wells which does not meet discharge standards and sewage from households mixed with waste water produced by industrial activities, but excluding indirectly cooled water discharged (It should be included if the discharge is not separated with waste water).

Chemical Oxygen Demand (COD) refers to index of water pollution measuring the mass concentration of oxygen consumed by the chemical breakdown of organic and inorganic matter.

Number of Industrial Wastewater Treatment Facilities refers to the number of existing facilities (including constructions) for the prevention and control of water pollution and the comprehensive utilization of treated water resources in enterprises in the reporting period, a wastewater treatment system as a unit. The subsidiary water treatment equipments and ancillary equipments are not calculated separately. It excludes scrapped facilities.

Treatment Capacity of Industrial Wastewater Treatment Facilities refers to the actual capacity of the wastewater treatment of internal wastewater treatment facilities in enterprises in the reporting period.

Expenditure of Industrial Wastewater Treatment Facilities refers to the costs of maintaining wastewater treatment facilities in enterprises in the reporting period. It includes energy consumption, equipment maintenance, staff wages, management fees, pharmacy fees and other expenses associated with the operation of the facility.

III. Marine Environment

Sea Area with Water Quality at Grade II refers to marine area meeting the national quality standards for Grade II marine water, suitable for marine cultivation, bathing, marine sport or recreation activities involving direct human touch of marine water, and for sources of industrial use of water related to human consumption.

Sea Area with Water Quality at Grade III refers to marine area meeting the national quality standards for

Grade III marine water, suitable for water sources of general industrial use.

Sea Area with Water Quality at Grade Ⅳ refers to marine area meeting the national quality standards for Grade IV marine water, only suitable for harbors and ocean development activities.

Sea Area with Water Quality below Grade Ⅳ refers to marine area where the quality of water is worse than the national quality standards for Grade IV marine water.

Ⅳ. Atmospheric Environment

Industrial Sulphur Dioxide Emission refers to the total volume of sulphur dioxide emitted into the atmosphere in the fuel combustion and production processes of enterprises in the reporting period. Industrial sulfur dioxide comes mainly from the combustion of fossil fuels (coal, oil, etc.), but also includes industrial emissions in sulphide of smelting and in sulfate or phosphate fertilizer producing.

Industrial Nitrogen Oxide Emission refers to the total volume of nitrogen oxide emitted into the atmosphere in the fuel combustion and production processes of enterprises in the reporting period.

Industrial Soot (Dust) Emission refers to the total volume of soot and industrial dust emitted into the atmosphere in the fuel combustion and production processes of enterprises in the reporting period.

Industrial Waste Gas Emission refers to the total volume of pollutant-containing gas emitted into the atmosphere in the fuel combustion and production processes within the area of the factory in the reporting period in standard conditions (273K, 101325Pa).

Number of Industrial Waste Gas Treatment Facilities refers to the total number of waste gas treatment facilities for reducing or recycling pollutants of the fuel combustion and production process in enterprises in the reporting period, a waste gas treatment system as a unit. The subsidiary water treatment equipments and ancillary equipments are not calculated separately. It includes flue gas treatment facilities of dust removal, desulfurization, denitration and other pollutants. It excludes scrapped facilities. Dust removal device in boiler should be included as a "three simultaneities" equipment.

Treatment Capacity of Industrial Waste Gas Treatment Facilities refers to actual waste gas processing capacity of emission control facilities at the end of the reporting period.

Expenditure of Industrial Waste Gas Treatment Facilities refers to the running costs of the waste gas treatment facilities to maintain in the reporting period. Including energy consumption, equipment depreciation, equipment maintenance, staff wages, management fees, pharmacy fees associated with the operation of the facility other expenses.

Ⅴ. Solid Waste

Common Industrial Solid Wastes Generated refers to the amount of common industrail solid wastes the surveyed units actual generated over the year. The common industrial solid wastes refers to the industrial solid wastes that are not listed in the 《National Catalogue of Hazardous Wastes》 (2016 Version), or not regarded as hazardous according to the National Hazardous Waste Identification Standards (GB5085), the Solid Waste-Extraction Procedure for Lleaching Toxicity (GB5086) and the Assay Method of Solid Waste-Extraction Procedure for Leaching Toxicity (GB/T 15555).

Common Industrial Solid Wastes Utilized refers to amount of solid wastes from which useable materials can be extracted or converted into usable resources, energy or other materials through reclamation, processing, recycling and exchange (including utilizing in the year the stocks of industrial solid wastes of the previous year) generated by surveyed units over the year of the survey, e.g. being used as agricultural fertilizers, building materials or as material for paving road. The information should be measured as the unit of generating wastes.

Common Industrial Solid Wastes Disposed　refers to the amount of industrial solid wastes disposed, which covers the amount of previous years, through incineration or other methods to change its physical, chemical and biological propertiesto reduce or eliminate the hazardsor landfilled in the sites following the requirements for environmental protection by surveyed units over the year of the survey.

Stock of Common Industrial Solid Wastes　refers to the amount of solid wastes placed in special facilities or special sites by enterprises for the purposes of integrated use or disposal over the year of the survey. The sites or facilities should take measures against dispersion, loss, seepage, and air and water contamination.

Common Industrial Solid Wastes Discharged　refers to the amount of industrial solid wastes dumped or discharged by producing enterprises to disposal facilities or to other sites over the year of the survey.

Hazardous Wastes Generated　refers to the amount of actual hazardous wastes generated by surveyed units over the year of the survey, which is covered secondary generation during the process of disposal and reuse of hazardous wastes. Hazardous waste refers to those listed in the National Hazardous Wastes catalogue or identified as any one of the following properties in light of the national hazardous wastes identification standards and methods: explosive, ignitable, oxidizable, toxic, corrosive or liable to cause infectious diseases or lead to other dangers. It should be reported following the National Catalogue　of Hazardous Wastes (2016 Version).

Hazardous Wastes Integrated Reused and Disposed　Hazardous Wastes Integrated Reused refers to the amount of hazardous wastes that are used to extract materials for raw materials or fuel over the year of the survey, including own-use by the producing enterprise and other use of enterprises. Hazardous Wastes Disposed refers to the amount of hazardous wastes which are incineration or specially disposed using other methods to change itsits physical, chemical and biological properties and thus to reduce or eliminate the hazards, or placed ultimately in the sitesfollwoing the requirements for environmental protection over the year of the survey.

Stock of Hazardous Wastes　refers to the amount of hazardous wastes specially packaged and placed in special facilities or special sites by enterprises, which covered stock of surveyed units generated and received from other units. The special stock facilities should　meet the requirements set in relevant environment protection laws and regulations such as "Pollution Control Standards for Hazardous Waste Stock" (GB18597-2001) in regard to package of hazardous waste, location, design, safety, monitoring and shutdown, and take measures against dispersion, loss, seepage, and air and water contamination.

VI. Natural Ecology

Nature Reserves　refers to the areas with special protection and management according to law, including representative natural ecosystems, natural areas the endangered wildlife live in, water conservation areas, land, ground water or sea with the protective objects like natural or historical remains those　have special significance. It must be established by the county government or above levels. It doesn't include the scenic areas and cultural relic protective areas.

Wetlands　refer to marshland and peat bog, whether natural or man-made, permanent or temporary; water covered areas, whether stagnant or flowing, with fresh or semi-fresh or salty water that is less than 6 meters deep at low tide; as well as coral beach, weed beach, mud beach, mangrove, river outlet, rivers, fresh-water marshland, marshland forests, lakes, salty bog and salt lakes along the coastal areas.

VII. Land Use

Area of Cultivated Land   refers to area of land reclaimed for the regular cultivation of various farm crops, including crop-cover land, fallow, newly reclaimed land and land laid idle for less than 3 years.

Area of Afforested Land   refers to area for afforestation development, including arbor forest lands with a canopy density of 0.2 degrees or more as well as bamboo forest lands, bush shrub forest lands, sparse forest lands, stump lands, burned areas, non-mature forestation lands, nursery land, and land appropriate to the forestation planned by the people's government at or above the county level.

Area of Grassland   refers to area of grassland, grass-slopes and grass-covered hills with a vegetation-covering rate of over 5% that are used for animal husbandry or harvesting of grass. It includes natural, cultivated and improved grassland areas.

VIII. Forestry

Forest Area   refers to the area of trees and bamboos grow with canopy density above 0.2, the area of shrubby tree according to regulations of the government, the area of forest land inside farm land and the area of trees planted by the side of villages, farm houses and along roads and rivers.

Area of Artifical Forests   refer to the area of stable growing forests, planted manually or by airplanes, with a survival rate of 80% or higher of the designed number of trees per hectare, or with a canopy density of or above 0.20 after 3-5 years of manual planting or 5-7 years of airplane planting.

Forest Coverage Rate   refers to the ratio of area of forested land to area of total land by administrative areas. Its calculation formula is:

Forest Coverage Rate = area of forested land / area of total land×100%

Total Standing Stock Volume   refers to the total stock volume of trees growing in land, including trees in forest, tress in sparse forest, scattered trees and trees planted by the side of villages, farm houses and along roads and rivers.

Stock Volume of Forest   refers to total stock volume of wood growing in forest area, which shows the total size and level of forest resources of a country or a region. It is also an important indicator illustrating the richness of forest resource and the status of forest ecological environment.

Area of Afforestation   refers to the total area of land suitable for afforestation, including barren hills, idle land, sand dunes, non-timber forest land, woodland and "grain for green" land, on which acres of forests, trees and shrubs are planted through manual planting.

Manual Planting   refers to technical measures of sowing, planting seedlings and divided transplanting on land suitable for afforestation, including barren hills, idle land, sand dunes, non-timber forest land, woodland and "grain for green" land to increase vegetation coverage rate of forests.

Airplane Planting   refers to technical measures of airplane planting with of appropriate artificial help taken under the influence of natural power to restore certain amount of seedlings on land suitable for afforestation, with an aim of increasing vegetation coverage rate of forests or improving forest qulity. It includes barren afforestation and aerial seeding forest afforestation.

New Closing Hillsides to Facilitate Afforestation is a technical measure by banning and artificial means to form forest or shrub and grass or improve forest quality land, to suitable for forest, forest land without stumpage, sparse forest land, or low quality forest, shrub forest.

Restoration of Degraded Forest in order to improve the vitality and structure of forest, effectively curb forest degradation, improve forest quality and restore forest function, management measures are taken to the forest of structural imbalance and stability reduction, function reduction or even loss and natural regeneration ability is weak, which include structural adjustment, species replacement, replanting sowing, grafting rejuvenation, etc.

Artificial Regeneration refer to forest reforming process in logging slash, slash burning, the glade through afforestation. Including artificially promoting natural regeneration of promoting the growth and development of target tree species seedlings by weeding, root pruning or stubble rejuvenation, sowing and replanting, removing tillering and thinning, etc.

Project on Preservation of Natural Forests is the Number One ecological project in China's forest industry that involves the largest investment. It consists of 3 components: 1) Complete halt of all cutting and logging activities in the natural forests at the upper stream of Yangtze River and the upper and middle streams of the Yellow River. 2) Significant reduction of timber production of key state forest zones in northeast provinces and in Inner Mongolia. 3) Better protection of natural forests in other regions through rehabilitation programs.

Projects on Converting Cultivated Land to Forests and Grassland (Grain for Green Projects) aiming at preventing soil erosion in key regions, these projects are ecological construction projects in the development of forest industry that have the widest coverage and most sophisticated procedures, with strong policy implications and most active participation of the people.

Projects on Protection Forests in North China and Yangtze River Basin covering the widest areas in China with a rich variety of contents, these projects aim at solving the problem of sand and dust in northeastern China, northern China and northwestern China and the ecological issues in other areas. More specifically, they include phase IV of project on North China protection forests, phase II of project on protection forests at the middle and lower streams of Yangtze River and at the Huihe River and Taihu Lake valley, phase II of project on coastal protection forests, phase II of project on Pearl River protection forests, phase II project on greenery of Taihang Mountain and phase II projects on greenery of plains.

Projects on Harnessing Source of Sand and Dust in Beijing and Tianjin these Beijing-ring projects aim at harnessing the sand and dust weather around Beijing and its vicinities. As the key to the development of Beijing-Tianjin ecological zone, these projects are of particular importance as it concerns the image of China's capital city and the whole country.

IX. Natural Disasters & Environmental Accidents

Landslides refer to the geological phenomenon of unstable rocks and earth on slopes sliding down along certain soft surface as a result of gravitational force. Role of surface water and underground water, and destruction of the stability of slopes by irrational construction work are usually main factors triggering the landslides. Several damages are often caused by landslides in open mining, in water conservancy projects, and in the construction of railways and highways.

Collapse refers to the geological phenomenon of large mass of rocks or earth suddenly collapsing from the mountain or cliff as a result of gravitational force. Usually caused by weathering of rocks, penetration of rain or earthquakes, collapse often destructs buildings and blocks river course or transport routes.

Mud-rock Flow refers to the sudden rush of flood torrents containing large amount of mud and rocks in mountainous areas. It is found mostly in semi-arid hills or plateaus. High and precipitous topographic features, loose soil mass, heavy rains or melting water contribute to the mud-rock flow.

Land Subside refers to the geological phenomenon of surface rocks or earth subsiding into holes or pits as a result of natural or human factors. Land subside can be classified as karst subside and non-karst subside.

Environmental Accident refer to environmental events that suddenly, causing or maybe cause heavy casualties, major property losses, major threat and damage to the nation or a region's economic, social and political stability, and the events have a significant social impact and related to public safety.

X. Environmental Investment

Investment in Treatment of Environment Pollution refers to the fixed assets investment in the treatment of industrial pollution and in the construction of environment infrastructure facilities in cities and towns. It includes investment in treatment of industrial pollution, environment protection investment in environment protection acceptance project in this year, and investment in the construction of environment infrastructure facilities in cities and towns.

XI. Urban Environment

Length of Paved Roads at the Year-end refers to the length of roads with paved surface including squares bridges and tunnels connected with roads by the end of the year. Length of the roads is measured by the central lines for vehicles for paved roads with a width of 3.5 meters and over, including roads in open-ended factory compounds and residential quarters.

Urban Bridges refer to bridges built to cross over natural or man-made barriers, including bridges over rivers, overpasses for traffic and for pedestrian, underpasses for pedestrian, etc. Both permanent and semi-permanent bridges are included.

Length of Urban Sewage Pipes refers to the total length of general drainage, trunks. branch and inspection wells, connection wells, inlets and outlets, etc.

Annual Volume of Water Supply refers to the total volume of water supplied by water-works (units) during the reference period, including both the effective water supply and loss during the water supply.

Percentage of Urban Population with Access to Tap Water refers to the ratio of the urban population with access to tap water to the total urban population. The formula is:

Percentage of Population with Access to Tap Water= Urban Population with Access to Tap Water /Urban Population ×100%

Daily Disposal Capacity of Urban Sewage refers to the designed 24-hour capacity of sewage disposal by the sewage treatment works or facilities.

Length of Gas Pipelines refers to the total length of pipelines in use between the outlet of the compressor of gas-work or outlet of gas stations and the leading pipe of users, excluding pipelines within gasworks, delivery stations, LPG storage stations, refilling stations, gas-mixing stations and supply stations.

Volume of Gas Supply refers to the total volume of gas provided to users by gas-producing enterprises (units) in a year, including the volume sold and the volume lost.

Percentage of Urban Population with Access to Gas   refers to the ratio of the urban population with access to gas to the total urban population at the end of the reference period. The formula is:

Percentage of Population with Access to Gas = (Urban Population with Access to Gas / Urban Population) × 100%

Heating Capacity in Urban Area   refers to the designed capacity of heating enterprises (units) in supplying heating energy to urban users during the reference period.

Quantity of Heat Supplied in Urban Area   refers to the total quantity of heat from steam and hot water supplied to urban users by heating enterprises (units) during the reference period.

Length of Heating Pipelines   refers to the total length of steam or hot water pipelines for sources of heat to the leading pipelines of the buildings of the users, excluding internal pipelines in heat generating enterprises.

Consumption Wastes Transported   refers to volume of consumption wastes collected and transported to disposal factories or sites. Consumption wastes are solid wastes produced from urban households or from service activities for urban households, and solid wastes regarded by laws and regulations as urban consumption wastes, including those from households, commercial activities, markets, cleaning of streets, public sites, offices, schools, factories, mining units and other sources.

Ratio of Consumption Wastes Treated   refers to consumption wastes treated over that produced. In practical statistics, as it is difficult to estimate, the volume of consumption wastes produced is replaced with that transported. Its calculation formulae is:

Ratio= Consumption Wastes Treated / Consumption Wastes Produced×100%

Number of Vehicles under Operation at the Year-end   refers to the total number of vehicles under operation by public transport enterprises (units) at the end of the year, based on the records of operational vehicles by the enterprises (units).

Area of Urban Green Areas   refers to the total area occupied for green projects at the end of the reference period, including Park green land, protection green land, green land attached to institutions and other green land.

Park Green Land   refers to the greening land, which having the main function of public visit and recreation, both having recreation facilities and service facilities, meanwhile having the comprehensive function of ecological improvement, landscaping disaster prevention and mitigation and other.

XII. Rural Environment

Sanitary Lavatories   refer to lavatories with complete flushing and sewage systems in different forms, and lavatories without flushing and sewage system where ordure is properly disposed of through high-temperature deposit process for making organic manure.

Households Using Public Lavatories   refer to the number of households using public sanitary lavatories in the village without building their private sanitary lavatories.